电网台风

防灾减灾技术

陈彬 舒胜文 易弢 许军 等 编著

中国电力出版社

CHINA ELECTRIC POWER PRESS

内 容 提 要

本书为一本专门论述电网台风灾害防治理论与实践的著作,介绍了台风及其灾害的基本知识;阐述了大气边界层台风的风特性和电网台风的风荷载与风效应;从灾害规律与灾情分析、抗风设计与仿真试验、监测预警与风险评估、灾害预防与治理、应急抢修与决策等多维度构建了涵盖输电线路、变电站、配电网防抗台风全过程技术体系。

本书可供从事电网台风防灾减灾方面工作的灾情分析、抗风设计、监测预警、运维改造和应急抢修技术人员学习参考,也可供高等学校相关专业广大师生和科研院所相关科技人员参考。

图书在版编目(CIP)数据

电网台风防灾减灾技术/陈彬等编著. —北京:中国电力出版社,2023.11
ISBN 978-7-5198-8133-7

Ⅰ.①电… Ⅱ.①陈… Ⅲ.①电网－台风－灾害防治 Ⅳ.①TM727

中国国家版本馆 CIP 数据核字(2023)第 173016 号

出版发行:中国电力出版社
地　　址:北京市东城区北京站西街 19 号(邮政编码 100005)
网　　址:http://www.cepp.sgcc.com.cn
责任编辑:肖　敏　刘子婷(010-63412785)
责任校对:黄　蓓　常燕昆
装帧设计:张俊霞
责任印制:石　雷

印　　刷:三河市百盛印装有限公司
版　　次:2023 年 11 月第一版
印　　次:2023 年 11 月北京第一次印刷
开　　本:710 毫米×1000 毫米　16 开本
印　　张:19.75
字　　数:365 千字
定　　价:88.00 元

前 言

　　长期以来，台风给沿海省份电网带来了巨大损失，正面登陆的台风动辄致使数百万电力用户停电，并威胁到沿海特高压线路。目前，由于电网台风灾害防治属于多学科交叉问题，尚处于起步阶段，未形成系统的研究体系，缺乏有效的防治措施，导致电网台风灾害重复性大面积发生。本书旨在对台风引起的电网灾害提供防灾减灾方面的指导，提高电网抵御台风灾害能力，从而提升电网可靠运行水平。

　　本书共 8 章。全书内容紧密围绕电网台风灾害展开，首先描述了台风及其灾害特征，分析了与输配电线路密切相关的大气边界层及近地层风特性和结构风荷载；然后，论述了电网台风灾害规律和灾情分析，提出了输配电线路抗风设计和仿真试验方法，进而阐述了电网台风灾害监测预警与风险评估理论和系统开发；最后，分别提出了针对输电线路、变电站、配电网的灾害防治技术，并对应急复电抢修和决策提出了具体指导内容。

　　本书由陈彬教授级高级工程师、舒胜文教授（福州大学）、易弢高级工程师和许军高级工程师共同编著。其中，第 6 章和第 7 章由陈彬编著；第 2 章和第 3 章由易弢编著；第 4 章和第 8 章由舒胜文编著；第 1 章和第 5 章由许军编著。全书由舒胜文统稿，陈彬审定。福州大学许俊炜、占兆璇等研究生和李嘉琦、龚佳裔和刘衡熙等本科生对全书的文字、图表进行了校订和编辑，为本书的最终完成花费了很多心血，在此向其一并表示衷心感谢。此外，特别感谢陕西的刘健教授级高级工程师（博士生导师）受邀为本书挥毫作画。

　　本书在编写过程中引用了国内外同行相关研究成果，在此向他们表示感谢。尽管编者尽了最大的努力，但因学识所限和时间仓促，疏漏之处在所难免，敬请业内专家和学者批评指正。

陈彬

追风护网 勇毅笃行

2023 年 3 月

目 录

1 台风及其灾害特征

台风的破坏力极大，是灾害性天气之一，夏秋季节严重威胁我国沿海，特别是华南和华东沿海及内陆省份。我国遭受的台风灾害有次数多、季节性强、受灾程度（灾情）重、影响范围广等特征。

本章介绍了台风的定义和分级、形成和结构、运动和路径、监测和预报，分析了台风的灾害特征和灾害链规律。

1.1 台风的定义和分级

●●▶ 1.1.1 风的形成与发展

风就是空气相对于地表的流动。受地球纬度的影响，太阳辐射到达地球表面的分布并不均匀，且地球表面水陆分布和高低分布的不均匀性以及地球的自转等因素又造成了太阳对地表加热和地表向大气热辐射的时空不均匀性。上述因素使得对流层中大气温度分布存在时空的不均匀性，进一步引起了大气的热力和动力现象以及压力场的时空不均匀性，从而造成了空气的竖向对流和水平流动。当空气变冷，重量增加就往下沉，当空气变热，重量减轻就会往上升。热空气上升的地方，冷空气就会从旁边流过来补充其空缺，由此就形成了风。关于空气流动的热力学原理，汉弗莱（Humphreys）曾于 1940 年提出一个理想模型，用来简单说明温度对风形成的影响，本书不展开介绍。

众所周知，太阳是地球获取能量的主要来源。受太阳照射角度、大气透明度、云量、海拔和地理纬度的影响，地球表面受到太阳辐射的能量是不均匀的，此外地球表面的水陆分布也不均匀，从而大气受热不均匀，存在温度差和气压差。地球上温差最大的地方是两极和赤道，在地球表面存在的大气环流如图 1-1 所示。

当然，实际地球上的大气流动要比图 1-1 复杂得多，除了前面介绍的太阳辐射和地表水陆分布外，地球自转偏向力也是一个重要影响因素。所谓地球自转偏向力是指由于地球沿其倾斜的主轴自西向东旋转而产生的偏向力，使得在北

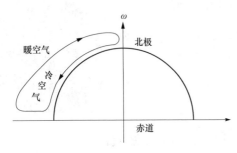

图 1-1　大气环流的简化模型

半球所有移动的物体的轨迹向右偏移，而在南半球移动的物体的轨迹会向左偏移。法国物理学家科里奥利（Coriolis）于 1835 年首次详细研究了这种现象，因此这个现象也被称为"科里奥利效应"。

需要说明的是，地球自转偏向力（也称科里奥利力）并不是真正的力，而是一种惯性。科里奥利效应不仅会使地球上沿南北向流动的气流发生东西向偏转，而且当某处出现低气压时，周围的空气会沿着稍微偏离低气压中心的路径向中心汇聚，从而在局部形成漩涡。这种现象类似于江河海流中的漩涡，因而被称为气旋。夏秋季节，在我国东南沿海经常出现的台风就是热带气旋发展的结果。

1.1.2　台风的定义

热带气旋通常发生在 5°N 以北的西北太平洋面上。它有一个无云区的中心，中心上空有一个暖核，围绕中心的气流呈逆时针方向旋转。在这个漩涡中，最低气压（P_{min}）出现在中心，其最大风速（V_{max}）出现在中心附近，并达到或超过 6 级（10.8m/s）。当热带气旋中心附近最大风速达到 32.7m/s 时便称为台风。这样的涡旋在大西洋和东太平洋称飓风，在北印度洋称特强气旋性风暴。

1.1.3　台风的分级

台风的强度由以下 3 个要素来确定：

（1）台风中心强度。它由两个参数来表示，即台风对环流区底层的最大风速（V_{max}）或台风中心海平面最低气压（P_{min}）。这两个参数不是独立的，而是相互依赖的。P_{min} 越低，V_{max} 就越大。研究结果表明，台风在加强期，眼区的对流活动旺盛，并伴随着眼的收缩。眼的放大和松散表明了台风的衰减。因此眼的大小在一定程度上表明了台风的强度。

（2）台风外包区或外围区平均风速的强度。有的台风中心强度不大，而外包区和外围区的风力却很大。

（3）尺度和大小。这里指台风气旋性环流范围的大小，或最外圈闭合等压线的平均直径，有的上千千米，有的二三百米，大小悬殊。因此也是确定台风强度大小的 1 个要素。

表示台风强度的 3 个参数尤以台风中心强度作为台风强度的主要参数。根据世界气象组织的规定，2006 年我国颁布了《热带气旋等级》（GB/T 19201—2006），将热带气旋按底层中心附近最大风速划分为 6 个等级：

(1) 热带低压：风速 10.8～17.1m/s，即风力 6～7 级。

(2) 热带风暴：风速 17.2～24.41m/s，即风力 8～9 级。

(3) 强热带风暴：风速 24.5～32.6m/s，即风力 10～11 级。

(4) 台风：风速 32.7～41.4m/s，即风力 12～13 级。

(5) 强台风：风速 41.5～50.9m/s，即风力 14～15 级。

(6) 超强台风：风速≥51.0m/s，即风力 16 级或以上。

需要特别注意的是，这里的风速是指热带气旋底层中心附近 2min 平均风速的最大值。

目前我国在台风预报预警服务信息中，针对强度达到热带风暴及以上级别的热带气旋，已统一使用"台风（等级）"的称呼，如 2016 年第 1 号台风"尼伯特"（超强台风级）、2017 年第 10 号台风"海棠"（热带风暴级）。

1.1.4　台风的命名规则

1.1.4.1　台风的命名方法

台风命名法是指西北太平洋和南海热带气旋命名系统，也可称为热带气旋命名系统或热带气旋命名法。国际上统一的台风命名法是由热带气旋形成并影响的周边国家和地区共同事先制定的一个命名表，然后按顺序年复一年地循环重复使用。

命名表共有 140 个名字，分别由世界气象组织所属的亚太地区的柬埔寨、中国、朝鲜、日本、韩国、泰国、美国以及越南等成员国提供，每个国家或地区提供 10 个名字。这 140 个名字分成 10 组，每组 14 个名字。按每个成员国英文名称的字母顺序依次排列，按顺序循环使用。

对于国外提供的名字，为避免一名多译造成的混乱，我国中央气象台、香港天文台和澳门地球物理暨气象台经过协商，已确定了一套统一的中文译名。值得注意的是，台湾气象部门台风译名有时候会有不同。

1.1.4.2　台风名称的"退役"

一旦某个台风到来给当地人们造成巨大的生命财产损失，成为公众知名的台风后，那么受灾地所属的成员国就可以申请将该名字从命名表中删去，换言之，它就会永久占有这个名字，后面再也不会出现相同的名称，而空缺的名称则由原提供国或地区再重新推荐。

比如 2004 年的 0413 号超强台风"云娜"，在浙江造成 164 人死亡，24 人失踪，直接经济损失达到 181.28 亿元，就被永久性除名，退出了国际台风命名序

列。2005 年的 19 号台风"龙王"，给福建造成了 74.78 亿元的经济损失，导致近百人死亡，也被永久性除名，这是中国大陆提供的台风名称中最先"退役"的一个名称。

但台风被除名也有例外，例如台风名"韦森特"由"兰恩"取代，只是因为与东北太平洋热带气旋命名表产生同名，是第 7 个纯粹以名称本身因素而退役的西北太平洋热带气旋名称。

1.1.4.3　台风命名的使用

台风的实际命名使用工作由日本气象厅东京区域专业气象中心负责。当日本气象厅将西北太平洋或南海上的热带气旋确定为热带风暴强度时，即根据列表给予名称，并同时给予一个 4 位数字的编号。编号中前两位为年份，后两位为热带风暴在该年生成的顺序。例如，2016 年的第 1 次台风"尼伯特"，它的编号就是"1601"。第 4 次台风"妮妲"，编号即为"1604"。

而且，根据规定，一个热带气旋在其整个生命过程中无论加强或减弱，始终保持名字不变。如 0704 号热带风暴、强热带风暴和台风，其英文名均为"Man-Yi"，中文名为"万宜"。

1.2　台风的形成和结构

1.2.1　台风的形成

台风发源于热带海面，那里温度高，大量的海水被蒸发到了空中，形成一个低气压中心。随着气压的变化和地球自身的运动，流入的空气旋转起来，形成一个逆时针旋转的空气漩涡，这就是热带气旋。只要气温不下降，这个热带气旋就会越来越强大，最后形成了台风。

台风的形成需要有一个初始胚胎。台风是在一个或多个初始胚胎（热带扰动）的基础上发展起来的，一般是由零散的热带洋面上积云对流组织起来的，与其对应的是较强的正涡度区。台风形成的条件具体包括以下几点：

（1）广阔的高温、高湿的大气。热带洋面上的底层大气的温度和湿度主要决定于海面水温（也称海表温度），热带气旋的主要能量来自潜热释放和水汽供应，因此，台风一般形成于海表温度高于 26℃以上的暖洋面上，且要有较深厚而温暖的海洋混合层。

（2）充分的大气垂直运动。从大气环流的三维特征上看，要有低层大气的中心辐合、高层扩散，形成初始扰动。且高层辐散的强度必须超过低层辐合，才能维持足够的上升气流，将潮湿空气带到上空凝结潜热释放而使扰动获得能量，低层扰动即台风胚胎才能不断加强。

（3）较小的水平风速垂直切变。垂直方向上，不同高度的水平风速值之差小，即上下层空气的相对运动很小，才能使初始扰动中水汽凝结所释放的潜热能集中保存在台风眼区的空气柱中，容易形成并持续加强台风的暖核，暖核是无数积云对流使水汽在对流层上层凝结释放潜热的综合结果。

（4）生成海域的地理位置一般要在赤道两侧 5 个纬度之外。由地球自转产生的地转偏向力在赤道附近接近于零，向南北两极随纬圈增大，它是北半球利于气旋性涡旋生成的一项重要条件。台风结构的形成需要足够大的地转偏向力作用，因而对我国影响较大的西太平洋台风基本上发生于距离赤道约 5 个纬度以上的洋面上。

形成台风（或热带气旋）的上述条件是必要条件，而非充分条件，达到了这些条件也未必会使台风形成；这些条件可以归并为环境大气条件、扰动内部条件和海洋条件 3 大类，台风（或热带气旋）是上述 3 类条件综合作用的产物。

当台风（或热带气旋）在海上时，主要考虑海气相互作用物理过程对其运动轨迹及强度、运动速度的影响。众所周知，地球上的海洋面积远大于陆地面积，海洋中洋流变化、盐密变化以及不同维度间海水温度差异导致的能量交换等效应，均是影响全球大气循环的重要因素。

1.2.2 台风的结构

台风作为大气涡旋的一种，气流旋转方向在南北半球是相反的，北半球台风中的气流是向逆时针方向旋转的，南半球为顺时针方向旋转。

图 1-2 为典型的台风云图。台风结构最为显著的特点是台风眼，它位于涡旋之中，若涡旋是圆对称的，眼就位于圆心附近。台风眼中为下沉气流，为静风，"万"里无云。台风的宏观结构可分为 6 个区，见图 1-3。

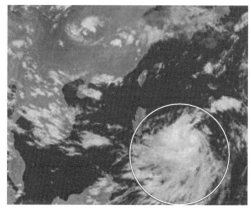

图 1-2 台风云图

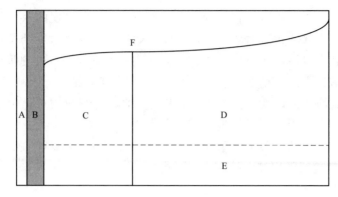

图 1-3　半个台风的垂直剖面（另一半为对称分布）

A 为眼区，即晴空区。B 为眼外的深厚云墙，由强烈上升运动造成深厚积云对流，形成壮观的眼壁，台风中最强的风速出现于此，最暴烈的狂风暴雨也出现在 B 区。A 区和 B 区合起来称为内核（inner core）区，内核的直径从二三十千米到上百千米不等。有的台风有两个眼，称同心双眼（homocentric eyes），也有两眼并列（coexisted eyes）的台风，但却极为罕见。

台风眼的特征与台风强度有一定联系，但又并非简单线性关系。眼区收缩，眼墙紧密，这是很强台风的特征。台风眼放大，眼壁组织疏松，云墙松散，这是台风减弱、行将衰亡的特征。眼扩大松散往往是眼区中尺度强对流运动衰败的结果，有很多原因都可以引起这样的结果，干冷空气卷入内核便是其中的一种。同心眼墙往往出现在较强台风中，弱台风这种现象少见。外眼墙的形成往往会使原来的眼墙萎缩，而使台风减弱。并列双眼往往是两个台风合并后的遗迹，合并之后，台风会迅猛加强，但并列双眼仍保持逆时针方向的互旋运动。这是台风中的奇观，可能数十年一遇。台风眼壁特征与强度的关系及其物理联系是一个很有兴趣的题目，有待深入研究。

C 为外包区（envelope region）。该区紧挨着内核区，风速虽比内核区减弱，但仍较为强劲，台风结构中最为耀眼的螺旋雨带（spiral rain belt）的主体就出现在此。该区与内核区有较多的相互作用，环境与内核区的相互作用也要通过这一区才行。

D 为外围区（outer region）。该区紧挨着外包区，其水平尺度是外包区的数倍，逆时针方向旋转的风速在该区有明显减弱，但仍有很强破坏力。该区与外包区有明显的相互作用和能量交换，但与环境有更多的相互作用和相互影响。水平环境对台风的影响要通过这一层才能起作用，例如干空气的侵入等。

E 为流入层（inflow layer）。台风在低气压阶段，四周的空气是向中心流入的，边界层内这种流入是由边界层内涡旋摩擦作用所致，边界层上部这种流入现象减弱。随着热带气旋的增强，切向风增大，这种流入现象也会减弱。台风登陆以后，其大量积聚的能量因陆地摩擦在该层耗损。

F为流出层（outflow level）。该层位于台风之顶，对流层顶之上。该层气流呈反气旋式（南半球为气旋式）向外流出，流出层具有将台风气柱中的空气质量向外抽吸的作用，从而使台风中心和气柱内气压急剧下降，使台风加强。抽吸作用也会使低空流入气流向上的垂直运动加强，使台风内核区得到更多的潜热能量，加强上空的反气旋和流出气流，这是台风一个重要的加强机制。

垂直方向上，从地面到3km（主要是500～1000m的摩擦层）为台风低层气流流入层，气流有显著向中心辐合的径向分量。由于地转偏向力的作用，内流气流呈气旋式旋转，并在向内流入过程中，越接近台风中心，旋转半径越短，等压线曲率越大，离心力也相应增大。在地转偏向力和离心力的作用下，内流气流并不能到达台风中心，在台风眼壁附近环绕台风眼壁作强烈的螺旋上升运动。低层气流流入层对台风的发生、发展、消亡有举足轻重的影响。3～8km是中层过渡层，气流的径向分量已经很小，主要沿切线方向环绕台风眼壁螺旋上升，上升速度在700～300hPa达到最大；从8km左右到对流层顶（约12～16km）为高层气流流出层，这层上升气流带有很大的切向风速，同时气流在上升过程中释放出大量潜热，造成台风中部气温高于周围，以及台风中的水平气压梯度力随着高度升高而逐渐减小的状况，当上升气流达到一定高度（10～12km），水平气压梯度力小于离心力和水平地转偏向力的合力时，就出现向四周外流的气流。空气外流的量与流入层的流入量大体相当。图1-4所示为2009年第8号台风"莫拉克"的三维结构模拟图。

图1-4　2009年第8号台风
"莫拉克"三维结构模拟图

1.3　台风的运动和路径

▶▶▶ 1.3.1　台风的典型路径

在北半球低纬洋面上逆时针方向旋转的台风涡旋，受旋转地球上地转偏向力作用，使它有向极地漂移的趋势，而低纬东风气流又引导它向西移动，综合起来，使它向西北方向运动。到了较高纬度，它就进入了西风带，在西南气流

引导下，它便转向东北方向移动。冷空气侵入后，台风发生变性，变成温带气旋，有的并入西风槽之中，或在冷海面上衰亡消失。这样的过程，便是一个台风完整而又典型的生命历程。

图1-5为一个典型完整的台风移动路径，这条完整路径的每一个阶段都有显著的特点。当台风的胚胎或扰动发展成一个初始涡旋后，由于低纬度热带洋面的东风很弱，甚至处在静风带，涡旋有向极漂移的趋势，也就是向偏北方向运动（图1-5的AB段）。当靠近副热带高压南侧较强东风带时，涡旋会向西偏北方向移动，并逐渐加强为台风（BC段）。当台风移到副热带高压西脊点之前，加强了的台风增加了它的向极漂移分量，且又处在副高反气旋环流，在这一带的东南气流引导下，台风便由向偏西方向移动转变为向西北方向移动（CD段），台风会进一步加强，移速显著减慢，向偏北的运动分量会明显加大。D点为台风的转向点，其位置与副热带高压西脊点所在纬度大体相同。D点对于台风路径是一个重要的转折点，台风将在这一点由向西北运动转变为向东北运动。在这一点附近，它的移速处于全路径中最为缓慢的阶段。经过这一点之后，台风仍在副热带高压偏南或西南气流区，西风带气流在此很弱，故台风向东北偏北方向缓慢移动（DE段）。E点标示着台风向偏北已进入西风带长波槽前的西南或偏西急流带，台风在这一点之后，在这支西风急流引导下，向东北方向或东北偏东方向高速运动（EF段）。高速是这一阶段运动的主要特点，它的移速是转向之前的2～4倍。台风路径在EF阶段时，由于它的高速运动，使预报误差大为增加。台风在EF阶段已移到较高纬度处，将受到冷空气侵袭而变性。当它变成一个温带气旋或与一个温带气旋合并后，它将向偏北进入温带气旋所在的位置（FG段）。自F点开始，这个涡旋将从向偏东方向移动转变为向偏北方向移动，使台风变性成为一个高纬度的温带气旋，或温带气旋的一部分。

D点是台风路径的转向点，是台风路径中最为关键的点，它是台风路径从一个方向转变为另一个方向的转折点，牵动着整个路径的布局。D点的经度与副热带高压的进退有关，D点的纬度与副热带高压的北上南移有关，因此有显著的季节变化。在春秋季节和冬季，转向点D一般在15°～20°N附近，盛夏则可高达25°～30°N，甚至更北。

转向点D在预报上很关键，多数台风转向是缓慢的，但有少数台风转向很急剧，很突然，称为尖锐转向，这是台风运动中一种突变现象，目前针对这一突变现象的预报能力很低，是台风预报中的难点，也是台风研究中的热点。

实际上台风的运动也并不都像图1-5那样规律，而是呈现出多种奇怪的形态，从而使台风路径预报的难度很大。如图1-6所示，台风运动这样千变万化的路径和速度是受各种因素作用的结果，而其作用的机理一直是各项研究中的热点。

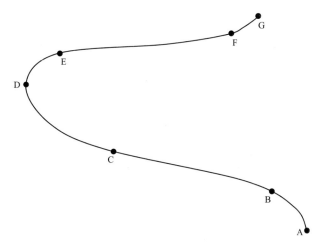

图 1-5 台风全路径示意图

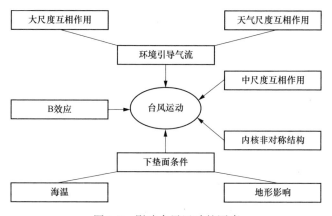

图 1-6 影响台风运动的因素

1.3.2 台风的异常运动

如果把图 1-5 所示台风典型的全路径或其中某段路径（例如转向前的一段 AD）视为正常运动，则台风还经常出现一些复杂的异常运动和异常路径。例如台风的打转、互相旋转、蛇形运动、移向突变、突然加速和突然减速等。热带气旋的移动是受引导气流影响的。引导气流主要由热带气旋周围大型天气系统中的流场构成，这些天气系统包括副热带高压（简称副高）、中高纬西风带的大型槽或脊等。其中，副高外围的气流是最主要的影响因素之一。

在一般情况下，如果海上的副高强而稳定，热带气旋也会沿正常的路径移动。但当环境流场处于调整、变动之时，或当多个台风同时出现时，副高的形

态和强度会发生很大变化。受其影响，热带气旋的路径就会变得异常。

西北太平洋台风的异常路径虽属小概率事件，但只要发生一次，往往造成预报失败，影响很大。

有两类突变异常路径要特别警惕，它会造成防御不及而酿成大灾。这两类异常路径即为东海（黄海）台风的突然西折和南海台风突然北翘。在东部海面路径突然西折的台风会袭击浙北、长江口和上海、山东半岛、河北、天津甚至北京。由于对突然西折预见期不够、防御不及而多次酿成大灾。突然西折台风转折点附近路径呈逆时针方向弯曲，这与正常路径转向点附近呈顺时针方向弯曲完全相反。这种小概率的路径突变事件是对实时预报的挑战，往往不能报准。南海台风路径的北翘会造成对广东的突然袭击，因防御不及而加重灾害。

路径虽然正常，台风运动速度突变也同样会加重灾害，台风移动过程中的突然加速或突然减速、停滞或打转，都可能会使预报失误而造成防御不足或过度防御。

对于造成台风路径突变或异常运动的原因，有关专家过去虽做过一定研究，但所知甚少。例如，东海西折台风一般与台风西南方来自中纬度高空的切断冷涡或副热带高压脊的加强西伸等有关，南海北折台风一般与南海季风加强或越赤道气流的加强或副热带高压的减弱东撤等有关。不同尺度环流系统与台风环流的相互作用以及台风内部的非对称结构都是造成台风异常运动的因素。目前，对台风异常运动成因和机理的研究仍是台风研究中的热点。

1.3.3 影响中国的台风运动

1. 西北太平洋台风的 4 种基本路径

（1）西行路径。台风从菲律宾以东洋面向偏西方向移动，经巴士海峡或吕宋岛入南海于中国的粤西、海南岛或越南登陆。这类台风对海南、广东两省影响最大，季节多见于春、秋季。

此类路径的高空环流形势是副热带高压强盛，且呈东西坝状分布，脊线稳定于 25°N 以南，副高南侧的深厚东风引导台风西进。

（2）西北路径。台风从菲律宾以东洋面向西北方向移动，经巴士海峡或登陆台湾后穿海峡入粤东或福建。也有的台风起点纬度较高，西北行穿琉球群岛于浙江、上海、江苏一带沿海登陆。此类台风对台湾、广东省东部、福建省影响最大，多见于 7 月下半月～9 月上半月，特别是盛夏。

这类路径的常见环流形势是中国东部沿海多为长波脊控制，西太平洋副高稳定于长波脊的南侧，轴线是西北—东南向，台风在深厚的东南气流引导下向西北方向移动。

（3）转向路径。台风形成于菲律宾以东洋面后，向西北方移动，在海上于西太平洋副高西缘或西风槽前转向东北，向朝鲜半岛或日本方向移去。中国气象工作者把转向台风分为东转向（140°E以东）、中转向（125°～140°E）和西转向（120°～125°E）3类。其中西转向类，特别是近海转向者对华东及华北沿海会有一定影响。此类台风以夏、秋季节相对多见。关于转向点的纬度，盛夏最北，春季最南（见表1-1）。

表 1-1　　　　　　　　　西北太平洋台风转向点纬度

月份	1	2	3	4	5	6	7	8	9	10	11	12
平均纬度（°N）			13	16	18	21	28	30	25	21.5	18.5	17

（4）曲折路径。当高空引导气流较弱，或环流形势变化很快，再或海上有两个以上台风而相互影响时，台风常出现停滞、打转、多摆现象，出现所谓奇异曲折路径。此类路径虽相对少见，但比较难以预测，所以更易成灾。华东、华南沿海都有一些影响实例。

7203号台风和9012号台风两个实例作为这类路径的示意，前者在海上两次打转，最后登陆华北；后者先在海上摆动前进，登陆台湾北部后，在新竹县出现第一次停滞打转，为时10个小时，之后过海峡又在福建福清沿海登陆，并在福建中部沿海出现两次打转，造成3次登陆，两次下海的怪异现象，最后消失于湘南、粤北地区。引用这两个登陆中国的曲折台风实例只是为了说明问题，其实，曲折类不登陆者还是占多数的。

2. 南海台风的3类路径

（1）正抛物线类（含东北类）。台风形成于南海东部，先向西北方向移动，至20°N附近转向东北，或登陆粤东，或穿越台湾海峡，或登陆台湾。此类台风对福建影响很大。

（2）倒抛物线类（含西北类）。此类南海台风多生成于南海中部，先向东北偏北方向移动，至20°N附近转向西北或西北偏西，也有的一形成就向西北方向移动。此类台风对粤西和海南岛影响严重。

（3）西移类。台风形成后，基本保持偏西路径，对海南省与越南影响为重，对福建无影响。

3. 台风强度与移速

台风强度一般用最大风速和台风中心最低气压表示，气压越低、风速越大，表示台风强度越强。从最大风速看，洋面上台风中心最大风力有63%可达12级，22%超过60m/s（17级），4.3%超过80m/s。1958年9月24日的27号台风极大风速曾达110m/s。从最低气压看，中心最低气压在980hPa以下者占

57.1%，950hPa 以下者占 27.1%。1979 年 10 月 12 日的 19 号台风最低气压曾达 870hPa。

台风移速主要受高空引导气流制约，另外也与本身的强度有关，是外力与内力的合成。台风位于较低纬度时，移速较快，通常平均西向移速为 13～16km/h，进入 25°～30°N 即副热带高压脊所处纬度附近时，移速减慢，一般为 8～11km/h；到日本时，往往可达 64～85km/h。由于环境流场与台风本身的差异，有些台风移速相差甚大。

1.4　台风的监测和预报

我国处于西面太平洋和南海沿岸，东南沿海的海岸线漫长，地理位置十分特殊，每年平均达 9.18 个台风（包括热带低压）袭击我国，居世界首位，是世界上受台风危害最为严重的国家之一。我国经济和社会的发展面临着台风灾害加剧的威胁。近二十年来，台风造成的直接经济损失尽管仍然很大，但由于对近海影响和登陆台风进行了全面、有效的监测和预警，台风造成的人员伤亡明显减少。

目前，我国气象部门通过已建成的国家级和省级气象台观测站网，对台风实施从生成至消亡的全程监测。对于远海台风的监测主要是依赖于气象卫星，而当台风临近和登陆沿海地区时更多的是借助于地面气象站网加密观测、多普勒天气雷达站网以及中尺度地面自动观测站网的监测。然而，由于我国目前气象观测站网的密度和观测内容，尚不能完全满足对台风灾害监测、预警、研究和管理的需要。因此，我国正进一步加强自动气象站网建设，增加观测站数量和观测项目，并在此基础上建设一个由天基、空基、地基系统组成的、观测内容比较齐全的、分布密度适宜的、布局合理和自动化程度高的现代化台风探测系统。

➡ 1.4.1　台风的监测

台风监测是指利用各种探测手段对台风中的物理过程和物理现象以及各种气象要素的变化等进行观测、探测，并使用不同的载体记录下来。台风监测所获取的气象记录、资料是进行台风预警、科学研究和防灾减灾、决策服务的基础。

目前对台风的监测主要包括地面探测、高空探测、雷达观测、其他特种观测和遥感探测等。地面探测主要是对受台风影响时近地面层和大气边界层范围内的各种气象要素进行观察和测定；高空探测一般是利用探空气球携带无线电探空仪器升空进行，可测得不同高度的大气温度、湿度、气压，并以无线电信号发送回地面，利用地面的雷达系统跟踪探空仪的位移还可测得不同高度的风向和风速。多普勒天气雷达可对台风进行监视、跟踪，雷达探测的降水强度、回波高度、范围和分布状况等可为台风实时监测以及临近预报提供重要参考依据；特种观测包括 GPS/MET 水汽监测、边界层气象梯度探测、移动气象观测体系、飞机气象探测、海面船舶探测等；遥感气象探测主要是利用气象卫星、雷达和其他遥感仪器等设备进行的气象要素探测。

台风监测，包括台风位置、强度的确定以及大风和降水强度的估测，远海台风的监测主要是依赖于气象卫星，当台风临近沿海地区时则更多地借助于多普勒天气雷达、地面气象观测站。以下分别对地面气象观测自动站网、高空气象探测、多普勒天气雷达探测、浮标自动站探测、大气边界层气象梯度探测、移动气象观测体系、飞机气象探测和气象卫星探测的台风监测方法、原理和能力进行介绍。

1.4.1.1　地面气象观测自动站

自动气象站是指能自动进行地面气象要素观测、处理、存储与传输的仪器。自动气象站通过传感器将气象要素的变化转化为电信号的变化，通过微机处理后得出各个气象要素的实时值，并借助通信网络实现相关数据传输。图 1-7 所示是一种常见的自动气象站。

自动气象站是地面气象观测的重要组成部分，根据区域气象观测的需求，一个自动气象站可同时观测若干个气象要素，其中温度、湿度、气压、降雨量、风速以及风向等是观测中最基本的气象要素。自动气象站有效提升了气象要素的观测和传输效率，提升了气象观测的覆盖范围，极大节约了人力成本，为气象监测、预报和科研提供了坚实的数据支撑。

图 1-7　自动气象站

但是，与陆地上稠密的地面自动气象站相比，岛屿和海洋上的自动气象观测站十分稀少，且仅能给出所在地地面气象要素，这也是阻碍台风预报水平的一个重要方面。

1.4.1.2　高空气象探测

高空气象探测是基础性高空资料的主要来源，它是用一个探空气球携带无线电探空仪升入空中，探空仪在上升过程中，其传感器可获取升空途中空气的温度、气压和湿度，并连续不断地发出无线电讯号，通过地面雷达跟踪气球并接收这些讯号，整理计算出从地面到高空 30km 之间的不同高度各个规定层面和反映大气层结变化的特殊层面上的高度、气压、温度、湿度、风向、风速等高

空气象基本要素，并经世界气象通信网络实现全球气象信息的交换。整个探测过程需要时间约 4h。

我国现有的无线电探空系统包括 L 波段二次测风雷达、59-701 二次雷达测风系统、无线电经纬仪（RDF）、C 波段雷达和 GPS 探空系统。全国 120 个探空站中全部布设了 L 波段二次雷达。我国东部地区高空探测站的平均间距大约为150km。高空气象探测站担负着每天 08 时、20 时（北京时间）从地面到高空30km 之间的规定高度层和特殊层面上的高空气象基本要素的探测。当台风进入我国警戒范围后，我国东部地区将根据情况进行高空加密探测，即增加 02 时、14 时两次高空探测。目前，高空探空站密度不高也是制约台风预报水平提高的一个重要方面。

作为高空探测技术的一个新的发展，全球定位系统 GPS 探空系统具有测量精度高、自动化程度高和系统集成程度高等优势，已经被越来越多的国家所使用。

1.4.1.3 多普勒天气雷达探测

19 世纪中期，多普勒效应由奥地利数学家多普勒提出。他指出，当振动源和观察者以相对速度产生相对运动时，观察者接收到的频率和振动源发出的频率不同。20 世纪 30 年代，多普勒效应被应用到电磁波领域，并于 40 年代应用于雷达中。脉冲多普勒天气雷达以多普勒效应为基础，以云、雨、雪、雹等作为监测目标，通过探测气象目标的散射电磁波信号，判断气象目标的当前位置、移动速度和发展态势等信息。以降雨为例，多普勒雷达在判断雨滴运动速度的基础上还可以进一步推断降水速度分布、风场结构特征、垂直气流分布等内容，从而成为监测和研究强对流天气的利器。

一部脉冲多普勒气象雷达主要由发射机、定时器、天线系统、天线收发开关、接收器以及信号处理器等部分组成。脉冲多普勒气象雷达的工作波长多在 3～10cm 之间，如表 1-2 所示。其中，在我国，多普勒气象雷达主要分为 C 和 S 两个波段。C 波段多普勒气象雷达主要分布在内陆和少雨地区，S 波段多普勒气象雷达主要分布在沿海和多雨地区。C 波段多普勒气象雷达一般可获取 150km 半径内区域的降水和风场信息，S 波段多普勒气象雷达可监测 400km 半径内区域的台风、飑线、冰雹、龙卷风、短时强降雨等天气，并可做到雹云和龙卷等中小尺度天气系统的高分辨率识别。

表 1-2 常见的气象雷达波长与探测气象目标

波长（cm）	频率（MHz）	波段	可探测的气象目标
0.86	35000	Ka	云和云滴
3	10000	X	小雨和雪

波长（cm）	频率（MHz）	波段	可探测的气象目标
5.5	5600	C	中雨和雪
10	3000	S	大雨和强风暴

脉冲多普勒气象雷达提供的常见监测产品为雷达基本反射率图，它反映了目标区域内降水粒子的尺度和密度分布，数据单位用 dBZ 表示。脉冲多普勒气象雷达每 6min 回传一次雷达回波数据，以颜色深浅和数值大小表示雷达回波数据的强度。一般来说，回波强度越大，表示回波覆盖区域和回波即将经过区域出现强雷电、雷雨大风、短时强降雨、冰雹等强对流天气的可能性越大。

1.4.1.4 浮标自动站探测

海洋浮标站从 20 世纪 60 年代开始研制试验，70 年代正式投入使用。根据世界气象组织调查，到目前为止，全世界已布设正规的海洋浮标站超过 3000 座，已经构成了一个比较完整的海洋浮标站网。通常安装在浮标体上的有风向、风速、气压、气温、湿度（或露点温度）、表层水温、盐度（电导率）、流向、流速、波高、波周期、波向等传感器。海洋浮标自动站主要承担近海海面水文气象环境的监测，对海上台风进行前沿实时的监测，以及为海上工程、生产提供服务，尤其可以为及时掌握台风风暴潮侵袭的强度提供有力的判断依据，对沿海地区的防灾减灾，为地方政府提供决策依据有着积极的意义。

浮标自动站是以锚定在海上的观测浮标为主体组成的海洋水文气象自动观测站。它能按规定要求长期、连续地为海洋气象科学研究、海上石油（气）开发、港口建设和国防建设收集所需海洋水文气象资料，特别是能收集到调查船难以收集的资料，如台风等的恶劣天气及海况。

海洋遥测浮标站，能常年定点布设在海洋站位，是能够最先监测到台风来临的监测点，及时准确的监测资料，对台风灾害的预警极为重要，缺陷是由于航船碰撞或恶劣天气等造成其易丢失。

1.4.1.5 大气边界层气象梯度探测

台风边界层大气研究在很大程度上依赖于对边界层大气的精确探测。台风边界层大气探测根据需要可以包括大气边界层气象梯度观测塔、大气风廓线仪探测、微波辐射计探测等。台风边界层气象梯度探测的主要目的是通过观测和研究分析获取第一手的边界层海—陆—气观测数据，这些资料数据可用于加深海—陆—气相互作用对台风及其灾害影响机理的认识，为台风数值模拟研究及资料同化分析提供第一手的观测资料。通过海—陆—气界面通量的探测试验，改进复杂下垫面条件下的数值模式参数化方案，为台风灾害性天气预测模式的研发提供基础数据。

（1）大边界层气象梯度观测塔。它是一种探测大气边界层气象要素垂直分布的设施。随着边界层大气和污染扩散研究工作的开展，第二次世界大战后，世界各国陆续建造了装有各种气象探测仪器的专用气象塔。初期，塔高约100m，后来有达400m以上的。此外，还有利用电视塔、电信塔等安装气象仪器进行观测的，其高度更高。1979年，我国在北京北郊建造了第一座塔高325m的专用气象塔，塔上仪器的安装高度可根据需要和可能决定，通常上疏下密，采用对数等间距分布。塔上仪器有两类，一类是垂直梯度观测仪器，测量温度、湿度和风的平均值随高度的分布；另一类是大气湍流的测量仪器，连续测量温度和风速的瞬时值，这些仪器要求时间常数小、观测精度高。为避免塔身对气流和温度的影响，仪器应尽量安装在伸出塔身较远的杆上，并最好同时安装互成180°方向的两套仪器，以便根据当时的风向，选用其中的一套读数。为了使各高度上的仪器具有较高的可比较性，仪器性能必须相同，还需经常进行平行对比。塔上多使用遥测仪器，配备计算机系统，以实现观测程序和记录、资料储存和处理的自动化。

（2）风廓线雷达（风廓线仪）。它是一种垂直指向的晴空多普勒雷达，也称为风廓线雷达。这种垂直指向的晴空多普勒雷达测量技术是美国在20世纪50年代初期开始研制并发展起来的。迄今为止，这种风廓线仪以及与其组合使用的无线电声探测系统（radio acoustic sounding system，RASS）技术，仍然代表了该领域里的世界先进水平。

图1-8　风廓线仪外观

按照探测高度的不同，风廓线仪一般有3种类型，即边界层风廓线仪、对流层风廓线仪和平流层风廓线仪。边界层风廓线仪用于近地面层较低高度的大气探测，与气象部门目前使用的地面风观测和高空气球探空相比较，风廓线仪探测有着许多优越性。风廓线仪探测属无球探空，使用灵活方便，运行成本也很低。利用风廓线仪探测风向、风速和温度等气象要素随高度的变化，客观而准确，它反映的是测站上空实际的风、温情况。

风廓线仪依靠短声波脉冲或无线电波脉冲来进行三维风速和扰动结构的剖面及垂直温度创面的连续测定，获得风分量、水平风速和风向、所有风速的标准偏差温度结构参数等数据，并对测量数据进行显示、储存和后处理。风廓线仪外观如图1-8所示。

风廓线仪数据目前尚存在有待分析解决的问题，如数据质量控制方法，抑制地物杂波，飞机、鸟类、昆虫等干扰和有源干扰。目前，方法研究与特征资料积累还不够，低空 150m 以下存在测量盲区等。

（3）微波辐射计。微波辐射计探测是相当新的技术领域，它正处在迅速发展阶段，是从电子工程、海洋地理、地球物理、大气和空间科学等领域中引申出来的，微波辐射计是靠微波遥感，微波遥感与可见光遥感不同，它所探测的是我们肉眼看不见的大气的微波辐射信息。其基本原理是接收来自大气的一定波段的微波辐射，用以探测大气的温度、相对湿度、水汽、液态水垂直廓线的一种装置。

微波辐射计是一种被动式的微波遥感设备。它本身不发射电磁波，而是用被动接收观测目标场景辐射的微波能量来探测目标的特性。当微波辐射计的天线主波束指向目标时，天线接收到目标辐射、目标散射和传播介质辐射等辐射能量，引起天线视在温度的变化。天线接收的信号经过放大、滤波、检波和再放大后，以电压的形式给出。对微波辐射计的输出电压进行温度绝对定标，即建立输出电压与天线视在温度的关系之后，就可确定天线视在温度，也就可以确定所观测目标的亮度温度。该温度值就包含了辐射体和传播介质的一些物理信息，通过反演就可以了解被探测目标的一些物理特性。由于微波辐射计接收的是被测目标自身辐射的微波频段的电磁能量，因此它所提供的关于目标特性的信息与可见光、红外遥感和主动微波遥感不同。同时，因为被测目标自身所辐射的微波频段的电磁能量是非相干的极其微弱的信号，这种信号的功率比辐射计本身的噪声功率还要小得多，所以微波辐射计实质上是一种高灵敏度的接收机。微波辐射计是完整对地观测不可缺少的组成部分，在微波遥感器中占有重要地位。

1.4.1.6 移动气象观测体系

为进一步提高台风的监测预警水平，除了需要进一步研究预报的一些关键技术和理论以外，对台风开展现场实测是一项重要的基础性工作。近年来，我国沿海大气探测站网的建设取得了重大的进展，沿海各省、市气象部门的现代化建设进展顺利，建成由移动通信指挥、移动天气雷达、移动探空雷达、移动风廓线雷达、移动自动气象站、移动自动土壤水分观测站和移动计量检定系统组成的移动应急观测保障体系，这一切都为实施台风现场移动探测奠定了基础。

台风边界层移动观测系统能够探测台风边界层大气的温度、气压、湿度和风等要素的垂直分布状况以及地面风、温、压、湿、降水等气象要素，它具有多要素、高时空分辨率、良好的机动性和抗干扰等特点。利用该移动观测系统可以快速机动地监测台风及其影响区域的边界层大气结构。所获取的探测资料

可以弥补固定监测网的不足，为高分辨率的台风精细预报、短时临近天气预报、台风路径预报、台风风雨预报等提供丰富的大气边界层观测数据，以提高预报水平，尤其是短时预警。一般来讲，台风边界层移动观测系统的主要观测仪器可以包括风廓线仪、微波辐射计等车载遥感设备、光学雨量计和常规自动气象要素探测设备。在性能上要求机动性强，可探测边界层大气风、温、湿廓线、边界层高度等以及地面常规气象要素，同时具备数据采集、存贮和远距离传输功能。移动探测平台配备无线远程通信实时传输设备和车载 GPS 定位仪，系统运行时所有观测均以监测车为平台进行探测。移动监测系统可以实现各种数据的采集、资料分析、加工、归档，并可将资料实时传输到气象局业务网络系统。监测车所在位置情况即可通过车载地理信息系统实时显示，也可以将相关信息向外传送。车辆自带发电设备，可以保证特殊情况下的探测仪器的供电。

最近几年来，广东、上海、浙江、北京等省、市气象局已经先后装置配备了多部台风（或其他应急）移动探测车，多次对台风实施了现场探测试验，取得了一定的成果。

1.4.1.7　飞机气象探测

飞机气象探测是指用飞机携带气象仪器对大气进行探测，它开始于 20 世纪初。1907 年，英国人达因制造了飞机用的气象仪器，可测量温度、湿度随气压的变化。1912 年，德国人希德生首次进行飞机气象探测。那时，人们把温度自记仪器带到飞机上探测高空大气的温度。1925～1943 年，美国开始定期进行飞机探测，当时有一个固定的飞行队执行此项任务。

飞机探测台风的内容包括在对流层顶以下、台风半径范围内，记录台风的三维动力、热力结构及其随时间的演变；获取台风内部微物理过程、动力过程及边界层海—气相互作用的观测资料；获取台风涡旋与周围大尺度环流相互作用的观测资料；获取有助于台风移动研究的观测资料；获取有助于台风变性研究的观测资料等。探测目的是获取台风内部及其周围环境场的观测数据，以支持对台风结构、移动及强度变化的理论研究，其最终目的是提高对台风强度和路径的预报能力。

20 世纪 60 年代至 70 年代早期，美国飞机探测的范围扩展到了北极、印度和西非，同时从 1962 年开始进行了著名的"狂飙"（storm fury）计划，该计划一直持续到 1983 年。2003 年 9 月 1 日台湾对台风"杜鹃"的追风计划实施了历史性的首航，成为继美国之后实施飞机探测台风的第二个地区。

1.4.1.8　气象卫星探测

气象卫星在几百千米、甚至几万千米的太空对地球—大气系统进行探测，是一种以遥感探测为主的技术。所谓遥感，就是在一定距离之外，不直接接触被测物体，通过探测器接收来自被测目标物发射或反射的电磁辐射信息，并对其处理、分类和识别的一种技术。气象卫星遥感的特点是气象卫星在固定轨道上运动时进行遥感探测；实现了全球探测和大范围探测；在空间自上而下进行探测；便于探测新技术的使用，受益面广。

用于探测的气象卫星主要有极轨卫星和静止卫星两种，这是按照卫星的运动轨道区分的。极轨卫星所在的瞬时轨道平面与太阳始终保持固定的取向，卫星遥感探测资料具有长期可比性。由于这种卫星轨道的倾角接近 90°，卫星近乎通过极地，所以称它为近极地太阳同步轨道卫星。我国用于气象业务的风云一号系列的 4 颗卫星都是极轨卫星。静止卫星是指轨道平面与赤道平面重合，卫星的轨道周期正好等于地球自转周期，且卫星公转方向与地球自转方向相同的卫星，又称地球同步轨道卫星。我国用于气象业务的风云二号系列卫星属于静止卫星。

这两种卫星各有优缺点。极轨卫星的优点是距地面近、图像的分辨率高，可以清晰地了解地面的情况，但缺点是由于其不停地围绕地球两极运动，所得到的图像是全球云图，对某一地区的探测周期就会比较长，有的要几天才能探测一次，这样对于台风监测存在一定不足。而静止卫星则相反，由于其需要与地球同步运动，这就要克服地球引力，卫星与地面的距离就比较远，图像的分辨率就较低，但优点也显而易见，它可以对某一地区连续探测，这对于追踪台风等移动较快的天气系统十分有利。

气象卫星资料包括卫星云图资料、卫星探空资料、卫星测风资料和卫星辐射探测资料 4 类。卫星云图资料有可见光云图、红外云图和水汽云图、云顶高度及其温度、地球上冰和雪的覆盖范围、无云区地球表面（陆地和洋面）的辐射温度等；卫星探空资料包括温度、湿度、臭氧的铅直分布，云中含水量和降水强度等；卫星测风资料主要是由云的运动估算风向风速；卫星辐射探测资料包括地气系统将太阳辐射反射和散射回太空的短波辐射资料，以及地气系统向太空发射的长波辐射资料。

卫星云图在台风实时业务监测中起着非常重要的作用，在台风的监测预报服务中，每 30min 一次的卫星图像为获取台风实时监测信息提供了重要保证，借助于卫星云图分析技术，不仅能够掌握台风定位信息，而且还可以进一步了解台风未来动态和降雨信息，从而及时滚动发布台风预警信息，为减灾防灾决策提供可靠依据。

综上所述，目前我国已基本建成高时空分辨率的台风立体监测体系，我国自主研发的风云系列气象卫星、多普勒雷达天气观测网、高密度地面自动站、高空探测以及移动观测（移动 GPS 探空、移动多普勒雷达、移动风廓线）等能

对台风开展全方位的实时观测，风云系列气象卫星的双星加密观测每15min获取最新台风监测图像；雷达站网每6min就可获取台风的实时监测信息；海洋（海岛、船舶、石油平台）站、浮标站每5~10min采集风、压、湿、温和降雨等信息，为台风业务和科研提供第一手资料。

➡️ 1.4.2 台风的定位

确定台风中心位置和强度是制作台风预报和发布台风预警的第一步，因为台风预报的质量依赖于台风初始定位和定强的精度，这种精度不仅会影响台风路径和强度预报的质量，同时也会影响到台风所带来的狂风、暴雨和风暴潮预报的质量。

在台风监测和预警实际业务中，确定台风中心位置和强度的主要依据是气象卫星、地面基准雷达和地面气象观测，少数国家则应用飞机探测作为一种重要的辅助监测手段，如美国国家飓风中心（NHC/NOAA）针对北大西洋和东太平洋飓风的飞机探测作业，而美国联合台风警报中心（JTWC）也曾针对西北太平洋和南海台风开展飞机探测（已于1987年8月停止作业）。自20世纪60年代气象卫星投入业务运行以来，气象卫星探测就成为对台风监测最主要的手段，尤其是对远海台风的监测。当台风接近陆地时，由于雷达在观测时间及空间分辨率上的优势，雷达则成为精确掌握近海台风动向的最佳探测工具；而台风一旦登陆后，地面实时观测资料将成为确定台风中心位置和强度的主要依据之一。

目前我国已初步建成了以气象卫星、多普勒天气雷达、地面自动气象观测站为基础的对台风进行全方位实时监测的立体综合探测体系，借助于气象卫星、多普勒天气雷达和地面自动气象站对台风进行全方位精确监测。目前我国的台风平均定位误差约为20km，强度（近中心最大平均风速）误差在5m/s以内，并且能给出大风和降雨的合理分布，基本达到当前世界先进水平。

1.4.2.1 卫星云图定位

目前在业务上有中国国家卫星气象中心、日本气象厅和美国的卫星定位可供参考。卫星云图定位大体有下列几种方法。

（1）根据台风眼定位。小而圆的眼即台风中心；大而圆的眼，中心定在眼区的几何中心；不规则的大眼，中心定在红外云图上眼区内最黑区的几何中心。

（2）螺旋云带定位。螺旋云带是指台风云系中表现最为弯曲的螺旋状云带，一般出现在台风发展初期。在成熟的强台风中，围绕中心浓密云区旋转的螺旋云带呈准圆形，云带宽度多在50km以上。

（3）密蔽云区定位。当台风无眼，但有密闭云区时：①出现对称的近于圆形的密蔽云区时，台风中心一般位于其几何中心；②密蔽云区中出现弧状云隙或裂缝时，台风中心位于云缝内密蔽云区的中央部位；③当密蔽云区减弱，有舌状干空气侵入时，台风中心位于干舌的顶端；④具有不对称的密蔽云区时，台风中心偏于云区边界整齐光滑的一侧。

（4）根据云图的积云线定位。当台风无眼，且台风中心在云区外部时：①用可见光云图上出现在浓密云区外部的半环状和螺旋状积云线的曲率中心来确定；②用红外云图上浓密云区外部或边缘附近出现的圆形无云区确定；③根据螺旋云带的曲率中心确定。

1.4.2.2 雷达定位

雷达探测和卫星探测的不同点在于气象卫星是由上向下探测，而雷达是由地面向上探测，受到地球表面曲率的影响。我国气象雷达的探测范围在 460km 以内，当台风进入雷达的探测范围时，将雷达探测作为确定台风中心位置的重要依据。

1.4.2.3 地面资料定位

根据台风影响区域的风、气压、变压等气象要素的特征定位。近年来，我国自动气象站网已经非常稠密，大大提高了登陆台风的定位精度。现在台风登陆点和登陆时间的认定较为客观。地面观测与其他观测的结合使用，可为台风定位提供有价值的分析材料。

1.4.2.4 台风强度的确定

根据《热带气旋等级》（GB/T 19201—2006）的规定，台风强度是指近地面台风中心附近的最大平均风速或中心最低海平面气压。

目前世界各国（包括中国、美国和日本等国家）主要是采用美国科学家 Dvorak 研发的 Dvorak 分析技术，根据静止气象卫星在红外和可见光波段观测的台风云型特征及其变化估计台风的强度，该技术于 1987 年由世界气象组织推荐使用，已成为在缺少飞机探测地区监测台风强度的世界标准，也是强度预报最通用的方法。

在卫星云图上，台风强度是台风云型结构多种特征的综合反映。这些特征包括台风的环流中心、中心强对流云区的范围以及外围螺旋云带等。通过对卫星云图中这些特征的分析判断，分别给出各个特征的强度指数，台风现实强度指数就是这些特征的强度指数之和。

1.4.3 台风的预报

1.4.3.1 路径预报

对于防台减灾而言，首先需要知道台风未来途经的区域，而这主要取决于台风的移动路径（一般用 3h 或 6h 间隔的各台风中心位置连线来表达），因此台

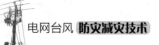

风路径预报是防台减灾面临的首要问题。随着沿海经济的快速发展和城市化进程的加快，精确的台风路径预报显得越发重要，尤其是在登陆台风可能侵袭情况下，路径预报更是人员撤离和财产保护的重要科学依据。台风路径预报的偏差会导致风雨强度和分布以及风暴潮增水等的预报偏差，甚至预报失败。

由于观测手段和资料的不断丰富，例如各种遥感卫星、多普勒天气雷达和GPS下投式探空仪观测等以及数值天气预报模式的发展，台风路径预报水平在过去20多年里取得了长足进步，1991～2015年中央气象台台风路径预报误差见图1-9。2015年中央气象台24～120h各时效台风路径预报准确率均创历史新高，其中24h路径预报误差66km（首次低于70km）。由图1-10可以看出，除72h台风路径预报误差持平或略差外，中央气象台其他各时效路径预报误差均好于美国和日本，中国台风路径预报和国际水平基本相当。

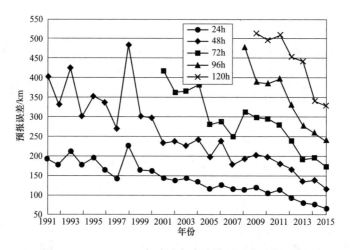

图1-9　1991～2015年中央气象台台风路径预报误差

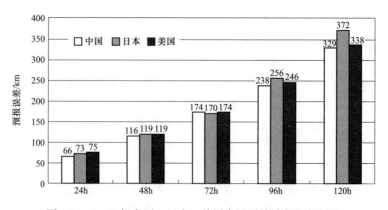

图1-10　2015年中国、日本、美国台风平均路径预报误差

1.4.3.2 强度预报

台风强度预报的对象是近中心最大平均风速或台风中心最低气压。图 1-11 为 2000～2015 年中央气象台台风强度预报误差。目前国内外的预报水平都还比较低，各海域台风强度预报能力提高十分缓慢。台风强度变化受到很多因素影响，要实现定量精确计算还很难。从最近几年的情况看，目前各国对台风强度的预报还是要依靠预报员的综合判断，在一定程度上还要依赖经验，我国也不例外。

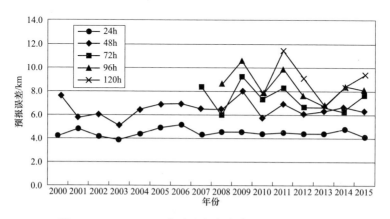

图 1-11　2000～2015 年中央气象台台风强度预报误差

1.4.3.3 风雨预报

台风风雨预报更困难些，由于地形、海陆差异、西风带，包括台风自身结构的变化等因素都会对风雨的强弱变化产生影响，因此，对台风风雨进行预报时当地预报员根据经验判断的成分更多一些，比如预报员需综合历年台风登陆的情况、台风影响的结果进行比较，从而做出判断。

1.4.3.4 风暴潮预报

对风暴潮的预报主要有经验统计预报方法、数值模拟方法。经验统计预报方法是通过历史资料统计分析从而展开对风暴潮的预测，将影响因素和量值与所研究的台风增水值进行对比，确定台风增水和影响因素变化的关系，并运用数理统计方法计算这种关系的可靠程度和相关程度。数值模拟是研究风暴潮最直接方法，从流体力学方法出发，到处理台风中心到达海岸时，风、气压在沿岸引起的台风暴潮分布的动力学模式，它是基于风暴潮控制方程、计算方法和计算机的应用而发展起来的一种新型的研究方法。经验统计预报方法主要采用回归分析和统计相关来建立指标站的风和气压与特定港口风暴潮位之间的经验预报方程或相关图表，此方法局限性较大，只能在少数特定的港口应用。风暴潮的数值模拟方法则克服了以上缺点，建立了预报场的概念。数值预报技术开

始于20世纪50年代，计算机技术的高速发展为风暴潮研究技术的发展提供了优良的条件，风暴潮的数值预报模式日益完善。

关于风暴潮的研究，主要存在以下几个方面的问题：风暴潮本身气象预报精度不高，时效不长；在风暴潮中心附近和外围气压梯度及速度的变化很不均匀，数值计算中网格大小的选择比较棘手；风暴潮与天文潮两潮耦合模式的研究已有初步进展，但仍有待深入开发有效易用的耦合技术，提高业务预报的精度。

1.4.3.5　地质灾害预报

台风导致的地质灾害主要表现为台风活动期间，由于伴随着疾风骤雨，山体地表径流与土壤渗水量同时增加，从而引发山体滑坡和泥石流。与一般持续降雨型滑坡相比，台风往往导致小型的浅层滑坡，所需要的有效雨量更小，瞬时雨强更大。

2003年，原国土资源部和中国气象局决定联合开展地质灾害气象预报警报工作，并委托中央气象台和中国地质环境监测院联合攻关，研究开发全国地质灾害气象预报模式，初步建立了国家级地质灾害气象预报预警系统，并于2003年6月1日正式运行。

根据历史地质灾害资料和降雨资料，建立地质灾害与降雨之间的经验性统计关系，寻找临界降雨强度是目前降雨诱发地质灾害预报中最常用的研究方法，统计方法的优点是对初始资料的条件要求较低，只要有地质灾害发生的确切位置和时间，就能基于历史地质灾害个例和降雨的相关性规律建立预测模型。

综上所述，一方面人类对自然现象的预测水平是有限的，很多因素影响台风的活动，在现阶段要非常精准地预报台风影响的程度、范围、时间是比较困难的；另一方面我们的灾中防御手段是有限的。因此，在我们预报能力有限的前提下，妥善有效的事前防御才能保证将损失降到最低。

1.5　台风的灾害特征

台风在海上可以倾覆巨轮，掀翻石油平台，造成海难，但台风灾害主要还是登陆前后及深入内陆造成的。统计资料显示，西北太平洋是全球热带气旋发生频率最高的海域，中国又是全球登陆台风最多的国家。

人们直接能感受到的是台风的狂风骤雨，由其造成的灾害可分为直接灾害和间接灾害两类。直接灾害主要是由台风的狂风引发的风灾和暴雨造成的城市积水内涝和乡村农田的暴雨洪涝灾害，而间接灾害主要为台风暴雨引发的衍生地质灾害（如泥石流、山体滑坡等）以及台风大风作用于海表面而引发的沿海地带风暴潮灾害。

1.5.1 影响中国的台风灾害特点

西北太平洋全年都有台风发生，但以 8 月发生频率最高，9 月次之，7 月位居第 3，2 月最少。根据 1949～2010 年的统计数据，西北太平洋和南海海域平均每年有 27.1 个台风生成，其中有 6.9 个台风在我国沿海登陆，登陆数约占生成总数的 25.5％。严重的台风灾害多发生在盛夏至初秋，受灾地区主要在台湾、广东、福建、浙江和海南诸省沿海地带，少数登陆浙、闽后北上或转向移入黄海、渤海的台风对上海、江苏、山东、河北、辽宁等省市也会造成灾害。登陆我国的台风有年际变化大、登陆月份集中，影响范围广、登陆广东最多，极端风雨强、影响台湾最重等特征。

我国地处亚欧大陆的东南部、太平洋西岸，属台风多发地区，尤其是东南沿海的广东、台湾、福建、海南等省。历史资料统计 1949～2010 年间共有 432 个台风在我国沿海登陆，平均每年 7 个。除河北、天津以外，我国沿海地区均有台风登陆，但登陆频次最高的省份是广东省，平均每年有 2.66 次台风登陆；其他较高的省份有台湾、福建、海南和浙江，平均每年有 1.82、1.42、1.42 次和 0.6 次台风登陆，每年台风在上述 5 个省的登陆频次占台风登陆总频次的 90.39％（见图 1-12）。

我国台风登陆直接影响范围北起辽宁，南至两广和海南等沿海地区。台风深入内陆后引发的暴雨洪水影响范围更大，可影响我国内陆的大部分地区，往往造成流域性洪水和严重的局部暴雨洪涝灾害。

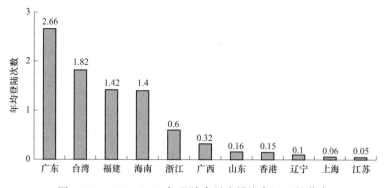

图 1-12　1949～2010 年登陆台风在沿海各地区的分布

从台风的年际变化来看，登陆频次存在非常明显的变化，多台风年和少台风年差别很大，20 世纪 60 年代和 90 年代明显偏多，20 世纪 50 年代和 70 年代明显偏少。进入 21 世纪以后，登陆台风呈偏多的趋势，且登陆时强度明显增加，平均每年有 8 个台风登陆我国，其中有一半是最大风力超过 12 级的台风或

强台风。从月季变化来看，除 1～3 月外，其余月份均有台风登陆我国，登陆时间集中在盛夏初秋的 7～9 月，这一期间平均每年有 5.47 个台风登陆，占台风登陆总数的 78.48%。

台风登陆我国的平均强度为 31.6m/s（11 级），12 级及以上台风占登陆总数的 43.9%。登陆我国最强的台风是 1962 年在台湾花莲到宜兰一带沿海登陆的 6208 号超强台风 "Opal"，登陆时中心附近最大风力达 17 级以上（65m/s）、中心最低气压为 920hPa。造成 24h 降雨量最大的台风是 9608 号超强台风 "Herb"，台湾嘉义阿里山 24h 降雨量高达 1748.5mm，为我国日降雨量的最大值；在大陆地区，造成 24h 降雨量最大的台风是 7503 号超强台风 "Nina"，河南驻马店林庄 24h 降雨量高达 1060mm。出现平均风速最大的台风是 6104 号强台风 "Betty"，台湾兰屿观测到的 10 min 平均风速达 74.7m/s。出现瞬时风速最大的台风是 8403 号台风 "Alex"，台湾兰屿观测到的瞬时极大风速达 89.8m/s。台风灾害导致的直接经济损失总量呈现缓慢增加趋势，人员死亡数明显下降。据统计，20 世纪 50 年代以来，导致我国大陆地区死亡人数超过 100 人的台风共有 57 个，死亡人数超过 500 人的台风共有 12 个，集中在 1954～1975 年（9 个），1976 年至今只有 3 个。其中 5612、6001、6007、7503、9417 号台风导致的死亡人数超过 1000 人，此类台风巨灾集中于 1956～1960 年（3 个），之后 51 年只有 2 个。对比 1991～2010 年后 10 年与前 10 年台风灾害影响，虽然后 10 年登陆我国大陆地区台风数量有所增加，特别是 12 级以上台风登陆数由平均每年 2.2 个大幅增加到平均每年 3.2 个，但造成的死亡人数大幅度降低。

在时间和空间分布上，影响我国的热带气旋有以下统计规律：

12 月至次年 4 月，热带气旋发生较少，热带气旋生成区在 5°～15°N，热带气旋生成西行在海南转向，登陆地点在广东珠江口以西海域和海南岛。

5 月，热带气旋生成区仍然在 5°～15°N，活动区域大幅度北移，吕宋岛东北面、南海北部、琉球群岛附近为高频区，热带气旋路径多西北行和转向类。登陆地点在广东沿海和海南岛，台湾等省常受到台风影响。

6 月，热带气旋生成区大部分在 5°～15°N，个别在 15°N 以北。热带气旋路径多西北行，登陆地点除了广东沿海和海南岛外，北伸到福建沿海，强度多为台风。

7 月，热带气旋大量增加，活动区域扩大到 5°～35°N 海域，吕宋海峡及以东洋面、南海北部、日本南部为高频区，除了转向及西行路径外，登陆类台风频率上升，特别是出现了沿东海北部、黄海北上的路径。我国大陆沿海各省都有可能成为热带气旋的登陆地点，其中强度较强的热带气旋多登陆福建和广东沿海。

8月，热带气旋发生最多的月份，3类路径都出现较高的频率，南海北部、东海出现的频率最高。热带气旋活动区域多在10°～40°N。沿海各省都有可能受到台风袭击，登陆浙江、福建和广东珠江口以西和海南沿海的最多。

9月，热带气旋活动范围向南收缩，3类路径出现的频率仍较高，热带气旋活动区域多在7°～30°N。部分登陆浙南、福建、广东后在江苏沿岸出海。

10月，热带气旋活动区继续南移，以转向类及西行类路径为主。我国南海及东海沿岸仍可受到台风影响，登陆点位于福建以南沿海，但是个别年份仍会登陆福建、浙江沿海，且强度达台风以上。

11月，菲律宾中部及东部洋面上热带气旋出现频率较高，热带气旋路径以转向类为主，部分西行至中南半岛，热带气旋在南海活动范围为5°～15°N。

超强台风以在西北太平洋生成并登陆广东中东部、福建和浙南为主，也有向西登陆海南的移动路径。强台风常见的移动路径有经台湾进入福建中部沿海的，有由西北太平洋直接进入浙江、广东珠江口以东沿海的，还有生成于南海登陆海南后再次登陆雷州半岛的；台风常见的移动路径有生成于西北太平洋并登陆粤西的，有生成于南海并登陆海南的，还有从西北太平洋北上穿过台湾岛进入福建沿海的；强热带风暴多由西北太平洋生成，穿过菲律宾进入南海，以登陆粤西和海南为多。

🔹 1.5.2　台风风灾特征

台风风灾导致的灾害统称台风风灾，是台风引发的主要灾害之一，其影响范围较大，危害性和破坏性强。

台风是不断移动、不断变化强度的，它的右侧风力较大，具有一个不对称的风场。登陆后，由于受到地面摩擦耗散以及陆面大气的动力、热力条件的影响，将出现海陆气三者间的复杂作用。因而，从宏观上来讲，地形的强迫对于登陆型台风而言将主要以摩擦耗散作用为主，加速台风系统填塞、消亡。然而，在有些情况下，受微地形或复杂地形的影响，所激发的次级环流可能导致台风极大风速或局部风力的显著加强，使得登陆型台风的破坏力在短时间内得到强化，造成恶劣影响。

台风大风灾害主要影响沿海地区。台风引起的大风主要出现在山东半岛以南的我国东部及东南部沿海区域，浙江、福建、广东、台湾和海南等沿海省份频次较多。在绝大多数情况下，每个台风大风的分布是非均匀的，在整个台风环流区内同时出现破坏性大的强风的可能性极小，主要集中于最大风速区，在较多情况下最大风速区位于发展最强烈的台风云墙附近地区。1949年以来登陆我国大陆最强的0608号超强台风"桑美"（Saomai）于2006年8月10日17时25分在浙江省

苍南县南部沿海登陆,登陆时中心附近最大风力达 17 级。浙江省苍南县霞关镇测得最大阵风 68.0m/s,打破了该省极大风速的历史记录。虽然"桑美"登陆后迅速减弱,影响时间短、大风出现区域集中,但由于风速特别大〔比 2005 年登陆美国的"卡特里娜"(Katrina)飓风还要略强〕,狂风导致登陆点(浙江、福建两省交界处)附近地区大量渔船损毁,大量房屋倒塌,造成重大人员伤亡。

个别台风受冷锋、西南季风等天气系统影响,最大风速出现区域远离台风中心。1108 号热带风暴"洛坦"(Nock-ten)2011 年 7 月 29 日在海南东北部的文昌沿海登陆,其最大风却出现在海南岛西南部的儋州市;0407 号热带风暴"蒲公英"(Mindulle)2004 年 7 月 3 日在浙江乐清沿海登陆,近中心最大风力 25m/s,而远离风暴中心的浙江湖州市太湖站风力却达到 29.3m/s。

除了最大风速区相对持续的强风外,在台风云墙外围螺旋云雨带中常见伴随中小尺度强对流系统的阵性强风以及在台风边缘有时形成飑线处伴生的强烈阵风。2006 年 8 月 3 日,0606 号台风"派比安"(Prapiroon)在电白至阳西之间沿海地区登陆后,8 月 4 日其外围云带引发的一系列威力超强的龙卷风分别袭击了高要金渡、三水白坭镇、清远石角镇、南海大沥等地,并给上述地区造成了严重的灾害。

1.5.3 暴雨和洪涝灾害特征

台风风灾的影响范围远比台风强降水引发洪涝灾害的影响区域小,台风强风的破坏先于近海海域和沿海地区。台风暴雨和洪涝是由台风强降雨引发的主要灾害,常见于台风登陆的沿海地区,也可发生在远离台风环流的内陆,其影响范围甚广,可导致严重损失。

台风暴雨灾害主要是指登陆台风近中心剧烈对流作用和外围台风环流与冷空气等天气系统共同作用形成降雨强度极大情况下引起的自然灾害,其主要表现为城市的严重积水。导致台风暴雨灾害的主要气象因子是台风的降雨强度。

台风洪涝灾害主要是指台风登陆前后移动过程中在沿海和内陆丘陵地区累积雨量很大情况下引发的大范围自然灾害,主要发生在乡村和农田,常常会引起山洪暴发,受灾范围更广。导致台风洪涝灾害的主要气象因子除台风的降雨强度外,还与台风影响过程的持续时间长短和影响地区前期的雨量多寡有关。

台风强降雨有以下明显的特点:

(1)台风强降雨的地理分布很不均匀,这除了与台风环流内存在分布不均匀的中小尺度天气系统、螺旋云雨带及不均匀结构有关之外,还与台风途经地区的地形地貌等其他因素有关,在这些因素的综合影响下,台风的强降雨分布很不均匀。

（2）同样强度等级的台风造成的降水强度不一样，有的差异很大。例如9608 号台风侵袭台湾，其 24h 最大雨量达到 1748.5mm（过程雨量达1987mm）、6718 号台风给台湾新寮带来 2749mm 的过程雨量、6312 号台风在台湾阿里山的过程雨量达 1774mm、登陆我国香港的 6001 号台风在广东的过程降雨量为 891mm，而登陆福建省漳浦的 8015 号台风的过程最大雨量仅为112mm。

（3）台风除给沿海地区带来大量降水外，还可深入内陆引起暴雨，或与冷空气等中纬度天气系统共同作用造成远离台风环流地区的大量降水。例如 1975年 8 月 7503 号台风深入河南、安徽交界附近停滞少动，并受冷空气影响，造成几个地区特大暴雨，河南林庄最大总雨量 1631mm，日最大雨量 1062mm。

（4）由于台风移动速度不同等原因，台风降雨时间长短不一，一般 1～2天，有的 3 天以上。有的台风从南向北移动，其倒槽和本身环流可以影响北侧一些地方较长时间。例如登陆福建连江的 6007 号台风向北移动，影响浙江、江苏 3～4 天，引起江苏潮桥 945mm 的过程降水。

台风暴雨灾害影响范围广。台风导致我国出现大暴雨的频次分布从东南沿海向内陆递减，山东半岛东部、浙江、福建、广东、广西沿海和海南、台湾岛大部是大暴雨和特大暴雨的主要影响区域。台风暴雨洪涝灾害的影响区域通常比台风大风影响区域大得多，在内陆省份往往也会造成严重灾害。0604 号强热带风暴"碧利斯"（Bilis）于 2006 年 7 月 14 日登陆福建霞浦，虽然登陆时最大风力只有 11 级，但由于"碧利斯"及减弱的低气压深入内陆，与西南季风共同作用造成福建、广东、广西、浙江、江西、湖南等省（区）出现历史少见的大范围、长时间、区域性强降雨，导致山洪暴发、城镇被淹、铁路中断、道路损毁、农作物绝收。灾情最重的并非登陆地点福建，而是位于内陆的湖南。

1.5.4 山体滑坡和泥石流灾害特征

对于地质状况脆弱的地区，台风的特大暴雨可以引发山体滑坡和泥石流等地质灾害，造成严重财产损失和人员伤亡。台风登陆时，受到地形抬升作用，往往会使暴雨强度加大，加剧了在迎风坡上产生泥石流的可能性。而且台风登陆后与冷空气结合也容易诱发大暴雨，这类暴雨具有持续时间短、雨量大的特点，如受9017 号 Cecil 台风影响，浙江苍南的 3、6、12、24h 雨量分别达 298.3、412.4、514.8mm 和 573.1mm。台风降雨的特点决定了台风地质灾害具有历时短、发生相对集中的特点。统计结果表明，台风影响期间的地质灾害集中分布在台风影响最强的 1～2 天内，特别是泥石流灾害往往发生在降雨过程中。一旦离开台风降雨云团的影响范围，该地区发生地质灾害的危险性也急剧降低。

滑坡是构成斜坡的岩土体在重力作用下失稳，沿着坡体内部的一个（或几个）松软脆弱面（带）发生剪切而产生整体性下滑的现象。滑坡是山区水库、铁路、公路以及依山而建的民居等建筑设施遇到的一种地质灾害。大规模滑坡可以导致河道堵塞、公路阻断、公车毁坏等，造成大量的人员伤亡和财产损失。

根据滑坡的不同特征，可以有多种滑坡分类的方法，按照滑坡的力学特征，可以分为牵引型滑坡和推动式滑坡；按照滑动面和地质构造特征可以分为均质滑坡、顺层滑坡和切层滑坡；按照滑坡体的主要组成物质分类可以分为堆积型滑坡、黄土滑坡、黏土滑坡和岩层滑坡。

泥石流是山区沟谷中由暴雨、雪融水等水源激发的，含有大量泥沙和石块的特殊洪流。其特征往往是突然暴发，浑浊的泥石流体沿着陡峻的山沟前推后拥，奔腾呼啸而下，地面为之震动、山谷犹如雷鸣。在很短时间内将大量泥沙、石块冲出沟外，在宽阔的堆积区横冲直撞、漫流堆积，常常给人民生命财产造成重大危害。泥石流按其物质成分可分为泥石流、泥流和水石流。按其物质状态可分为黏性泥石流和稀性泥石流。我国台风降雨分布与台风诱发地质灾害在区域分布上有很好的对应关系，据统计，在1990～2003年，一半以上的台风诱发地质灾害发生在浙江和福建，分别达到台风诱发地质灾害总数的27%和25%，广东和湖南各占16%和15%。

台风影响区内，地质灾害分布具有明显的季节性。台风诱发地质灾害从5月开始出现，并以7、8、9月为多，这与台风影响季节相吻合。6月下旬到7月江淮梅雨开始，主要雨带北移到江淮、黄淮一带，由于这一区域平原居多，总地质灾害发生频率和非台风地质灾害发生频率已降到各自的次峰值，而台风地质灾害已显著增加。到了8、9月的台风季节，台风诱发地质灾害也达到全年的峰值35.6%和35.4%。台风地质灾害的高发期较非台风地质灾害高发期滞后2～3个月。

台风影响区的地质灾害主要发生在海拔100～800m的地区和长江以南地形高差较大的区域、坡度在10%～30%之间的地形、沉积岩和变质岩为主体的地层、林地及灌木为主的土地。

1.6 东南沿海自然灾害系统及台风灾害链

我国东南沿海的上海、浙江、福建、广东、海南5省（市）位于世界上最大的大陆——亚欧大陆和世界上最大的大洋——太平洋间的海陆过渡地带，是台风灾害链影响严重的地区之一。中国改革开放40多年来，东南沿海经济快速发展、人口和财富高度集中，5省（市）以占全国不足5%的土地面积承载着全国17%的人口和产出27%的国内生产总值（GDP）。与此同时，东南沿海各类自然灾害频发，并转变为一个高增长和高风险并存的时期，尤其是台风及其引发的风暴潮、暴雨洪涝、滑坡/泥石流等灾害链，已对该地区人口和经济社会发展构成严重威胁。面对严峻的灾害风险形势，有效减轻和长期适应台风灾害链及其影响，成为中国沿海地区迫切需要解决的重大现实问题之一。

1.6.1 概念介绍

1.6.1.1 区域灾害系统概念

区域灾害系统（regional disaster system）由史培军于 20 世纪 90 年代提出，是由孕灾环境（E）、致灾因子（H）、承灾体（S）与灾情（D）共同组成的具有复杂特性的地球表层异变系统（见图 1-13），是地球表层系统的重要组成部分，灾情是孕灾环境、致灾因子、承灾体相互作用的产物。

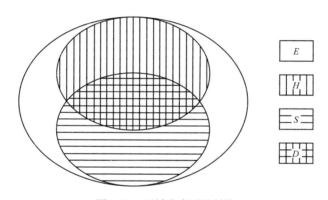

图 1-13 区域灾害系统结构

孕灾环境（hazard-formative environment）是由大气圈、岩石圈、水圈、人类圈所组成的综合地球表层系统，体现在地球表层过程中一系列具有耗散特性的物质循环和能量流动，以及信息与价值流动的过程——响应关系。孕灾环境的稳定程度是表征区域孕灾环境特征的定量指标。孕灾环境对灾害系统的复杂程度、强度、灾情的大小、灾害的群聚性，以及灾害链等的形成起着决定性的作用。

致灾因子（hazard）是指可能造成人类社会经济系统损害的孕灾环境的异变因子。致灾因子既包括自然致灾因子，如地震、火山喷发、滑坡、泥石流、台风、旱涝等，也包括环境以及人为的致灾因子。根据致灾因子产生的环境差异分为大气圈、水圈、岩石圈、生物圈致灾因子。灾害的形成是致灾因子对承灾体作用的结果，没有致灾因子也就无所谓灾害。

承灾体（hazard-affected body）是各种致灾因子作用的对象，是人类及其活

动所在的社会与各种资源的集合，包括人类本身以及生命线系统、各种建筑物及生产线系统，以及各种自然资源等。

灾情包括人员伤亡及造成的心理影响、直接经济损失和间接经济损失、建筑物破坏、生态环境及资源破坏等。

区域灾害系统的结构体系，可以表述为 $D=E\cap H\cap S$。由孕灾环境不稳定性（U）、致灾因子危险性（W）和承灾体脆弱性（V）共同构成了区域灾害系统的功能体系（D_f）[见图 1-14(a)]。在一个特定的孕灾环境条件下，致灾因子与承灾体之间的相互作用功能，集中体现在区域灾害系统中致灾因子危险性（W）与承灾体脆弱性（V）和恢复性（R）之间的相互转换机制方面[见图 1-14(b)]。

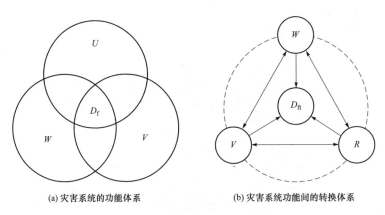

(a) 灾害系统的功能体系　　　　　(b) 灾害系统功能间的转换体系

图 1-14　区域灾害系统的功能体系

1.6.1.2　自然灾害链概念

自然灾害链（natural disaster chain）是指因一种灾害发生而引起的一系列灾害发生的现象，是某一原发灾害发生后引起一系列次生灾害，进而形成一个复杂的灾情传递与放大过程。可以看出，构成灾害链的要素包括至少有两种不同的灾害发生，灾害链中灾害之间存在时空上的因果关系。灾害链的特点包括诱发性，灾害链存在引起与被引起的关系，即一种或多种灾害的发生是由另一种灾害的发生所诱发的，没有这种诱发作用，不能被称为灾害链；时间延续性，灾害链的诱发作用使得灾害发生有一定的先后顺序，即原生灾害在前，次生灾害在后，且灾害链的时间尺度相对较短；空间扩展性，灾害链中的次生灾害使其影响范围扩大。可见，灾害链概念强调了构成灾害链的不同种类灾害之间的相互引发关系。在国外的研究中，灾害链的提法有灾害链（disaster chain）、链式反应（chain reaction）、多米诺效应（domino effect）、伴生效应（couple effect）、级联灾害（cascade disaster）等。

1.6.2　东南沿海台风灾害概述

西北太平洋台风路径可分为 3 条主要通道：①西行进入南海；②在海上转向北上；③西北移动登陆中国大陆。台风移动路径也存在着季节变化，从 11 月到翌年 5 月的冬春季节，主要在 130°E 以东的海上转向北上，在 16°N 以南西行，进入南海中南部或在越南南方登陆；在 6 月和 10 月，热带气旋主要在 125°E 以东的海上转向北上，西行路径比较偏北；在盛夏季节，台风西行路径更偏北，转向路径更偏西。由于东南沿海降水量大且相对集中，加之台风系统影响，使得该区水灾频发，年降水量较多且 60%～80% 集中在汛期 6～9 月的东部地区，常常发生暴雨洪水；山地、丘陵和高原地区常因暴雨发生山洪、泥石流；沿海省、自治区、直辖市每年都有部分地区遭受风暴潮引起的洪水的袭击；水库垮坝和人为扒堤决口造成的洪水也时有发生，造成重大伤亡和经济损失。风暴潮也是如此，如 1992 年 8 月 31 日～9 月 2 日，受天文高潮及 16 号台风影响，从福建的沙城到浙江的瑞安、鳌江，沿海潮位都超过了新中国成立以来的最高潮位，上海潮位达 5.04m，许多海堤被冲毁。

将 1949～2010 年的西北太平洋热带气旋路径数据每隔 10 年做统计，然后按不同年代绘制热带气旋路径频数图。可以得出，各个年代热带气旋路径频数的分布中心区基本在南海和菲律宾以东地区，但是各个年代也存在着一些差别。从空间分布上来看，20 世纪 50 年代热带气旋路径频数最高，在中国东南沿海地区附近形成明显的高值区；同时可以看到，由于热带气旋高值区距离大陆较近，登陆大陆的热带气旋频数也就比较多。20 世纪 60 年代影响中国东南沿海的热带气旋活动频数相对减少，整个高频区缩减，从而使陆地热带气旋的频数也相应减少；20 世纪 70 年代和 20 世纪 90 年代，热带气旋的分布状况基本和 20 世纪 60 年代一致，20 世纪 80 年代再次出现明显的高值地区。

此外，研究 1949～2008 年共 60 年的台风路径统计发现，台风登陆我国大陆地区的登陆点集中于海南、广东、福建、浙江、江苏等省份，且登陆时间主要集中在每年的 4～10 月。在 1949～2008 年共 60 年的西北太平洋和南海 4～10 月生成的所有台风频数分布图中，台风最为密集的区域为海南东部沿海一带，在 40 条以上，而台风频数在 20～40 条以上的区域由海南广东一带沿海逐渐向福建、浙江沿海扩展，以此区域为中心向南北两侧和太平洋东侧台风频数不断减少。从 1949～2008 年 60 年中 4～10 月台风登陆我国大陆地区的概率分布图可知，台风登陆点主要分布在由海南至上海沿海一线以东的海面上，各概率等值线大致是以东南沿海区域为底线的火焰状分布，其中海南和广东南部沿海一带为登陆概率最大的区域，概率超过 50%，向北扩展至台湾北部和福建北部一线，

登陆概率为 30%，再往北至浙江南部沿海，登陆概率为 20%，越往北，登陆概率越小。

●●● 1.6.3 东南沿海台风灾害链

区域灾害规律研究是区分风险防范和确定适应对策的科学基础。在此，首先从自然孕灾环境和社会经济承灾体特征等方面，分析我国东南沿海台风及其灾害链的区域致灾和成害机制，其中特别关注了导致台风灾害链灾情放大的人为驱动因素，然后基于对全国台风、洪涝和滑坡、泥石流等灾害的风险评价认识，探讨了台风灾害链的风险格局及区域转移规律。

1.6.3.1 台风灾害链形成机制

根据区域灾害系统理论，灾害链指因一种灾害发生而引起的一系列灾害发生的现象，通过对中国东南沿海孕灾环境、承灾体和致灾因子特征的系统分析，构建了中国东南沿海区域台风灾害链系统模式（见图 1-15）。从致灾机制上看，中国东南沿海紧邻西太平洋，热带气旋活动频繁，伴随亚热带季风气候的显著影响，形成特殊的孕灾环境。受其影响 6～9 月台风频发，而且该区河流水系众多，台风带来的强降雨与风暴潮及河流洪峰叠加，极易造成洪涝灾害。尤其浙江、福建、广东沿海省市山地丘陵广布，地质条件复杂且碎屑松散沉积物较多，在台风及其局部强降水的影响下，极易导致滑坡/泥石流等地质灾害的发生。从成害机制上看，东南沿海在快速城市化过程中，沿海平原区人口、经济高度集中，亚热带农生产、渔业和水产养殖业快速发展。然而，沿海堤防、内陆水库等工程的设防标准往往滞后于经济发展，加大了区域承灾体的暴露性和脆弱性。不合理的人类活动，使得很多天然河道和泄洪区被无序开发和占用，加大了洪

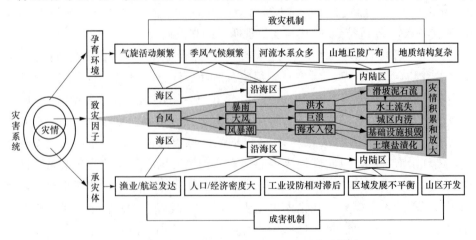

图 1-15 中国东南沿海区域台风灾害链系统模式

涝灾害风险。近年来城市和工程建设逐渐由平原向山区延伸，在丘陵山区大规模的交通干线建设、矿山开发活动，加剧了山体边坡的不稳定性，一旦遭遇局地强降水极易诱发山区滑坡/泥石流等地质灾害。

区域自然致灾机制和不合理的人类活动相互叠加，加剧了台风、风暴潮、洪涝、滑坡/泥石流等灾害的链发性。从海域、沿海到内陆区，台风灾害链类型依次为台风—大风—巨浪、台风—风暴潮/海水倒灌—洪涝、台风—暴雨—滑坡/泥石流等。

1.6.3.2 台风灾害链区域规律

从单一灾害风险等级图可以发现台风高风险等级区主要集中在上海、海南、广东，以及沿海各河口三角洲地带尤其是珠三角地区；洪涝灾害高风险等级区主要分布上海、广东和浙江等沿海低地平原区；滑坡/泥石流灾害的高风险区则相对分散，在浙江、广东、海南的丘陵和山区地带的滑坡/泥石流灾害风险等级整体较高。总体看，东南沿海地带，尤其是珠三角、长三角区域是台风和洪涝灾害综合风险等级最高的区域，也是需要重点防范的区域。从台风灾害链的空间分布可以看到台风高风险区多处于沿海区域，洪涝高风险区则由沿海向内陆转移，而滑坡、泥石流灾害高风险区主要分散在内陆山地丘陵区。我国东南沿海台风灾害链空间类型和区域规律呈现海域区主要为台风—大风—巨浪型，沿海平原区主要为台风—风暴潮—海水倒灌—洪涝型，内陆山地丘陵区主要为台风—暴雨—洪涝/滑坡/泥石流型。

自然灾害事件虽很难避免，但可以在尊重自然灾害区域规律的前提下，通过积极、合理地调适人类活动，建立一种长期性、常态化的区域灾害适应模式，就可实现与灾害风险共存的区域可持续发展。从国际上看，随着全球气候变化及其导致的极端天气和气候事件日益增多，灾害风险的适应对策研究引起各国政府和学界高度重视，国际减灾十年和联合国国际减灾战略明确提出要正确处理减灾与可持续发展的关系，通过综合灾害风险防范的"结构优化"与"功能优化"实现对灾害风险的综合减轻和适应，已成为区域和全球可持续发展的迫切需求。

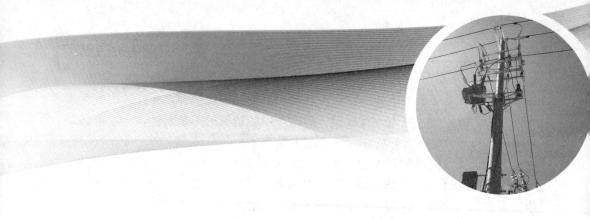

2　大气边界层台风风特性

第1章已经介绍，风是由于大气温度分布的时空不均匀性产生的空气竖向对流和水平流动。大气边界层是人们从事生产、生活的主要区域，地面上建筑物和构造物的风荷载直接受到大气边界层内空气流动的影响，台风风灾主要发生在大气边界层中，因此大气边界层内风场特性的研究是结构风工程的重要内容之一，研究边界层风场特征，尤其是台风风场特征及风工程参数特性对电网防灾减灾具有重要意义。

本章介绍了与输配电线路密切相关的大气边界层及近地层台风特性，详细介绍了平均风速特性、脉动风速特性、边界层台风特性等。

2.1　大气边界层

2.1.1　大气边界层的定义

当风吹过地球表面时，由于受到地面上各种粗糙元（如草地、庄稼、树林、建筑物等）的阻碍作用，会使近地面的风速减小。这种影响随离地高度的增加而逐渐减弱，直至达到某一高度后消失。通常将受地表摩阻影响的近地大气层称为"大气边界层"（atmospheric boundary layer，ABL），又称行星边界层，是对流层下部直接受地面影响、并与地面有直接作用的气层，是地球表面与自由大气间进行物质、能量、热量和水汽交换必经的气层。一些重要的天气现象，如降水、雾、霜等特别是沙尘暴、暴雨等突发性气象灾害的形成大多与大气边界层过程密切相关。大气边界层顶部（即可以忽略地表摩阻影响的高度）到地面的距离称为大气边界层厚度。在大气边界层内，风以不规则的、随机的湍流形式运动，平均风速随高度增加而增加，至大气边界层顶部达到最大，相应风速称为梯度风速，相应高度称为梯度风高度。在大气边界层以外，风以层流形式运动，风速不再随高度变化，即保持梯度风速。大气边界层的厚度可以从几百米到几千米，依风力、地形粗糙程度及纬度而定。

⬤➤ 2.1.2 大气边界层的结构

大气边界层内的风由于受到地表阻力的影响而形成湍流，湍流掺混使这种影响扩展到大气边界层的整个区域。从风工程研究的角度来看，大气边界层可以划分为下垫层、下部摩擦层和上部摩擦层 3 部分，如图 2-1 所示。在近地面区，风速随高度的变化比较紊乱，很难用确切的风速分布规律描述。因此，在土木工程的实际应用中，常将这一高度内的风速近似取为常数，并将这一区域称为下垫层，不同地面粗糙度的下垫层高度不同；下垫层以上的区域称为下部摩擦层，工程上一般用对数律或指数律模型描述其风速剖面；下垫层和下部摩擦层总称为近地面层或地面边界层；近地面层与自由大气层之间风速随高度呈艾克曼螺线型分布的过渡层称为上部摩擦层，又称埃克曼层。

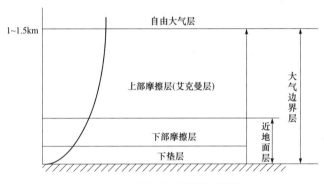

图 2-1 大气边界层结构示意图

⬤➤ 2.1.3 大气边界层风场湍流

2.1.3.1 风场湍流的特点

流体的运动主要分为层流和湍流，层流属于规则运动，湍流则属于不规则运动，是空间中不规则和时间上无秩序的一种高度复杂的非线性流体运动，湍流每一点上的压强、速度、温度等物理特性等均随机涨落。由于粗糙地表引起的摩擦效应使得大气边界层中的自然风具有湍流特性。大气边界层风场湍流参数是结构风工程研究的基础输入，准确估计这些湍流参数的统计特征是土木工程结构抗风设计的首要保证。

大气湍流运动是由各种尺度的旋涡连续分布叠加而成，旋涡尺度大的可达数百米，最小尺度约为 1mm。即使最小的旋涡尺度也比分子大得多，因此湍流运动与分子的无规则运动有很大区别。大气湍流是大气中的一种重要运动形式，它的存在使大气中的动量、热量、水汽和污染物的垂直和水平交换作用明显增

强，远大于分子运动的交换强度。大气湍流运动中伴随着能量、动量、物质的传递和交换，传递速度远远大于层流，因此湍流中的扩散、剪切应力和能量传递也大得多。在大气运动过程中，在其平均风速和风向上叠加的各种尺度的无规则涨落。这种现象同时在温度、湿度以及其他要素上表现出来。

2.1.3.2　大气湍流研究历史及规律

对湍流的研究已有近百年的历史。1839 年，G. 汉根在实验中首次观察到由层流到湍流的转变。1883 年，O. 雷诺又在圆管水流实验中找出了层流过渡到湍流的条件。在理论研究方面，1895 年雷诺曾把瞬时风速分解为平均风速和叠加在上面的湍流脉动速度两部分，得到湍流运动方程组（雷诺方程），提出湍流粘性力（雷诺应力）的概念。1925 年，L. 普朗特在这基础上提出了混合长度的概念，得出边界层内风速随高度变化的规律：在对数坐标中呈线性增长。在大气边界层中，此结果被许多实验所证实。1915 年，G. I. 泰勒提出了研究大气湍流微结构的统计理论。1920 年，L. F. 理查孙研究了大气温度分布对湍流的影响。1941 年，A. H. 科尔莫戈罗夫又提出了局地各向同性理论。以上这些理论，合理地解释了湍流中的微结构。雷诺实验证实，对于粘滞流体，湍流的发生取决于流场的雷诺数 $R_e = \rho v r / \eta$，其中 v、ρ、η 分别为流体的流速、密度与黏性系数，r 为一特征线度。例如流体流过圆形管道，则 r 为管道半径。雷诺数为作用于流体上惯性力和粘性力的无量纲比值。当流体中大气湍流发生扰动时，惯性力的作用是使扰动从主流中获取能量；而粘性力的作用则是使扰动受到阻尼。但大雷诺数只是湍流发生的必要条件。大气湍流的发生还须具备相应的动力学和热力学的条件。风速切变是扰动产生的动力因素，当风速切变足够大时，可使波动不稳定，形成湍流运动。温度分布不均匀，是影响大气湍流的热力因素。当温度的水平分布不均匀，且斜压性不稳定时（见大气动力不稳定性），大气扰动较强，水平风速及其切变很大，这些因素都对湍流的生成和发展有利，晴空湍流经常发生在这种区域里。温度的铅直分布对大气湍流的影响，取决于大气静力稳定度。在自动对流不稳定的条件下，湍流的生成和发展很强烈。一般可用理查孙数（R）判别稳定度对湍流的作用。理查孙数是浮力做功产生的湍流能量与雷诺应力做功产生的湍流能量的无量纲比值。在不稳定条件下，$R < 0$，浮力做功，使湍流增强；在稳定条件下，$R > 0$，湍流运动将反抗浮力作负功而消耗一部分湍流能量。当 R 数达到临界值时，湍流将完全受到抑制，转变为层流或波动。临界理查孙数大致在 0.25～1 之间，准确数值还需进一步用实验证实。R 接近零时为中性大气，此时湍流得到发展或受抑制，还要考虑其他物理因子后才能断定。

2.1.3.3　大气湍流产生的条件

大气湍流的发生需具备一定的动力学和热力学条件，其动力学条件是空气层中具有明显的风速切变；热力学条件是空气层必须具有一定的不稳定度，其中最有利的条件是上层空气温度低于下层的对流条件，在风速切变较强时，上层气温略高于下层，仍可能存在较弱的大气湍流。理论研究认为，大气湍流运动是由各种尺度的涡旋连续分布叠加而成。其中大尺度涡旋的能量来自平均运动的动量和浮力对流的能量；中间尺度的涡旋能量，则保持着从上一级大涡旋往下一级小涡旋传送能量的关系；在涡旋尺度更小的范围里，能量的损耗起到了主要的作用，因而湍流涡旋具有一定的最小尺度。

大气湍流产生区域：①大气底层的边界层内；②对流云的云体内部；③大气对流层上部的西风急流区内。

均匀下垫面的大气边界层近地层特征在 Monin-Obukhov 相似性理论的指导下研究比较成熟，但地球表面最普遍存在的非均匀和复杂下垫面大气边界层尚未得到很好的解决。近年来，大气边界层研究重点从均匀下垫面逐渐转向非均匀非定常下垫面。另一方面，观测技术的迅猛发展为非均匀下垫面的直接观测研究提供可能性。为了揭示真实下垫面条件下大气边界层特征和规律，在发展大气边界层理论的同时为模式发展提供基础性支持，20 世纪 70 年代初，中科院大气物理研究所开始进行山区大气边界层的观测实验，并在 80 年代开展大气环境质量评价观测研究。20 世纪 90 年代～21 世纪初，综合观测系统建设、实验研究以及预报模式等都有了更深层次的发展。近年来，激光雷达技术逐渐应用于大气边界层的研究当中，贺千山、王珍珠等人利用激光雷达等对不同地区大气边界层进行观测，结果表明激光雷达能够实现较高准确度的大气边界层探测。中国科学院大气物理研究所大气边界层物理和大气化学国家重点实验室（LAPC）在我国各种典型地表下垫面开展了有针对性的综合观测试验，包括：①城市边界层观测实验；②青藏高原边界层观测实验；③草原边界层观测实验；④湖泊边界层观测实验；⑤海洋边界层观测实验；⑥沙漠边界层观测实验。获得了区别于传统水平均匀下垫面边界层的新发现，积累了大量宝贵的观测资料。

2.2 平均风速特性

边界层风是由于太阳对地球表面的不均匀加热引起的空气相对流动，其流动的速度和方向在时间和空间上均具有随机变化的特征。根据实际的研究发现，随时空变化的边界层风可处理为在一定时距内不随时间变化的平均分量（平均风）和随时间变化的脉动分量（脉动风）两部分，其中平均风速随着高度的增高而增大，脉动风速随着高度的变化特征相对较弱，但是展现出较强的随机性和动力特性。

平均风速特性包括平均风速剖面、基本风速以及平均风速的攻角、风向等，在这我们重点介绍平均风速剖面和基本风速。

⟹ 2.2.1 平均风速剖面

平均风剖面也称平均风廓线，用来描述大气边界层中平均风速沿高度的变化规律，一般采用对数律或幂函数律（指数律）来描述。在大气边界层中，随着离地表高度的增加，不仅平均风速要增大，而且平均风的风向也要发生变化。然而，实测资料表明直至 180m 高度，平均风方向的改变仍只有几度量级，因此，除非是特别高的结构或者对风向较敏感结构，在风工程实践中一般都忽略平均风方向沿高度的变化。

1. 对数律（logarithmic law）

对数律的表达式为：

$$U(z) = \left(\frac{u_*}{\kappa}\right) \ln\left(\frac{z}{z_0}\right) \tag{2-1}$$

式中　z——离地高度，m；

$U(z)$——离地高度 z 处的平均水平风速，m/s；

u_*——摩擦速度或流动剪切速度，m/s，它是对气流内部摩擦力的度量，可取为 $u_* = (\tau_0/\rho)^{0.5}$，其中 τ_0 是空气在地表附近的剪切应力，ρ 为空气密度；

κ——Karman 常数，近似取 0.4；

z_0——地面粗糙长度，m。

z_0 是地面上湍流旋涡尺寸的度量，反映了地面的粗糙程度。由式（2-1）可知，z_0 是地面上平均风速为 0 处的高度。由于局部气流的不均一性，不同测试中 z_0 的结果相差很大，故 z_0 的大小一般由经验确定。

对数律在气象学中的应用较多，但是由于其只考虑了地表粗糙高度，而没有考虑大气边界层高度，因此在 100m 高度范围内用对数律表达风剖面是比较合适的，超过这一高度将会得到偏于保守的结果，这已被实测结果所证实。

2. 幂函数律（power law）

历史上，最早被用来描述水平均一地貌上的平均风剖面的是如下所示的幂函数律：

$$U(z) = U_r \left(\frac{z}{z_r}\right)^\alpha = U_G \left(\frac{z}{H_G}\right)^\alpha \tag{2-2}$$

式中　U_r——在参考高度 z_r 处的风速，即参考风速，m/s；

z_r——参考高度，一般取 10m；

α——常被称为粗糙度指数，并且假设在整个边界层高度范围内幂函数的指数 α 保持不变，但对于不同地面粗糙度类别，其 α 值是不一样的，达到梯度风速的高度也不相同；

U_G——梯度风高度 H_G 处的风速，m/s；

H_G——梯度风高度，m。

由于幂函数律形式简单，使用方便，而且在近地大气边界层中与上述的对数律之间的差别也不大，因此是应用最广的一种平均风剖面近似公式。目前许多国家的规范（包括我国规范）都采用幂函数律。在大多数中文文献中，幂函数律被称为指数律。事实上，从严格数学概念出发，称指数律是不合适的，因为在式（2-2）中，指数 α 为常数，底（z/z_r）为变量，符合幂函数的定义，而指数函数应是底为常数、指数为变量。

需要说明的是，建筑结构可能要承受多种风气候条件下的风荷载的作用，但是从工程应用的角度出发，目前《建筑结构荷载规范》（GB 50009—2012）以及相应电力设计采用的标准规范在规定风剖面和统计各地基本风压时，对风的性质并不加以区分。

此外，台风中心区域的风廓线也不完全符合对数或幂指数分布，并且在台风环流影响的不同位置，如外围风区、强风区、眼区以及登陆前后的"回南"强风区，其垂直廓线形态有明显的变化，从目前获取的观测资料看，这种现象在台风中心正面经过的区域表现突出，台风强度越强，台风中心环流结构越密实，其中心眼壁强风的风速垂直切变增大越显著；且台风中心经过的下垫面地形越复杂、粗糙度越大，此种增大现象也越明显。可见，在风廓线近似地符合幂指数分布的条件下，幂指数 α 值的大小除了与下垫面粗糙度有关外，还与影响的天气类型有关。因此，对于台风强烈影响区域的大型和高耸工程的抗风荷载设计，采用平均气候状态下的对数或幂指数分布型是不符合实际情况的，有必要在针对性的现场梯度风观测前提下，开展更深入的研究。

2.2.2 基本风速

基本风速是不同地区气象观察站通过风速仪的大量观察、记录，并按照标准条件下的记录数据进行统计分析得到的该地区最大平均风速。标准条件的确定涉及标准高度、标准地面粗糙度类别、平均时距、最大风速样本和最大风速重现期等因素。

2.2.2.1 标准高度

如前所述，平均风速是随高度变化的，因而需要确定一个标准高度，然后才能衡量各地区平均风速的大小。我国气象台站风速记录仪大都安装在 8~12m 高度，因此我国荷载规范规定离地 10m 为标准高度。目前世界上规定 10m 为标准高度的国家占大多数。

实际上不同标准高度的规定对设计风荷载的影响是不大的，因为我们可以根据风压高度变化系数进行换算。我国在 1970 年以前曾规定离地 20m 为标准高度，之后由于考虑到气象台风速记录仪的安装高度，才将标准高度改为 10m。

2.2.2.2 标准地面粗糙度类别

地表粗糙元会导致近地面风速减小，其减小的程度与粗糙元的尺度、密集度和分布有关一般，如果风吹过地面上的粗糙元大且密集，则该地面是粗糙的；如果地面障碍物小且稀疏，甚至没有障碍物，则地面是光滑的。风吹过粗糙的表面，能量损失多，风速减小快；相反，风吹过光滑的地表面，则风速减小慢。我国荷载规范规定，标准地面粗糙度类别（也称标准地貌）为空旷平坦地面，意指田野、乡村丛林、丘陵及房屋比较稀疏的乡镇和大城市郊区，即 B 类地貌。

2.2.2.3 平均时距

平均时距是为确定最大平均风速而规定的时间间隔，平均时距越短，所得的最大平均风速越大。如果平均时距能够包含若干个周期的风速脉动，则所得平均风速会较为稳定。由于阵风的卓越周期约为 1min，故通常取平均时距为 10min～1h。多数国家（包括我国）将平均时距取为 10min，但也有的国家（如加拿大）取 1h，甚至有的国家（如美国、澳大利亚/新西兰）取 3～5s 时距的瞬时风速。

2.2.2.4 最大风速样本

由于一年是一个自然周期，而一年中的四季以及各月份之间的平均风速相差较大，因此很多国家（包括中国、美国、加拿大和澳大利亚/新西兰等）均采用年最大风速作为基本风速的统计样本，即采用一年中所有平均时距内的平均风速的统计最大值作为样本。将年最大风速作为样本是为了确保工程结构能承受一年中任何一天的极大风速。

2.2.2.5 最大风速重现期

在工程中，不能直接选取各年最大平均风速的平均值进行设计，而应取大于平均值的某一风速作为设计依据。从概率的角度分析，在间隔一定时间后，会出现大于某一风速的年最大平均风速，该时间间隔称为重现期。多数国家（包括中国、美国、加拿大和澳大利亚/新西兰等）规定基本风速的重现期为 50 年。

若基本风速的重现期为 T 年，则在任一年中只超越该风速一次的概率为 $1/T$。例如，假设 $T=50$ 年，则一年内的超越概率为 $1/T=0.02$。因此，一年内不超过基本风速的概率（或保证率）为 $p_0=1-1/T=98\%$。那么，年内不超过基本风速的保证率为 $p=(1-1/T)n=(1-0.02)n$，而 n 年内的超越概率为 $1-(1-1/T)n=1-(1-0.02)n$。T 越大，超越概率越小。

2.2.3 非标准条件下的基本风速换算

实际测量的风速数据并不都满足基本风速的条件，并且在进行一些国际工程项目设计时，也会遇到不同国家规范的基本风速规定不同的问题。这就需要进行不同条件下的基本风速换算，包括不同标准高度换算、非标准地面粗糙度类别换算、不同时距换算和不同重现期换算。在此，我们针对工程设计中最常用的不同标准高度换算和非标准地面粗糙度类别换算进行介绍。

2.2.3.1 不同标准高度换算

世界上大多数国家均采用指数律来描述平均风速剖面，因此标准地面粗糙度类别下任一高度处的基本风速为：

$$U(z) = U_1 \left(\frac{z}{z_1} \right)^{\alpha_0} = U_2 \left(\frac{z}{z_2} \right)^{\alpha_0} \tag{2-3}$$

式中 z_1、z_2——分别为标准高度 1 和标准高度 2，m；

$\quad U_1$、U_2——分别为标准高度 1 和标准高度 2 处的基本风速，m/s；

$\quad \alpha_0$——标准地面粗糙度类别的地面粗糙度指数。

由式（2-3）可得：

$$U_2 = U_1 \left(\frac{z_2}{z_1} \right)^{\alpha_0} \tag{2-4}$$

2.2.3.2 非标准地面粗糙度类别换算

由标准地面粗糙度求得梯度风高度处的风速为：

$$U(z_{G0}) = U_0 \left(\frac{z_{G0}}{z_0} \right)^{\alpha_0} \tag{2-5}$$

式中 U_0、z_{G0}、z_0、α_0——分别为标准地面粗糙度类别的基本风速、梯度风高度、标准参考高度和地面粗糙度指数。

由任意地面粗糙度求得梯度风高度处的风速为：

$$U(z_{Ga}) = U_a \left(\frac{z_{Ga}}{z_a} \right)^{\alpha} \tag{2-6}$$

式中 U_a、z_{Ga}、z_a、α——分别为地面粗糙度类别的基本风速、梯度风高度、标准参考高度和地面粗糙度指数。

2.3 脉动风速特性

大气运动可以看成是各态历经的平稳随机过程，因此对脉动风特性的描述多采用数理统计方法。脉动风的统计特性包括湍流强度、湍流积分尺度、脉动风速功率谱和空间相关性等。

🔵 2.3.1 湍流强度

湍流强度（又称湍流度）是大气湍流的一个最简单的描述符，是风速脉动强度的一个指标。绝对的湍流度实际上就是风速脉动的标准差，而相对湍流度则被定义为脉动风速的标准差与平均风速的比值，即：

$$I_u(z) = \frac{\sigma_u(z)}{U(z)} \tag{2-7}$$

$$I_v(z) = \frac{\sigma_v(z)}{U(z)} \tag{2-8}$$

$$I_w(z) = \frac{\sigma_w(z)}{U(z)} \tag{2-9}$$

式中　$I_u(z)$、$I_v(z)$、$I_z(z)$ ——分别表示高度 z 处的顺风向、水平横风向和竖向相对湍流度；

$\sigma_u(z)$、$\sigma_v(z)$、$\sigma_w(z)$ ——分别表示高度 z 处的顺风向、水平横风向和竖向脉动风速的标准差。

由于在实践中人们较为广泛使用的是相对湍流度，故为了简化，"相对"两字常被省略，简称为湍流度。也就是说，所谓湍流度一般均指相对湍流度。

🔵 2.3.2 湍流积分尺度

大气边界层湍流可看作是由平均风输运的一系列大小不同的旋涡组成，假设每个旋涡会在流场中引起一个频率为 f 的周期脉动，则由行波理论可定义旋涡的波长 $\lambda = Uf$（其中 U 为平均风速），这个波长就是旋涡大小的度量。这些旋涡的平均尺度即为湍流积分尺度。

脉动风湍流积分尺度反映了湍流中空间两点脉动风速的相关性，当湍流积分尺度很大时，旋涡能将结构完全包含在内，脉动风在结构各个部位所引起的动荷载接近同步，其对结构的影响就十分明显；反之，当旋涡不足以包含整个结构时，不同位置上的脉动风是不相关的，则在统计意义上可认为其对结构的作用将相互抵消。

在实际应用中一般仅关注顺风向平均湍流旋涡尺度 L_u^x，即：

$$L_u^x = \int_0^\infty \rho_{uu}(x)\mathrm{d}x \tag{2-10}$$

$$\rho_{uu}(x) = \frac{\overline{u_1(t)u_2(t)}}{\sigma_u^2} \tag{2-11}$$

式中　$u_1(t)$、$u_2(t)$ ——分别为空间两点的顺风向脉动速度；

x ——两点间的顺风向距离；

$\rho_{uu}(x)$ ——$u_1(t)$、$u_2(t)$ 的互相关系数;

σ_u——顺风向脉动速度的均方根值。

根据式（2-10）确定湍流积分尺度时，需要对空间两点进行同步测量，这在实际应用中是很难实现的。因此，在风观测中往往根据 Taylor 假设（也称湍流冻结假设）将 $\rho_{uu}(\tau)$ 转化为由单点不同时刻测量获得的 $\rho_{uu}(\tau)$。所谓湍流冻结假设是指，湍流旋涡在顺风向以平均风速 U 移动，且在湍流运动过程中没有发生形态的显著变化。根据该假设，存在如下关系：

$$u(x_1, t+\tau) = u(x_1 - U\tau, t) \tag{2-12}$$

令 $x = U\tau$，则：

$$\int_0^\infty \rho_{uu}(x)\mathrm{d}x = U\int_0^\infty \rho_{uu}(\tau)\mathrm{d}\tau \tag{2-13}$$

其中：

$$\rho_{uu}(\tau) = \frac{\overline{u(t)u(t+\tau)}}{\sigma_u^2} \tag{2-14}$$

因此式（2-10）可改写为：

$$L_u^x = U\int_0^\infty \rho_{uu}(\tau)\mathrm{d}\tau = \frac{U}{\sigma_u^2}\int_0^\infty R_u(\tau)\mathrm{d}\tau \tag{2-15}$$

式中　$\rho_{uu}(t)$——脉动风速 u_1 的自相关系数;

$R_u(\tau)$——脉动风速 u_1 的自相关函数，$R_u(0) = \sigma_u^2$。

大量观测结果表明，大气边界层中的湍流积分尺度是地面粗糙度的减函数，而且随着高度的增加而增加。

2.3.3　脉动风速功率谱

脉动风速功率谱描述了脉动风能量在频率域的分布情况，反映了脉动风中不同频率成分对湍流脉动总动能的贡献。由前所述，大气运动中包含了一系列大小不同的旋涡作用，每个旋涡的尺度与其作用频率存在反比关系，即大旋涡的脉动频率较低，而小旋涡的脉动频率较高。湍流运动的总动能就是所有大小不同的旋涡贡献的总和，了解湍流的脉动频谱规律及其统计特征，对于明确湍流结构及其作用机理具有十分重要的意义。

1957 年，Van Der Hoven 最早对风速谱进行了研究，他在美国 Brookhaven 国家试验室 125m 高塔上位于 100m 左右高度处测量得到了典型的水平风速功率谱曲线。

在谱曲线左边低频带有两个明显的峰值主要是由大尺度大气运动产生的，周期分别为 1 年和 4 天，相当于地球绕太阳的公转周期和大气系统中典型的 4 天运转周期；在高频带有一个明显的峰值，其变化主要是由于大气湍流运动产生

的，周期约为 1min。在低频带与高频带中间有一个明显的谱间隙，对应的周期从 10min～1h。利用谱间隙可将谱划分成宏观气象尺度作用和微观气象尺度作用两部分，且可认为二者之间不存在耦合作用，可以分开研究。大气边界层中的风作用更多体现的是微观气象尺度作用，即我们进行抗风设计时关注的是高频区段功率谱密度函数。

脉动风速功率谱按脉动风速的方向分为顺风向（水平向）脉动风速功率谱与竖向脉动风速功率谱。较早被人们认可并广泛采用的一种顺风向脉动风速功率谱是 Davenport 谱。它是 Davenport 根据世界上不同地点、不同高度实测得到的 90 多次强风记录，在假定湍流积分尺度沿高度不变（取常数值 1200m）的前提下，对不同离地高度的实测值取平均导出的，我国规范中即采用该谱。此后，Simiu、Solari 等学者又分别提出了一些功率谱的经验表达式，并被一些国家规范采用。以下给出几种常用的顺风向脉动风速谱表达式：

1. Davenport 谱［用于我国规范（2012 规范）和加拿大规范 NBC 2005］

$$\frac{fS_{\mathrm{u}}(f)}{u_*^2}=\frac{4\bar{f}^2}{(1+\bar{f}^2)^{\frac{4}{3}}} \tag{2-16}$$

式中　$\bar{f}$——归一化频率，$\bar{f}=(fL)/U_{10}$，$L=1200\mathrm{m}$；

　　　f——脉动风频率，Hz；

　　　U_{10}——10m 高度处的平均风速。

该谱的峰值约在 $\bar{f}=2.16$ 处。

2. Kaimal 谱［美国规范（ASCE 7-05）］

$$\frac{fS_{\mathrm{u}}(z,f)}{u_*^2}=\frac{200\bar{f}}{(1+50\bar{f})^{\frac{5}{3}}} \tag{2-17}$$

式中　$\bar{f}=(fz)/U(z)$。

3. Solari 谱［欧洲规范（Eurocode 1）］

$$\frac{fS_{\mathrm{u}}(z,f)}{u_*^2}=\frac{41.2\bar{f}}{(1+10.32\bar{f})^{\frac{5}{3}}} \tag{2-18}$$

式中　$\bar{f}=(fL_{\mathrm{u}})/U(z)$。

4. Von Karman 谱［日本规范（AIJ 2004）］

$$\frac{fS_{\mathrm{u}}(z,f)}{u_*^2}=\frac{24\bar{f}}{(1+70.8\bar{f}^2)^{\frac{5}{6}}} \tag{2-19}$$

Davenport 谱实际上是 10m 高度处的风速谱，不随高度变化；Kaimal 谱、Solari 谱和 Von Karman 谱则考虑了近地层中湍流尺度随高度变化的特点。Davenport 谱在高频带的谱值比其他谱值偏大，这恰好是与结构自振频率接近的地方，故采用 Daven 谱可能会过高估计结构的动力反应，其计算结果偏于保守。

2.3.4 空间相关性

强风观测表明，空间各点的风速、风向并不是完全同步的，甚至可能是完全无关的。当结构上一点的风压达到最大值时，在一定范围内离该点越远处的风荷载同时达到最大值的可能性越小，这种性质称为脉动风的空间相关性。空间上 p_i 点的风速与 p_j 点的风速相关性可通过互相关函数、互功率谱密度函数及相干函数 3 种方式来描述，一般采用相干函数。

脉动风相干函数通常是根据风洞试验和现场实测资料拟合得到的。通常采用指数衰减函数形式表示，即：

$$\gamma(p_i, p_j, f) = \exp\left[-C\left(\frac{f\Delta z}{U}\right)\right] = \exp\left[-C\left(\frac{f|z_i - z_j|}{U}\right)\right] \quad (2-20)$$

式中　$\Delta z = |z_i - z_j|$——空间两点间的距离；

　　　　U——平均风速；

　　　　C——衰减系数，通过拟合得到，在大气边界层中通常取 $10\sim20$。

指数型相干函数有两个特点：

（1）其值域在 $0\sim1$ 之间，即不存在负相关，这与实际不符，但有研究表明其在实际应用中误差不大。

（2）其与频率、距离、平均风速有关，即两点之间的距离越近、频率越低、风速越高，空间相关性越好。

对于烟囱、塔架等细长形高耸结构，其竖向尺度远大于水平尺度，一般只考虑竖向的上下相关即可；对于高层建筑，需考虑水平方向的左右相关和竖向的上下相关。

2.3.5 极值风速

在工程设计中，人们往往关心的是结构服役期内可能遇到的最大风速（也称为极值风速）$\hat{U}$，可表示为：

$$\hat{U} = U + g\sigma_u \quad (2-21)$$

式中　g——峰值因子。

g 可表示为：

$$g = \frac{u_{max}}{\sigma_u} \quad (2-22)$$

g 代表最大脉动风速与脉动风速均方根的比值。工程中峰值因子大都在 $3.0\sim$

4.0 之间，通常取 3.5。我国荷载规范规定峰值因子取 2.5。

极值风速也可采用阵风因子 G 来获得。阵风因子 G 定义为极值风速与平均风速的比值，即：

$$G = \frac{\hat{U}}{U} \tag{2-23}$$

对于不同重现期，阵风因子 G 取值不同。将式（2-21）代入式（2-23），得：

$$G = \frac{U + g\sigma_{u}}{U} = 1 + g\frac{\sigma_{u}}{U} = 1 + gI_{u} \tag{2-24}$$

由此可导出阵风因子 G 与峰值因子 g 及湍流度 I_{u} 之间的关系。实测表明，在良态气候下 10m 高开阔地带，$G \approx 1.45$；在台风作用下，$G \approx 1.55 \sim 1.66$。

2.4　边界层台风风场特性

目前关于风特性的研究主要是基于气象站的实测数据，现场实测是结构风工程的主要研究方法之一。对某地区进行大量的风环境实测并对实测数据进行统计分析，是掌握一个地区风特性最有效的方法。台风由于其风速大、湍流度高、相关性强以及独特的非对称螺旋结构等特征，不能用常规的良态风特性来类比其风场特性。鉴于此，国内外开展了大量的台风风场特性现场实测研究，也得到了一些有意义的结果。

国内外对边界层台风风场特性的研究自 20 世纪 70 年代以来已取得了不少进展，一些对风工程研究较早的国家已经建立了部分风特性数据库，也获得了一些开展风特性现场实测的成功经验。如宋丽莉在对多个登陆台风实地观测的基础上，选取出较有代表性的实验观测个例："黄蜂""杜鹃"和"黑格比"登陆台风，分析探讨在登陆台风的中心、靠近中心位置的强烈影响区域和台风外围环流影响地区近地层湍流特征。

关于台风观测数据的有效性，已有专家明确提出，若数据样本要反映台风固有风场特性，需满足如下 3 个基本条件：①10min 平均风速需大于 17.2m/s，即达到 8 级大风以上，这样的风过程才满足台风的非对称螺旋结构特征，并具有一定破坏力；②风向在台风中心经过前后相对变化应大于 90 度，以保证观测到眼壁强风区反映台风风场特征的数据样本；③样本内各数据点的风向变化不应大于 22.5 度，以保证在均一下垫面进行风场实测。

▶▶▶ 2.4.1　台风登陆过程中的结构变化

台风在登陆过程中，环境大气及下垫面等外部影响因子发生改变，常使台风结构强度发生变化。

2.4.1.1　环境大气强迫

台风在登陆过程中受到环境大气外强迫（如副热带高压、高空辐散流场、低空急流、西风槽、垂直切变、冷空气、水汽条件等）的影响，其结构将发生改变。环境大气强迫主要影响台风的热力结构（暖心结构）及动力结构（辐合、辐散等）。台风具有特殊的暖心热力结构，行星涡度梯度、均匀流、垂直切变和冷空气等均会使其热力结构发生改变。研究表明，行星涡度梯度及均匀流可使台风产生非均匀性，造成积云对流加热向外围扩展不能集中在暖心附近。环境流场的垂直切变也是重要影响因素，大量研究表明不利于台风暖心结构的维持，其会通过"通风流效应"对台风的发生发展具有抑制作用。但也有一些研究认为一定的垂直切变有利于台风产生及发展，如在东风切变中，台风低层辐合、中高层暖心整结构均以相同的速度移动东移并保持相同位相情况下台风仍可发生发展。也有专家观测到台风可在 12m/s 的切变中维持。此外冷空气也会改变台风的热力结构。强冷空气的入侵可破坏台风的暖心结构并使其减弱填塞。但也有研究表明，弱冷空气入侵台风可诱导势能释放使上升运动增强并加大台风外区的气压梯度，有利于对流的发生发展。此外，对流层上部环境气流（高空冷涡、高空辐散流场、西风槽等）对台风结构（如外流层）的影响也颇受关注。有研究结果显示，高空冷涡与台风叠加会使台风所在区域风速垂直切变迅速减小，高空辐散增大、台风不稳定层结加大。当西南风高空急流与台风相连通时，可通过加强流出气流增强台风高空辐散，从而使台风在登陆后仍得以维持，而登陆后迅速消亡的台风则不存在这样的流出气流，高空辐散减弱。当台风向北运动至中纬度时，西风槽还会通过涡度平流来影响台风结构。西风槽前有正涡度平流可加强其前方台风的高空辐散；而当台风位于槽后时，受负的涡度平流的影响台风高空辐散减弱。

2.4.1.2　下垫面影响

台风在登陆过程中下垫面由海洋变为陆地，受其摩擦作用及地形的影响，台风结构将发生显著变化。研究发现，台风登陆后地表摩擦作用加强了台风低层的摩擦耗散，阻断了表面潜热输送，会使台风填塞减弱。而台风登陆后还可从内陆湖泊、湿地以及低层东南急流、西南急流中获得水汽使得台风的暖心结构得以维持一段时间甚至增强。此外，下垫面摩擦作用引起的台风非对称结构也引起了关注。研究表明，台风在靠近大陆过程中海面与陆地摩擦效应分布不均会造成其眼墙结构非对称性增大。有专家利用雷达资料研究发现下垫面摩擦还会引发台风眼墙西侧的云和降水，进一步考虑地形的作用发现，台风登陆后受地形摩擦作用增强，使得台风中的低层径向入流及中层外流加强，从而造成切向风速减弱，使眼墙呈蜂窝状结构并向高地形一侧倾斜。此外摩擦作用还可

使低湿位温侵入台风内核区域引发眼墙崩溃。台风在趋近大陆过程中受地形影响可产生岛屿诱生低压、地形辐合性飑线、雷暴等特殊结构。有研究发现，热带气旋的右前方常生成一系列龙卷，台风前部生成飑线或雷暴，登陆中国的台风中40%伴有台前飑线，这主要与低层的辐合和锋生以及台风带来的丰沛的水汽输送密切相关。台湾岛作为我国重要海岛之一，其对台风结构的影响也一直是国内外学者关注的热点。研究发现，台风在接近台湾岛过程中，岛屿西侧可诱生出涡旋。在适当条件下，高层的中心移过岛屿并与低层的诱生涡旋发生耦合可使诱生涡旋发展并替代原台风。有专家认为，在这种次生涡旋中心的产生机制中，动力机制为由越过地形的高层热带气旋环流向下发展所形成；热力机制为由在背风面形成的副低压向上发展所形成。数值研究发现，西行台风接近台湾岛时，气流在迎风面发生堆积会在地形附近产生两槽一脊，受地形阻挡作用，台风还会发生南偏、加速。进一步指出，背风面底层位涡的迅速增强及热带气旋尺度的收缩，是由于波破碎过程中所伴随的强烈下坡风所致。台风与海岛相互作用还会在自身环流中激发出中小尺度涡旋，当涡旋与台风环流同向可使其局部环流增强。台风登陆过程中，台湾岛还会将海洋上空的饱和水汽阻挡在迎风坡，并将岛屿山脉上空的干空气带入了台风环流中，从而造成边界层水汽输送的切断以及干空气的卷入，不利于对流和潜热释放。

▶▶ 2.4.2 台风边界层结构

台风大风灾害主要发生在台风的边界层中。因此，边界层内的结构将会对台风大风的分布和强度造成影响。然而，在台风边界层中，具有区别于一般边界层的特殊结构，风特性也发生显著变化。

台风边界层中与台风大风密切联系的特殊结构主要包括超梯度风急流与滚涡等。超梯度风急流是一种具有非对称性，存在于较低高度上的急流，其与台风中局地的大风和风场非对称性分布密切联系。在不同研究中，观测到其存在的高度有所差异，但主要出现在 $200\sim500m$ 之间。有专家进一步研究给出了不同高度急流中心的出现概率，$200m$ 以下出现概率为 60%，而 $500m$ 以下概率为 90%。当台风登陆时，受下垫面摩擦作用的影响，梯度风急流的非对称性还可显著增大。非对称急流在台风登陆过程中，主要位于台风的前侧和左侧象限，主要是由于该象限内存在最大的径向入流和切向风，边界层内角动量的向内平流是造成该分布的主要原因。在西北太平洋台风中也有研究发现边界层急流的存在，我国有专家指出台风在登陆前边界层的垂直运动可达到 $2m/s$，且急流受地形影响，还会激发出中尺度强对流活动，产生大风。

台风边界层中还存在一种小而窄且具有较大梯度的强气流——滚涡

（Rolls）。滚涡可产生局地大风灾害。这种特殊的结构由国外专家在 1998 年通过雷达观测发现。观测到的滚涡主要沿台风的切向排列，但不同研究中观测到滚涡的尺度从几百米到几千米甚至数十千米不等。关于滚涡产生的原因，理论研究和数值研究认为，这与台风边界层中径向风的拐点不稳定、垂直切变和惯性不稳定等有关。滚涡结构的存在可增强台风边界层内动量、热量和水汽的输送，增强边界层辐合，并激发更多的眼壁对流，对台风强度产生影响，从而影响台风大风。

2.4.3 台风风场参数特性

观测研究表明，在台风影响过程中，边界层的平均风特性与脉动风特性均发生显著变化。平均风特性主要包括平均风向、风速随时间和随高度的变化。对于垂直风廓线而言，我国现行设计规范中推荐使用幂指数分布，即水平风速随高度呈幂指数分布。我国多个研究中也认为台风影响过程中风廓线服从指数与对数分布。但也有研究发现台风中心附近区域的垂直风廓线不满足对数或幂指数分布型，且台风环流不同位置的风廓线形态也存在显著差异，尤其在复杂地形区域下更为显著。由于台风垂直运动剧烈，观测到的台风中风攻角的角度远大于规范中的 $\pm 3°$，且持续时间可达数小时至十几个小时。边界层还具有湍流这一重要特征，其在台风的动能、热量、水汽交换过程中具有重要作用，可直接影响台风大风的强度与分布。在台风影响下，与湍流相关的脉动风特性也可发生显著变化。主要表现为台风影响下沿海地区复杂地形下的阵风系数、湍流强度、湍流积分尺度、湍流谱密度显著增大等特征，阵风系数甚至可超出现行国家规范的推荐值等。

台风大风强度与分布特征均与台风边界层中存在的急流、滚涡等特殊边界层结构和特殊的风特性密切联系。国外研究中主要基于机载雷达、下投探空等多种观测手段所得的数据，获得一定认识。而我国台风边界层观测主要以地面梯度塔观测为主，探测的范围和能力有限。我国沿海台风边界层中的结构特征和机理仍有待进一步探讨。

2.4.4 台风风场计算模型

目前，对热带气旋风场的环流风速分量进行求解的方法大体上可以分为两类：第一类方法是先求解热带气旋的气压分布，再根据梯度风速公式推导热带气旋的环流风速分布。常用的热带气旋气压分布模型有高桥模型、藤田模型、Myers 模型、Holland 模型、Jelesnianski 模型、Shapiro 模型等。第二类方法是根据热带气旋环流风速分布的经验模型，由最大风速和最大风速半径等参数直接给出热带气旋环流风场分布，无须求解气压分布。该类方法中的环流风速分布经验模型均是通过最大风速、最大风速半径等热带气旋特征量反映出热带气旋风场沿径向从风眼区至云墙区（由冷暖空气峰面交汇所致）风速逐渐增大、从云墙区至外层区风速有逐渐衰减的特性。常用的环流风速分布经验模型主要有 Rankine 模型、Jelesnianski（1965）模型、Jelesnianski（1966）模型、陈孔沫模型、Miller 模型、Chan and Williams 模型等。

根据热带气旋环流风速分布的经验模型求解热带气旋风场的方法无须首先求解气压分布，故具有原理简单、计算简便的优点。但由于环流风速模型和移行风速模型中均包含最大风速半径这一关键参数，故需要首先对最大风速半径进行较为准确地辨识。

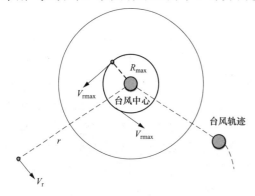

图 2-2　台风静态风场模型

2.4.4.1　环流风速计算模型

台风的静态风场模型能够对大多数台风风场环流风速进行一个相对准确的描述，可以用具有旋转及平移运动特性的涡旋来表示，如图2-2 所示。

计算环流风速的典型模型有以下几种。

（1）Rankine 模型：

$$V_r = \begin{cases} (r/R_{\max})V_{\max} & r \in [0,\ R_{\max}] \\ (R_{\max}/r)V_{\max} & r \in (R_{\max},\ \infty) \end{cases} \tag{2-25}$$

（2）Jelesnianski（1965）经验模型：

$$V_r = \begin{cases} (r/R_{\max})^{1.5}V_{\max} & r \in [0,\ R_{\max}] \\ (R_{\max}/r)^{0.5}V_{\max} & r \in (R_{\max},\ \infty) \end{cases} \tag{2-26}$$

（3）Jelesnianski（1966）经验修正模型：

$$V_r = \frac{2(r/R_{\max})}{1 + (r/R_{\max})^2} \quad r \in [0,\ \infty) \tag{2-27}$$

（4）陈孔沫（1994）经验模型：

$$V_r = \frac{3(R_{\max}r)^{1.5}}{R_{\max}^3 + r^3 + (R_{\max}r)^{1.5}}V_{\max} \quad r \in [0,\ \infty) \tag{2-28}$$

（5）Miller 模型：

$$V_r = \begin{cases} (r/R_{\max})V_{\max} & r \in [0,\ R_{\max}] \\ (R_{\max}/r)^xV_{\max} & r \in (R_{\max},\ \infty) \end{cases} \tag{2-29}$$

（6）Chan and Williams（1987）模型：

$$V_r = V_{max}(r/R_{max})e^{\frac{1}{d}[1-(r/R_{max})^d]} \quad r \in [0, \infty) \tag{2-30}$$

式中　r——热带气旋风场中某点与台风中心的距离，m；

　　　V_r——热带气旋风场中距台风中心 r 处的环流风速，m/s；

　　V_{rmax}——热带气旋风场中的风速最大值，m/s；

　　R_{max}——台风中心的最大半径，m；

　　x、d——模型的形状参数。

若横轴取 r/R_{max}、纵轴取 V_r/V_{rmax}，则上述各模型对应的环流风速分布如图 2-3 所示。由图可见，各模型的环流风速分布总体趋势相同，随着观测点逐渐远离热带气旋中心，环流风速先增大，在最大风速半径处增大到环流最大风速后，再逐渐减小。各模型的区别在于环流风速上升或衰减的快慢存在不同。

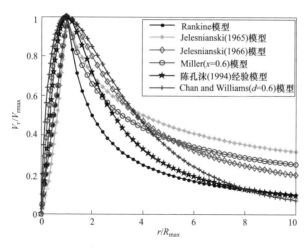

图 2-3　环流风速模型比较

2.4.4.2　最大风速半径计算模型

Graham 和 Nunn 研究了美国东海岸及墨西哥湾内的热带气旋情况，绘制了中心气压，地理纬度和移行风速对最大风速半径的影响曲线，并提出了最大风速半径的参数化方案。最大风速半径表达式为：

$$R = 28.52\tanh[0.0873(\varphi - 28)] + 12.22\exp\left(\frac{P_c - 1013.2}{33.86}\right) +$$

$$0.2V + 37.22 \tag{2-31}$$

式中　R——最大风速半径；

　　　φ——地理纬度；

　　　V——移行风速；

P_c——热带气旋中心气压。

江志辉依据《热带气旋年鉴》中心气压和最大风速半径资料，分析最大风速半径的平均变化趋势，给出了最大风速半径与热带气旋中心气压的幂指数型经验公式：

$$R = 1.119 \times 10^3 \times (1010 - P_c)^{-0.805} \qquad (2\text{-}32)$$

Willoughby 基于美国国家海洋和大气管理局（NOAA）发布的 1977～2000 年大西洋和东太平洋热带气旋飞行探测记录，得到了最大风速半径随飞行层最大风速和地理纬度变化的指数型关系：

$$R = 51.6 \exp(-0.0223 V_{f_{max}} + 0.0281 \varphi) \qquad (2\text{-}33)$$

式中　$V_{f_{max}}$——飞行层最大风速。

Kato 在日本沿海风暴潮模拟评估工作中，指出最大风速半径与热带气旋中心气压的线性表达式：

$$R = 80 - 0.769(950 - P_c) \qquad (2\text{-}34)$$

⊙ 2.4.5　台风风场模拟方法

由于实测数据观测成本高，历史观测数据时空分布不均且年份有限，定量评估台风风况下工程风特性有一定困难。目前评估台风强风况下的工程风特性参数的主要步骤如下：①基于物理模型构建一个台风风场，并利用观测资料对其进行验证；②根据台风主要关键参数概率分布，利用 Monte Carlo 模拟方法产生大量虚拟台风；③将利用参数构造的虚拟台风输入至台风风场模型中，并通过数值模拟的方法来获取大量影响某地的台风样本。在国内外台风风险评估实际工作中，参数化台风风场模型常被用于评估台风大风危险性。参数风场模型中需要输入台风的形状系数、移动速度及方向、最大风速半径、中心气压等关键参数，并利用风廓线函数来算出梯度风场；此外，为考虑下垫面的影响，还可根据由边界层模式得出的梯度风速至距地表 10m 处风速的折减系数来推算出近地风场。该方法具有计算效率高且模拟效果较为精确的特点，在实际中应用广泛。

2.4.5.1　考虑微地形影响的近地层台风风场模拟方法

在复杂地形情况下，台风风场的结构破坏过程因受到地表摩擦耗散效应的增强而发生急剧变化。为详细研究这一过程，引入风流变化及其在复杂微地形影响下的流场变化特征，揭示地形强迫作用的影响机理，需要采用较为精细的微地形参数以及适宜的物理模型进行数值计算。

针对台风风场的模拟研究，一般采用中尺度的数值天气预报模式，其优点是：

(1) 动力框架清晰、准确；

(2) 数值求解效率高；

(3) 便于引入"涡旋初始化"及其他资料同化；

(4) 边界条件相对准确；

(5) 模拟范围广，可覆盖台风活动的整个过程。

不足之处在于：

(1) 空间分辨率一般为数十千米级别；

(2) 前处理过程中对地形进行了不同程度的平滑以适应计算；

(3) 地形过于复杂和陡峭时计算不收敛。

2.4.5.2 基于 WRF 中尺度模式的台风风场模拟

天气预报模式（weather research forecast，WRF）系统是由许多美国研究部门及大学的科学家共同参与进行开发研究的新一代中尺度预报模式和同化系统。具有可移植、易维护、可扩充、高效率、方便等诸多特性，并具有比 MM5 更为先进的数值计算和资料同化技术、多重移动嵌套网格性能以及更为完善的物理过程（尤其是对流和中尺度降水过程）。因此，WRF 模式将有广泛的应用前景，包括在天气预报、大气化学、区域气候、纯粹的模拟研究等方面的应用，它将有助于开展针对不同类型、不同地域天气过程的高分辨率数值模拟，提高天气预报的分辨率和准确性，使得新的科研成果运用于业务预报模式更为便捷，并使得科技人员在大学、科研单位及业务部门之间的交流变得更加容易。

基于中尺度预报 WRF 模式的数值预报业务系统通常具有规范的业务流程，主要包括外部数据源接入、数据预处理、中尺度模式运行、模式后处理以及预报数据发布等过程。数值预报业务系统的外部数据源一般包括 GFS、NCEP/NCAR 再分析等初始场格点数据、常规气象观测数据、卫星遥感数据、雷达监测数据以及地形数据等。选定数据源后，需进行数据预处理，以满足 WRF 模式的数据格式要求。经 WRF 模式运算的输出结果可根据发电功率预测系统的数据要求，运用 NCL、ARWpost、RIP4 等软件对进行处理。

初始场的质量对预报效果有明显作用。但对台风数值预报而言，由于海上观测资料的匮乏，台风的真实结构很难用常规观测资料刻画和描述；另一方面，客观分析后往往流场很弱且台风位置不准确，如以此作为台风的初始场，很难做出好的热带气旋强度与路径预报。为了能够得到更为合理的初始场，学者们经过深入研究，逐渐发展了一些台风涡旋初始化方法如 Bogus 技术、BDA 技术、涡旋重定位技术等，这些方法在一定程度上可以改善台风的初始结构，使台风路径的预报水平有较大的改进。

台风数值预报模式是目前台风预报的一种重要手段。20 世纪 80 年代以来，随着计算机技术的应用和发展，美、欧、日等国家和地区热带气旋数值预报发展很快，各自建立和发展了一些台风预报模式和系统，开展了全球或区域的台风预警预报和研究工作。目前，发达国家的全球模式分辨率普遍提高到 10～25km，达到了全球中尺度模式的水平（表 2-1），尤其是 ECMWF 的确定性预报业务模式已于 2013 年升级为 T1279L137，水平分辨率约 16km，垂直分层达 137层，全球中期集合预报业务模式相应升级为 T639L91，水平分辨率约 30km，大幅提高了台风预报的精度。法国、韩国等建立了三维变分同化系统，欧洲中期数值预报中心、英国气象局、日本气象厅和澳大利亚气象局等发达国家都已建立了气象资料四维变分同化系统。国内外热带气旋数值预报业务模式简要描述见表 2-1。

表 2-1　　　　　　　　国内外热带气旋数值预报业务模式简要描述

预报系统	模式类型	模式分辨率	同化方案	涡旋初始化方法	预报时效（h）
GMFS T639（中国）	全球谱	30km、60 层	3DVAR	涡旋重定位涡旋强度调整	240
ECMWF IFS（欧洲）	全球谱	16km、137 层	4DVAR	无	240
JMAGSM（日本）	全球谱	20km、100 层	4DVAR	非对称 Bogus 涡旋	264
NCEP GFS（美国）	全球谱	23km、64 层	Hybrid 4DVAR	涡旋重定位	384
UKMO Unified Model（英国）	全球格点	25km、70 层	Hybrid 4DVAR	Bogus 涡旋	144
GDAPS（韩国）	全球谱	25km、70 层	4DVAR	Bogus 涡旋	240
NCEP GFDL（美国）	区域格点	6km、90 层	GFS analysis	涡旋重定位	126
UKMO NAE（英国）	区域格点	12km、70 层	4DVAR	Bogus 涡旋	48
RDAPS（韩国）	区域谱	12km、70 层	3DVAR	Bogus 涡旋	84
GRAPES_MESO（中国）	区域谱	15km、31 层	3DVAR	涡旋循环	72

我国自 1991 年以来，在自主研发兼引进国外先进技术的基础上，对台风数值预报业务模式进行了持续改装升级，发展了一些颇具代表性的台风数值预报模式。国家卫星气象中心的台风路径预报模式（MTTP）是在有限区域预报模式（LAFS）基础上发展起来的，是一个单向的双重嵌套模式。其粗细网格的范围为 0°～49.69°N 和 84.38°～159.38°E（10.31°～40.31°N 和 105°～150°E），格距为 1.875°（0.9375°），垂直方向包括 15 层。全球区域同化台风预报系统（GRAPES_TCM）是在 GRAPES 模式基础上加入台风初始化模块构建而成的，内核为 GRAPES，目前在国家卫星气象中心业务运行，模式水平分辨率达到15km。业务试验表明，该模式台风路径 24h 预报误差在 125km 以内，48h 预报

误差在 220km 以内，72h 预报误差在 330km 以内。在省级市、很多沿海省（区、市）也都建立区域台风数值预报系统。上海区域气象中心建立的台风预报模式（ETCM）是在 MM4 基础上发展起来的，其水平方向为单向移动套网格，粗细网格水平分辨率分别为 150km 和 50km，垂直方向为 10 层。

边界层是热带气旋的重要组成结构之一，研究边界层的结构有利于进一步了解热带气旋低层的通量分布、能量传输和垂直运动发展等规律。在强风条件下观测资料获取非常困难，目前海上低层观测资料稀少，加上遥感资料短缺，至今都难以获取可靠的热带气旋天气期间边界层信息。目前国内外研究学者已经开展了一些边界层方面的研究，主要集中在数值模式中不同边界层参数化方案的对比分析。有学者研究发现，边界层参数化方案对台风结构、强度等方面有显著影响，不同边界层参数化方案模拟的台风结构的差异导致台风强度的差异。

下面以 2016 年的"莫兰蒂"台风为例，利用 WRF 模式模拟反演"莫兰蒂"的变化过程。WRF 模式的垂直方向共 45 层，模式顶为 50hPa，采用上疏下密的划分方法，其中 1km 以下有 13 层。模拟区域的中心点为（26°N，118°E），模式设为二层嵌套，第一层水平分辨率设为 9km，网格数为 424（南北）×550（东西），第二层设为 3km，网格数为 262（南北）×262（东西）。模式积分时段为 2016 年 9 月 13 日 20 时～16 日 08 时，辐射方案采用 RRTM 长波辐射方案和 Dudhia 短波辐射方案，采用 YSU 边界层方案和 Noah 陆面模式耦合单层城市冠层模式。

此次"莫兰蒂"台风没有经过台湾，而是直接登陆福建厦门，降雨强度大、效率高，且风速极值大，"莫兰蒂"于 9 月 15 日 3 时登陆厦门，4 时经过厦门同安地区，底层中心附近 2min 平均最大风速为 48m/s，为强台风级。从模拟的台风风场结构来看，"莫兰蒂"台风中心很明显，结构相对对称，台风中心附近的近地层风速最大。此次台风从台湾南边穿过台风海峡，登陆厦门然后消散。风场结构在台湾南边擦过时没有变形，在台湾海峡时结构依然完整；登陆厦门时由于地形作用，风速开始减小，结构变形；深入内陆后，由于地表摩擦耗散左右，台风中心已基本看不出来。

从极大风速分布来看，厦门岛内西部、同安区中部、集美区北部和翔安区南部的极大风速较大，风速普遍达到 46m/s 以上，造成的影响相对广泛。"莫兰蒂"台风对福建配电网破坏影响巨大，其中厦门配电线路灾损最为严重，倒杆倒塔约 4300 多基。从地理位置上看台风主要分布在岛内湖里区，岛外集美、同安和翔安区。倒杆原因初步分析主要有风力过大直接吹断吹倒，风吹树倒伏，异物破坏等几种情况。根据《66kV 及以下架空电力线路设计规范》（GB

50061—2010）等，当风力达到 12 级以上时已超过配电网线路设防水平，将全面影响配电线路，可能造成配电线路大范围倒杆断线。同时，当台风期间的风力达到 10 级以上时，通常会折断树枝、掀起广告牌和铁皮屋等，对周边的配电线路带来间接破坏。

通过对厦门配电线路灾损统计数据分析可知，风力直接造成倒断杆占比最高（占比 80.5%），为了具体分析灾损形成原因和过程反演，需要取其中几个典型灾损点进行详细分析，为了同时满足典型性和普适性，分别从灾损分布所在的各个区各取一个点，结合风雨分布情况，选取岛内灾损点 1（118.096°E，24.523°N）位于厦门岛内西北部灾损中心区；选取灾损点 2（117.980°E，24.624°N）位于岛外集美区；灾损点 3（118.210°E，24.752°N）位于同安区和翔安区交界处；灾损点 4（118.114°E，24.809°N）位于同安区。

对我国境内 90m 分辨率的高程数据进行 GIS 加工处理，获得厦门地区高程、坡度、坡位和坡向分布图。根据 4 个灾损点的经纬度信息，分别提取出该点的高程、坡度、坡位和坡向值，如表 2-2 所示。从表中可知，灾损点 1 处于平坡位置，海拔高度和坡度较小；灾损点 2 处于平坡位置，高程和坡度比灾损点略大；灾损点 3 海拔虽不高，但坡度偏大且处于山脊位置；灾损点 4 处于山脊位置，海拔和坡度都较大。

表 2-2 　　　　　　　　　　　　4 个灾损点的地形数据

典型灾损点	高程（m）	坡度（°）	坡位	坡向（°）
灾损点 1	10	1.1	平坡	243.4
灾损点 2	18	4.4	平坡	279.3
灾损点 3	24	15.1	山脊	225.0
灾损点 4	93	13.9	山脊	57.8

利用中尺度 WRF 模式模拟反演出 4 个灾损点 1km 以下，间隔 100m 的垂直风场结构特征，如图 2-4 所示。从图中可以看出，灾损点 1 和 2 的高程、坡度相对较小，位于相对平坦的地区，台风风场从 00～04 时还有一个顺时转向，风速会有一个迅速减小的过程；而灾损点 1 和 2 的高程、坡度较大，地形对风场有一个强迫抬升加强的作用，00～04 时风速较大，风场的顺时针变化较小，风速值略微减小；灾损点 4 可以明显看出微地形的抬升对风场结构的影响。

2.4.5.3　基于计算流体动力学模型的台风风场模拟

本节将利用计算流体动力学（computational fluid dynamic，CFD）数值模拟开展台风影响下地面风流场的数值精细化计算，并给出典型个例下台风登陆后受微地形强迫影响而导致的风场结构变异。强风条件下微地形风场分布概念模型如图 2-5 所示。

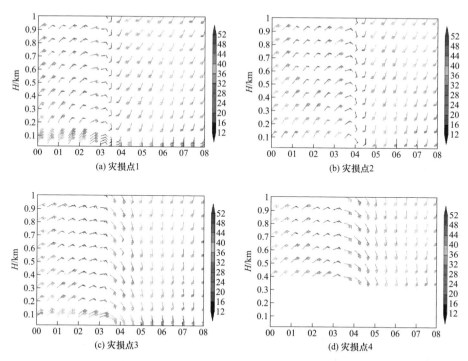

图 2-4 2016 年 9 月 15 日 00 时～2016 年 9 月 15 日 08 时灾损点风场垂直分布图

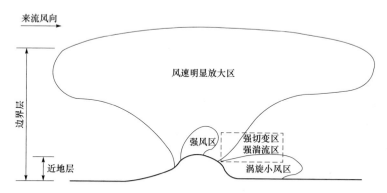

图 2-5 强风条件下微地形风场分布概念模型

在 CFD 计算的各种数值算法中,有限元方法具有计算精度高、应用灵活、适合复杂多变地形地貌等优势,可用于地貌天气风流矢量分布的模拟或估计。然而,有限元算法的不足之处是计算量大,模型求解复杂。

针对该问题,采用较为成熟、经实践验证的商用 CFD 流体计算软件,基于改进的有限元法,引入约化积分、自适应单元格、改进森林冠层模型以及复杂积分快速求解算法等技术,提高 CFD 计算效率。

此外，为了有效模拟台风登陆条件下，近地面风场、风流矢量分布的特征，在数值模拟分析中还引入了基于实测分析的廓线计算，结合 CFD 数值边界条件，提高整体算法精度。

微地形参数方面，以经度 117.46，纬度 27.51 为中心外延 10km 区域的 AS-TER GDEM v2 Worldwide Elevation Data（1 arc-second Resolution）为基础，对高分辨率地形高程信息进行提取，并载入 CFD 模型。

数据分析显示，该区域地形最大海拔高度为 372m，为确保计算域顶部气流不受地形影响，计算域高度取为 1000m。对地形模型用 ICEM 进行网格划分，并在山区复杂地形处采用网格加密技术。计算区域网格划分如图 2-6 所示，地形模型选用四面体非结构化网格，外围最大网格尺寸为 70m，加密区最小网格尺寸为 15m。非加密区网格数为 5359000，加密区网格数为 1999969。

(a) 网格划分整体图　　　　　　　　(b) 网格划分局部放大图

图 2-6　计算区域网格划分

局地风场计算的初始风速由 WRF 模式提供，定义结果点，进行定向计算，即可得到选定区域的风流特征。以 30°扇区和 240°扇区为例：

（1）30°扇区定向计算结果如图 2-7 所示。受地形影响，风加速因数的高值区主要分布在海拔落差较大区域的迎风面，湍流强度则沿风向至背风坡一侧开始加强但减弱明显。理论上，配电网杆塔、线路所在区域应选择水平偏差较低，风加速因数中等水平的区域，且入流角尽可能小，从而保证杆塔、线路受风流影响较弱。然而，模拟结果显示，受台风下垫面耗散，以及次级环流激发的影响，图 2-7(c)、(d) 中水平偏差、入流角的强值区均十分明显，且由于受到地形强迫而呈现出非常显著的离散形态，不利于线路稳定运行。

（2）240°扇区定向计算结果如图 2-8 所示。与图 2-7 相似，240°扇区时台风模拟风场的 4 个主要因素均呈现出灾损发生概率偏强的形势。不同之处在于，高层台风风场环流的趋势为逆时针，240°扇区定向计算的结果相比于 30°扇区更为离散，这一现象主要是由风矢量与微地形间的几何关系所决定的。而 30°

扇区与240°扇区之间，实质上为耦合关系，用以解释台风灾损时，并不能独立使用。

综合二者分析得到的信息表明，台风风场受地形影响，近地层风速的加速效应伴随着湍流强度变化、水平偏差变化和入流角的加强和紊乱。因此，配电网灾损的发生并不由风速加强这一单一指标导致。

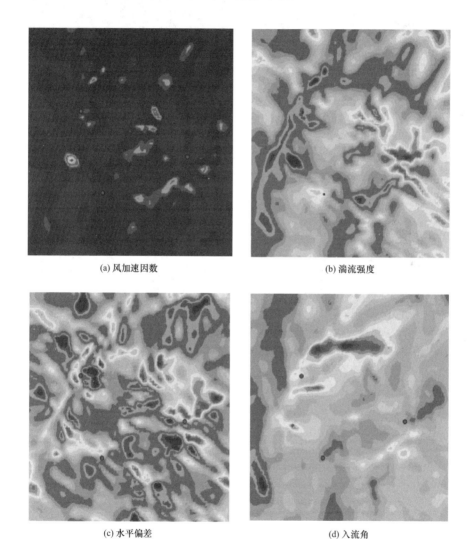

(a) 风加速因数

(b) 湍流强度

(c) 水平偏差

(d) 入流角

图 2-7 30°扇区定向计算结果

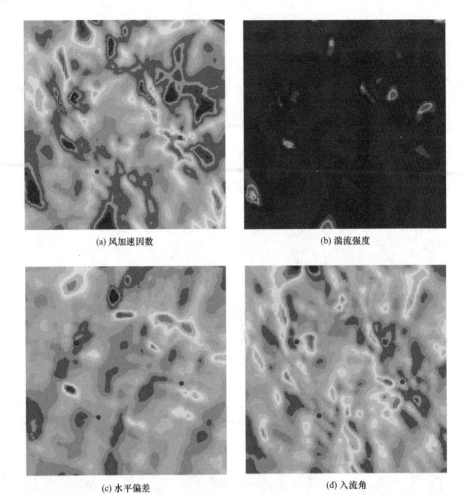

(a) 风加速因数

(b) 湍流强度

(c) 水平偏差

(d) 入流角

图 2-8　240°扇区定向计算结果

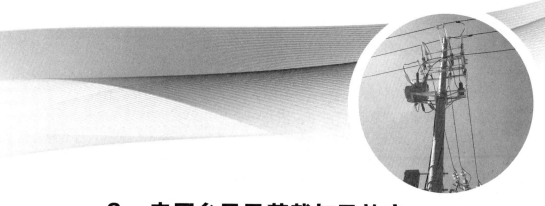

3　电网台风风荷载与风效应

按照国际风工程协会的定义，风工程学科主要研究大气边界层中的风与人类在地球表面的活动及其劳动成果之间的相互作用。具体地说，它包括结构风工程、车船风工程和环境风工程 3 个分支。在风工程学科中，结构风工程问题作为学科发展的起源，始终处于核心的地位，它主要研究风和结构的相互作用，亦称结构风效应问题，特别是动力风效应，即风致振动问题。台风风工程主要针对台风大风所引起的风致响应进行研究。

本章针对输配电线路及杆塔的典型结构，展开介绍了结构风工程和结构风荷载及输配电线路风振响应，并阐述了结构抗风设计方法。

3.1　结构风工程

3.1.1　结构风工程的研究内容

结构风工程所涉及的学科范围很广，包括气象学、空气动力学、结构力学、实验力学等。图 3-1 所示是现代结构风工程奠基人、加拿大西安大略大学的 A. G. Davenport 教授提出的风荷载链（wind load chain）。该荷载链描述了结构风工程所涉及的 5 个重要方面，包括风气候、地形效应、空气动力效应、结构力学效应和设计标准。

图 3-1　风荷载链

第 1 环"风气候"要确定不同地域气象意义上平均风的一般特性。第 2 环"地形效应"要确定受到地表不同地形影响的底层大气的局部风特性，由于底层大气的运动受地表摩阻的影响，不仅其平均风速随高度的降低而降低，而且还

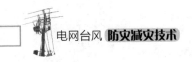

表现出较强的随机性，因此对它的描述或处理显得更加困难。通常只能比较粗略地对不同地区的地形进行分类，并用一个统计意义上的粗糙参数来表征。第3环"空气动力效应"要确定的是由风产生的作用在结构上的荷载，包括静力荷载和动力荷载。作用在结构上的风荷载不仅与风的特性有关，而且很大程度上受到结构自身几何外形和相邻建筑物的影响，这种影响一般可通过风洞实验确定。风荷载不仅随时间变化，还随结构表面的空间位置而变化。对于振动结构，风荷载还会受到结构运动的影响。第4环"结构力学效应"要确定由风荷载引起的结构响应，包括静力响应和动力响应。确定结构的静力响应相对简单，而确定结构的动力响应要复杂得多。结构的风致振动包括由自然风湍流和结构所致特征湍流（气流绕过结构时产生的不同尺度旋涡）引起的顺风向随机抖振，由旋涡脱落引起的横风向涡激共振，与结构运动相关的自激力引起的发散性自激振动（如颤振、驰振）等。不同的风致振动响应需要采用不同的理论和方法来分析。第5环"设计标准"要解决的问题是如何把前四个环节中的研究成果总结成尽可能简洁、准确的标准条文，应用到实际结构的抗风设计上。风荷载链的5个环节环环相扣、相互影响，形象地描述了风工程研究者和结构工程师在进行结构抗风设计时所要面对的任务。

3.1.2 结构风工程的研究方法

结构风工程的主要研究方法包括现场实测、风洞实验、理论分析和数值模拟。

1. 现场实测

现场实测是一种最直接的研究方法，比较直观和真实。但是现场测试要花费大量的人力、物力和时间，而且气象条件、地形条件等因素难以人为控制和改变，因此用这种方法来进行规律性的研究和解决实际工程问题是非常困难的。尽管如此，现场实测结果仍被认为是掌握风荷载作用机理和结构响应及破坏规律的最为直接的资料，也是修正现有实验方法和理论模型的最权威依据，因此一直受到世界各国学者的普遍重视。加拿大西安大略大学（UWO）、美国德州理工大学（TTU）风工程研究中心均建有供长期观测的全尺模型。我国学者近年来在低矮房屋、超高层建筑、大跨空间结构和桥梁结构方面也开展了一系列的现场实测研究，获得了宝贵的第一手资料。

2. 风洞实验

风洞实验是结构风工程最重要的研究方法。相比现场测试方法，风洞实验在人力、物力和时间上比较节省，而且可以人为控制、改变实验条件，因此在进行考虑受参数影响的机理性研究和解决复杂工程问题方面具有较大优越性。

但是由于设备模拟能力的限制和相似参数不能全部满足等原因，风洞实验方法也存在一定的局限性。除风洞外，水洞、水槽及烟风洞等模拟设备也可用于风工程实验研究。

3. 理论分析

理论分析方法主要应用于结构风工程领域的一切基础理论研究，如圆柱体的涡激振动等。对于具有复杂几何形状和复杂流动现象的问题，全在数学上进行解析分析还比较困难。一般是先通过理论分析给出关于某种现象的解析表达式（即理论模型），然后再借助风洞实验确定解析表达式中的待定参数。尽管理论分析方法的适用范围有限，但是对于揭示某些流动机理、构建结构抗风设计理论体系是十分重要的。

4. 数值模拟

应用 CFD 技术在计算机上模拟结构周围风场的变化并求解结构表面的风荷载，是近十几年发展起来的一种结构风工程研究方法，并逐渐形成了一门新兴的结构风工程分支—计算风工程。数值模拟方法的优点是：

（1）适用范围广，能够求解复杂几何形状和复杂流动问题。

（2）它的"测量系统"对流动不会产生任何扰动，且所需时间和费用也比风洞实验少很多。

（3）可以完全控制流体的性质，且对于流动参数的选择具有很大的灵活性，因而便于进行各种参数分析。

正是这些优点使得数值模拟方法受到了学者们的高度重视，并得到迅速发展。目前，借助一些 CFD 软件已可形象而细致地再现许多流动现象。尽管目前的 CFD 数值模拟方法还存在湍流模型和求解效率等方面的问题，但可以预见其在风工程领域的发展前景是广阔的，是未来结构风工程研究的重要方向之一。

总体来讲，以上 4 种方法各有所长，彼此之间相互补充、相互促进。风洞实验虽然是目前风工程研究的主要手段，但是往往由于某些条件无法满足，使得风洞实验结果要用现场实测结果来验证及修正。数值模拟较风洞实验及现场实测具有费用低、提供数据丰富、缩尺比不受限制等优点，是未来风工程研究的方向，但是目前数值模拟的结果尚需要风洞实验或现场实测数据加以验证。

3.2 结构风荷载

风对结构的作用是一种十分复杂的现象，它受到风的自然特性、结构的动力性能以及风与结构相互作用 3 方面的制约。由于自然风的湍流特性，风对结构的作用包含了静力作用和动力作用两个方面，使结构产生相应的静力和动力响应。相应的风荷载也可分为平均风荷载和脉动风荷载。前者由自然风中的平

均风成分引起，后者则是由自然风中的脉动风成分引起。风作用在结构上产生 3 种荷载，即顺风向风荷载、横风向风荷载和扭转风荷载。

在结构风工程中，风荷载除了用风压系数表示外，还可用风力系数来体现结构整体受风力情况。当按风的作用方向进行分解时，垂直于来流方向称为升力 F_L，平行于来流方向为阻力 F_D。风力系数 C_F 可以表示为：

$$C_F = \frac{F}{\frac{1}{2}\rho U^2 A} \tag{3-1}$$

式中　F——不同方向上的风力，可通过对该方向上的风压进行积分获得；

　　　A——该方向上的受风面积。

3.2.1　平均风荷载

建筑结构上的平均风压分布很大程度上取决于结构的几何外形。也就是说，如果两个建筑的几何外形不相似，那么它们的风压分布也会不相同。反过来，当两个尺寸不同的建筑物具有相似的几何外形时，只要尺寸的差别不致引起周围绕流性质的本质变化（如雷诺数效应），那么它们的压力分布也是相似的。这里所谓的几何相似是指一个建筑物是另一个建筑物的按比例缩小或放大。这也是可以通过缩尺模型风洞试验来确定实际建筑的风压分布的原因。

根据流体力学的贝努利方程，风速与风压的关系可以表示为：

$$P = \frac{1}{2}\rho v^2 \tag{3-2}$$

式中　P——风压；

　　　ρ——空气密度；

　　　v——风速。

风对结构的静力作用通常用平均风作用下结构所承受的顺风向气动力 F_D、横风向气动力 F_L 和扭力矩 M 来表示：

$$F_D = C_D \cdot \frac{1}{2}\rho\overline{U}^2 \cdot A \tag{3-3}$$

$$F_L = C_L \cdot \frac{1}{2}\rho\overline{U}^2 \cdot A \tag{3-4}$$

$$M = C_M \cdot \frac{1}{2}\rho\overline{U}^2 \cdot AD \tag{3-5}$$

式中　C_D、C_L、C_M——分别为阻力系数、升力系数和力矩系数，统称静力三分
　　　　　　　　　　力系数；

　　　　A——结构迎风面积；

D——结构顺风方向厚度；

$\overline{U}$——顺风向平均风速。

上述 3 个作用力分别为顺风向静力风荷载、横风向静力风荷载和扭转静力风荷载。

3.2.2　脉动风荷载

脉动风荷载可通过拟定常假设来确定，即假定作用在物体表面的脉动风压与来流风速具有相同的变化规律（风速、风向），则结构风载 $P(t)$ 可表示为：

$$P(t)=C_{\mathrm{P}} \frac{1}{2}\rho U(t)^2 \tag{3-6}$$

$$U(t)^2=(\overline{U}+u)^2+v^2+w^2 \tag{3-7}$$

式中　C_{P}——风压系数；

u，v，w——分别为顺风向、横风向和竖向脉动风速。

由于平均风速度 $\overline{U}$ 要比湍流分量 u，v，w 大得多，因此可略去它们的平方项，式中（3-7）可近似表示为：

$$U(t)^2=\overline{U}^2+2\overline{U}u \tag{3-8}$$

将式（3-8）代入式（3-6）可得到：

$$P(t)=C_{\mathrm{P}} \frac{1}{2}\rho \overline{U}^2\left[1+2u(t)/\overline{U}\right]=\overline{P}+p(t) \tag{3-9}$$

式中　$\overline{P}$——平均风压，$\overline{P}=C_{\mathrm{P}} \dfrac{1}{2}\rho \overline{U}^2$；

$p(t)$——脉动风压（均值为 0），$p(t)=C_{\mathrm{P}}\rho\overline{U}u(t)$。

仿照平均风压系数的定义，脉动风压系数可定义为：

$$\widetilde{C}_{\mathrm{p}}=\frac{\sigma_{\mathrm{p}}}{(1/2)\rho\overline{U}^2}=\frac{C_{\mathrm{p}}\rho\overline{U}\sigma_{\mathrm{u}}}{(1/2)\rho\overline{U}^2}=2C_{\mathrm{p}}\frac{\sigma_{\mathrm{u}}}{\overline{U}}=2C_{\mathrm{p}}I_{\mathrm{u}} \tag{3-10}$$

式中　I_{u}——顺风湍流强度。

需要说明的是，拟定常假定并非在所有情况下都适用。一般认为，其对结构迎风面脉动风压的预测与实验结果吻合较好，但对于结构侧面及背风面的脉动风压预测则与实验结果存在较大偏差，这主要是由于这些部位的流动产生了分离，其风压形成机制与迎风面不同所致。因此，对于以受迎风面荷载为主的高层结构，拟定常假定可认为近似适用；而对于以受气流分离作用为主的如大跨度屋盖结构，拟定常假定不适用。此时，需通过风洞试验来确定脉动风压。

3.2.3　输电杆塔风荷载

大量实测及风洞试验都表明，格构式输电塔上的动力风荷载是三维的，不

仅在顺风向塔架的动力风荷载十分显著，在横风向和扭转向塔架的动力风荷载也必须考虑。顺风向振动的激励决定于脉动风速谱（也即准定常假设仅适用于顺风向荷载和振动分析），而横风向和扭转向的激励机制和顺风向激励机制不同。搞清楚不同风向风荷载激励机制是更科学开展结构抗风的基础。

风洞试验是获得结构风荷载的主要方法。格构式结构自身特点决定了高频天平测力试验是结构风荷载测试的主要手段。Bayar D C 采用天平测力风洞试验测试了两种方形格构式塔架的静态三分力系数，认为风向对结构的阻力系数影响可以忽略。Carril Jr C F 等采用节段模型对格构式通信塔进行了天平测力试验，结果表明紊流场与均匀流场中的阻力系数变化不大，杆件布置形式对阻力系数和升力系数有影响，但这种影响的实际应用价值不大。梁枢果等给出了3种典型的格构式塔架（输电塔、通信塔和电视塔）三维动力风荷载，建立了格构式塔架动力风荷载解析模型。输电塔与一般格构式塔架最大的区别在于其塔头部具有较大的质量和复杂的几何外形，而且由于其处于塔的顶部，对风荷载更为敏感。张庆华等针对输电塔结构特点，将输电塔分为塔头、塔身和塔腿三部分，对典型格构式结构风荷载特性及作用机理进行了试验研究，分别给出了输电塔不同节段风荷载的简化数学模型，计算了典型 500kV 单回路酒杯型输电塔和双回路鼓型输电塔的风致响应。肖正直、李正良等考虑电塔截面收缩的影响，提出了基于高频天平测力试验的修正振型法用于计算输电塔结构的风振响应及等效风荷载。此外，熊铁华、梁枢果等采用完全气弹模型风洞试验对典型 500kV 猫头型输电塔风荷载进行了识别，拟合得到了输电塔顺、横风向风荷载的经验公式。

从已有的研究来看，采用高频天平对格构式结构节段或整体模型测量试验是可行的，测力试验直接得到节段底部风荷载的方法尽管可以得到作用在结构上的整体风荷载，但是无法获得风荷载的分布规律。

测压试验最大的优点在于能够给出风力（压）的时空分布。楼文娟等制作了角钢输电塔大比例刚性节段模型，通过同步测压试验，获得输电塔主材、斜杆和辅材的风压分布规律和体型系数沿杆件的分布情况。该测压试验只获得了输电塔标准塔身节段不同位置角钢的风荷载分布情况，并未能得到整体的风荷载分布。

3.3　输配电线路风振响应

当风绕过一般为非流线型截面的结构时，会产生旋涡和流动的分离，形成复杂的空气作用力，当结构的刚度较大时，结构保持静止不动，这种空气力的作用只相当于静力作用。当建筑物的刚度较小时，结构振动受到激发，这时空气力的作用不仅具有静力作用，而且具有动力作用。

3.3.1 风致振动类型

结构风振响应按结构振动方向可分为顺风向振动和横风向振动，按响应性质可分为抖振、涡激振动和自激振动。

抖振是由来流脉动作用使结构产生的一种受迫振动。由于大气边界层湍流具有随机性质，因而抖振属于随机振动的范畴。抖振是一种可发生于任何结构上、最为常见的风致振动现象，一般顺风向风振响应即指抖振。

涡激振动主要发生在细长形结构上，是由结构后部两侧交替脱落的旋涡造成的，这种交替脱落的旋涡会使结构表面的压力呈周期性变化，且作用方向与风向垂直（横风向）。通常情况下，涡激振动的振幅较小，属于受迫振动；但是当旋涡脱落频率与结构自振频率接近时，则可使结构产生大幅度的横风向涡激共振。

自激振动是由于结构在风的作用下产生较大的变形或振动，而这种变形或振动又反过来影响到作用在结构上的气动力，从而导致气动力和结构振动之间相互作用，形成所谓的气动弹性效应。如果这种相互作用一直持续下去。并且使结构振动趋于发散，就会导致气弹失稳。其本质上是由于结构振动与来流相互作用，从而在结构上形成了所谓的附加气动力（也称为自激力），当自激力的作用方向与结构运动方向一致时，就会使结构从运动中不断吸收能量，振幅不断放大，甚至可能造成严重的灾难性后果，驰振和颤振是两种典型的自激振动形式。驰振是细长物体因气流自激作用产生的一种纯弯曲大幅振动。这种振动最先被发现于结冰的输电线上，振动以行波的形式在两根电杆之间快速传递，犹如快马奔腾，振幅可达电线直径的十余倍，因此被称为他振。颤振最先被发现于机翼上，表现为扭转发散振动或弯矩耦合的发散振动。

3.3.2 风振分析方法

结构风振响应具有随机性质，因此需要采用基于随机振动理论的方法进行分析。对于随机激励下的结构响应，一般有时域和频域两种求解方法。

（1）时域方法是将风荷载时程直接作用在结构上，通过求解运动方程（duhamel 积分或直接积分）得到结构的动力响应时程样本，再对大量的响应样本进行统计分析，从而确定响应均值、均方根等统计信息。时域方法的优点是适用范围广，尤其对复杂体系和非线性问题适应性较强，并且可以得到较完整的结构动力响应全过程信息，计算精度高，因而在实际工程中应用较多。其缺点是结构的荷载响应传递机理在一定程度上被复杂的有限元计算所掩盖，且计算量较大。

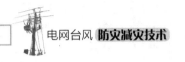

（2）频域方法是在频率域求解结构对脉动风荷载各频率分量的响应，再利用线性叠加原理得到结构的总响应谱。这里的"谱"是表征荷载或响应特征参数（如振幅、能量等）随频率变化的函数。

频域方法的优点是：

1）概念清晰，能较为直观地反映脉动风的作用规律；

2）在频域内直接求解结构随机响应的统计值，计算量较小。

频域方法的缺点是：

1）假定来流为平稳随机过程，这在大多数情况下（如季风和台风）是适用的，但对于一些持续时间较短、风速变化剧烈的风气候（如雷暴和龙卷风）则不适用。

2）较难考虑结构高阶振型和振型耦合的影响，计算结果存在振型截断误差。对于高层、高耸结构，由于其振型频率分布离散，多数情况下第一振型（或前几阶振型）起控制作用，振型截断误差较小，可以忽略；而对于大跨度屋盖结构，由于其振型频率分布密集且高阶振型的影响不可忽略，采用频域分析方法可能会导致计算精度或计算效率的降低。

3）频域方法仅适用于线性系统，难以考虑几何非线性和物理非线性的影响。尽管如此，频域分析方法在结构风工程理论中仍占有十分重要的地位。

➠ 3.3.3 输电塔线动力计算模型研究

根据侧重点不同，国内外学者建立了不同的力学模型对输电塔线结构进行了理论研究。S Ozono 等考虑动力响应的不同，提出了两种计算模型：①在低频段，输电塔线体系平面内振动动力特性比较接近塔线多质点模型；②在高频段，输电塔可简化成质量集中于顶部的悬臂杆，导线简化成无质量的弹簧，各输电塔之间在顶部由无质量的弹簧相连，为塔线耦合摆动模型。Y Momomura 等通过与实测结果进行对比，在频域内研究了多质点模型不同塔线跨数、边界条件对响应影响。

国内，李宏男等在输电塔线体系的抗震研究领域进行了一些开拓性的工作，首先提出了多质点模型的简化计算方法。塔线体系做平面内纵向振动时，可将导线简化为两端固定的悬索；塔线体系做平面外横向振动时，可将导线简化为垂链。梁枢果等对李宏男提出的多自由度模型作了相应的修正和完善，解决了输电塔线体系的风振响应计算，使模型能同时用于地震和风振响应的计算近年来，李宏男等又提出了考虑桩土结构动力相互作用的输电塔线体系简化抗震计算模型，该简化模型能够与整体模型较好地吻合，大大提高了计算效率。

此外，汪大海、李杰等建立了两自由度导线张力模型，通过实例分析验证了该模型的有效性。付兴等提出了一种改进的雨荷载和雨压强理论计算公式，并通过输电塔气弹模型的风雨激励试验验证了该理论计算的可行性和有效性。谢献忠等以动力相似理论为基础，设计了典型塔和导、地线的简易试验模型，并通过有限元模型计算、气弹模型风洞试验验证了该简易模型的正确性。

离散化模型的缺陷是明显的，首先，是把系统的平面内平面外的振动独立开了，不能考虑平面内、外的耦合作用；其次，离散模型无法得到结构的扭转振形。总的来说，上述计算模型大多是针对具体问题建立的，通用性不强，难以应用于结构设计，有必要进一步研究简化。

▶▶ 3.3.4　输电线路风致响应研究

现场实测是研究输电线路风致响应的直接手段。国外，J D Holmes 等 30 人实测了某广播塔来流风场，根据随机振动理论计算得到了基于一阶振型的顺风向与横风向响应。G Ballio、M J Glanville 等分别对不同的格构式钢塔进行了现场实测，发现对于高耸格构式结构，横风向响应与顺风向响应处于同一量级。M J Momomura、T Okamura 对山区风特性以及输电塔线体系风致响应进行了长期的现场实测，发现风向对结构的风致动力特性影响很大；导线和地线对输电塔线体系的振动响应有较大影响。E Savory 等在对英国 L6 型输电塔进行实测的基础上，与英国格构式塔荷载规范（BS8100：1986）计算结果进行了比较，认为实测结果与规范计算结果能够较为吻合。国内，刘群等通过对漫湾—昆明 500kV 输电线路进行了现场实测，发现理论预测振频与实测振频差别显著，建立了一种弹簧支撑导线的模型，计算结果与实测值相当接近。何敏娟等通过高压输电线路的现场实测对塔线体系简化模型进行了深入分析。李杰等通过台风"韦帕"经过时输电塔的实测振动数据发现，输电塔结构自振频率识别结果与有限元计算结果比较接近，阻尼比识别结果远大于一般钢结构的阻尼比。

由于现场实测费用大、周期长、难度大再加上输电塔塔型众多，目前对输电塔线体系风荷载分布、风振特性以及不同机制的强风作用下塔线体系的动特性等方面的研究仍比较欠缺。

气弹模型风洞试验是目前结构风致响应研究中最主要的方法。理论分析和计算都需要借助其来验证结果的近似程度和可靠程度。楼文娟等以 183m 高的 220kV 椒江大跨越工程中的跨江直线塔为原型，对风荷载和风振响应进行了风洞试验研究，结果表明塔体结构的加速度响应主要来自一阶振型的贡献，导线对铁塔有阻尼作用，气动阻尼的影响不可忽略。付国宏、程志军等以 500kV 双回路钢管自立式终端塔线体系为原型，设计制作了塔架的气动弹性模型，试验得到塔架加速度响应随风速而增大，塔架横风向加速度响应比顺风向平均大

12%。梁枢果等制作出模拟输电塔线体系的一塔两跨线完全气弹模型，测试了各种风速下输电塔在挂线和不挂线工况下的位移与加速度响应，观测了输电塔线体系的极限风荷载和风毁模式。郭勇、孙炳楠等45人以舟山大跨越为工程背景，进行了输电塔的气弹模型风洞试验，在对比时频域数值计算和风洞试验结果的基础上，探讨了塔线耦合作用机理，提出了塔线体系风振响应简化计算方法。邓洪洲等采用离散刚度法制作了输电塔气弹模型，进行了输电塔在紊流场中不同风速、不同风攻角下的气弹模型风洞试验。赵桂峰、谢强等以典型500kV高压输电线路为原型，在风洞中重现了输电塔线体系倒塔破坏现象，认为高压输电塔线体系的风致振动呈现较强的非线性振动特征，随风速增加，高阶模态的能量甚至强于低阶模态的能量。王树彬将高速摄像位移识别技术应用于输电塔气弹模型风洞试验响应测量，通过引入了阻尼比和振型修正系数，对加速度响应计算风振系数进行了修正；识别了结构阻尼比，建立了输电塔三维等效风荷载识别的计算分析方法。

采用数值方法进行响应计算与风洞试验方法相比，在研究费用、时间等方面均具有优势，目前数值计算和风洞试验相配合的方式广泛应用于解决工程实际问题。国外，H Yasui等采用有限元软件进行时频域计算，分析了输电塔结构动力响应特性。G Diana等考虑风场紊流度的变化，提出了时域模拟输电线系统动特性的计算模型，分析了输电体系风致振动以及几种常见的线路破坏形式。Y M Desai等计算了多跨架空输电线系统的大幅、低频驰振。G McClure等对断线条件下输电线系统的非线性动力特性进行了分析。国内，李黎等以1000kV大跨越为工程背景，分析了塔线体系对线路脱冰的动力响应。李宏男等对稳定风速激励下覆冰输电塔线体系的动力响应进行了分析，认为塔线耦联体系对覆冰导线风振有很大影响。晏致涛等以向家坝—上海800kV特高压直流输电线路为例进行了脱冰振动分析，分析了脱冰工况下导（地）线跳跃高度、最大水平张力、绝缘子内力、摆动位移和支座反力等变化规律。白海峰、李宏男等结合大连地区强暴风雨造成东北电网发生连续倒塔的破坏实例，分析了架空输电线路风雨激励下动力响应规律及灾害成因。郭勇等针对塔线耦合体系背景响应与共振响应各自的特征，研究了塔线体系风振响应的频域简化分析方法。楼文娟等以四回路角钢输电塔为原型，在时域内研究了B类风场与台风风场下输电塔风振响应的差异。沈国辉等对输电塔顺风向风致响应的时频域计算方法的适用性问题进行了探讨，比较了不同方法计算得到的输电塔风致响应的异同。

A G Davenport等考虑了输电塔线体系的特殊性，最先将用于高层建筑风致振动分析的阵风响应因子法引入输电塔等效静力风荷载分析。B Venkateswarlu等采用谱分析的方法计算了微波塔的顺风向响应和阵风响应因子。J D Holmes

等采用改进的阵风因子法，重新推导了基于剪力和基于弯矩的格构式塔阵风响应因子，给出了气动阻尼比的表达式，分析了格构式塔在平均风荷载、背景和共振动力荷载作用下等效静力风荷载分布。由于片条理论和假定阻力系数不随高度变化，Holmes 的理论分析对于其他细长结构如烟囱等结论也是适用的。A M Loredo-Souza 等研究了输电塔和导线的风振响应，提出基于统计的影响线法（SIL）。从计算结果来看，尽管背景响应在响应中占有很大的分量，但是共振响应在设计中是不能被忽略的。当然 Loredo-Souza 只是采用 SIL 法分别计算了塔和线的风致响应，并没有考虑塔线的耦合作用，将会导致计算分析的偏差。

在上述格构式输电塔结构风振响应分析中，结构风荷载的确定常采用以下两种方法：

（1）假定风荷载沿格构式结构的空间分布形式，采用风洞试验（高频天平测力试验）直接获得结构底部风荷载。由于该方法风荷载分布是假设的，其响应计算结果准确性需进一步验证。

（2）基于准定常假设（不考虑气动导纳函数的影响），假定风荷载与风速的分布形式一致，由来流风速直接获得作用在结构上的风荷载。该方法在国内外格构式结构设计规范中被广泛采用。然而，忽略气动导纳和假设风荷载与风速分布一致，都可能造成较大的计算误差。

总之，格构式输电塔结构风致响应计算方法已较为成熟，尽管仍有很多参数的影响值得深入分析，但目前存在的主要问题仍然归结为是否可以获得准确的风荷载及风荷载分布以及建立准确的风速与风荷载的相互关系。

3.3.5 输电线路风致响应研究存在的问题

目前采用理论分析方法研究输电塔线体系风致响应中，以下几个问题仍需深入探讨：

（1）频域分析法一般采用模型高频天平测力技术获取结构基底位置的风荷载，并假设风荷载沿结构高度分布，最终采用随机振动理论频域的方法计算结构的风致响应。这种方法采用假设的风荷载分布形式，其准确性需要进一步验证。

（2）基于准定常理论，采用风压乘以体型系数（或力系数）计算作用在结构上的风荷载，再根据随机振动理论得到结构的风致响应，采用哪种体型系数（或力系数）才能准确表达格构式塔体的风荷载分布规律需深入研究。

（3）高压输电塔线体系是复杂的空间塔线耦合体系，导线对输电塔动特性的影响明显，遗憾的是，目前尚无法较好地模拟大垂度导线非线性作用；此外，导线雷诺数效应的精确模拟也是目前难以解决的问题。这些都将直接影响塔线

体系风洞试验结果的精度及可靠性。

（4）时域分析法不能充分考虑结构与气流的耦合作用。数值模拟方法存在几何建模复杂、划分网格技术繁琐、弹性体系和柔性体系的建模技术不成熟等问题，故数值风洞法在输电塔体系风振响应分析中还不完善。

4 电网台风灾害规律与灾情分析

台风是某些地区电网最严重的自然外力破坏者，也是典型的不可抗力，严重时可能导致全网停电，其特点是破坏力强，对电网影响面广，台风登陆后电网设备跳闸多而且时间集中，永久性故障多，事故时调度中心事故信息多，调度员处理难度大，故障设备难以及时恢复。因此，为了尽可能减少台风给电网造成的损失，有必要针对台风灾害规律和灾情进行分析，为后续的有效防治提供支撑。

本章首先概述了电网台风灾害，然后针对输电线路台风灾害、变电设备台风灾害、配电网台风灾害分别论述了灾损特征和灾损机理，最后提出了电网台风灾害调查和分析方法。

4.1 电网台风灾害概述

电网直接连接千家万户、点多面广，一旦发生台风灾害，输电线路、变电站、配电网均可能遭到破坏，从而导致大面积停电事故，单次灾害的直接影响可以达到数以百万计用户的严重程度，其后果是灾难性的。

➡ 4.1.1 直接灾害

1. 输电线路台风灾害

在台风气象灾害发生期间，常导致大量输电设备停运，甚至可能引发连锁故障造成大面积停电事故。

2. 变电站台风灾害

台风这种极端恶劣的天气，不仅给输电线路造成灾害，而且也可能使变电设备损失惨重。变电设备在台风中的损失相对较小，大部分由于杆塔倾倒或者拉扯引起。如在强风中线路阻波器的拉扯下会导致绝缘子、避雷器以及闸刀的瓷套等设备损坏；特别应该提高变压器抗短路的能力以应对频发的 10kV 低压侧倒断杆事故。

3. 配电网台风灾害

配电网作为电力系统的重要组成部分，不仅处于电力输送的末端，而且直

接面向用户，因此维护配电网安全可靠性是整个电力系统安全、稳定、经济运行的基础。强台风环境下的配电网灾害的主要诱导因素分为风、涝两类。

与输电网相比，配电网具有天然的结构和供电脆弱性，因此更容易遭受台风等自然灾害影响而导致大面积停电事故。配电杆塔作为配电网架的重要组成部分，抗风设计等级较低，易遭受强台风影响发生受损事故。例如，2016年"莫兰蒂""鲇鱼"台风造成福建电网10kV线路故障跳闸4246条，10kV杆塔受损5640基。

历次台风灾情显示，一旦台风路径周围出现随机性的强风、强降雨，往往容易诱发多种故障。而大面积灾情一旦发生，则抢修复电工作的及时性、有效性问题则直接影响到人们日常生活和社会经济发展。对于电网企业而言，配电网的大面积故障停电不仅造成用户端的停电损失，也会对上游的发输电系统造成不可估量的经济损失。

4.1.2 间接灾害

台风还对电网产生间接影响，如建筑工地的塔吊、脚手架等被风刮倒，压倒电力设备，广告牌、气球、布条被风吹到线路上，因配网走廊不如输电网空旷，配电线路杆塔较低，配电网情灾损况特别严重。

台风登陆后经常带来强降雨。雨水冲刷线路杆塔基础，引起杆塔倾甚至倒塔，洪水、泥石流对变电站、配电室特别是地下开闭所带来严重影响，造成二次设备如端子箱、直流系统进水，引起保护装置不能正常工作甚至误动、拒动。

此外，台风还可能造成电力建筑设施的损坏。从历次风灾调查统计数据可以看出，风致碎片是电力建筑围护结构遭受破坏的主要原因之一。风致碎片穿透围护结构构件，导致内压瞬间增大，近似使屋面、侧墙和背风墙等负风压区风压增倍，从而使这些围护构件继续失效，产生更多的碎片，形成了一个碎片破坏连锁反应。常见的碎片包括石子、玻璃碎片、屋面瓦片、木屋架散落下来的木棍、竹条、折断的树枝、广告牌破损后的构件等。

台风过境时会造成气压急剧下降，空气湿度增加，电气设备的绝缘强度普遍降低，再加上台风吹起的杂物和线路走廊摇摆的树木造成输电线路、变电站母线设备较易发生闪络放电。

4.2 输电线路台风灾害

4.2.1 灾损特征

根据《输电线路"六防"工作手册 防风害》，结合输电线路台风灾害调查结果，将输电线路的灾损进行分类，主要包括风偏放电、杆塔损坏、绝缘子和金具损坏、断股断线、外力破坏（异物）5类。

1. 风偏放电

风偏放电路径主要有导线对杆塔构件放电、导地线间放电和导线对周边物体放电3种。它们的共同特点是导线或导线侧金具上烧伤痕迹明显。导线对杆塔构件放电不论是直线塔还是耐张塔，一般在间隙圆对应的杆塔构件上均有明显的放电痕迹，且主放电点多在脚钉、角钢端部等突出位置。导地线间放电多发生在地形特殊且档距较大（一般大于500m）的情况下，此时导线放电痕迹较长，由于距地面较高，不易发现。导线对周边物体放电时，导线上放电痕迹可超过1m长，对应的周边物体上可能会有明显的黑色烧焦放电痕迹。

风偏闪络发生时重合闸成功率低，由于风偏跳闸是在强风天气或微地形地区产生飚线风条件下发生的，这些风的持续时间往往超出重合闸动作时间段。使得重合闸动作时，放电间隙仍然保持着较小的距离；同时，重合闸动作时，系统中将出现一定幅值的操作过电压，导致间隙再次放电，并且第二次放电在较大的间隙就有可能发生。因此，线路发生风偏跳闸时，重合闸成功率较低，严重影响了供电的可靠性。图4-1所示为某500kV输电线路台风灾害下的风偏放电故障。

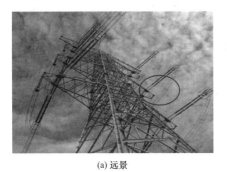

(a) 远景　　　　　　　　　　　　　　　(b) 近景

图 4-1　某 500kV 输电线路台风灾害下的风偏放电故障

2. 杆塔损坏

由于台风的超强破坏性，架空输电线路常发生不同电压等级下的杆塔损坏事故，破坏形态主要包括杆塔倾倒、塔头变形和横担弯曲等。具体来说，杆塔的破坏方式主要包括从塔身底部横隔面开始倾倒、从塔头底部横隔面开始倾倒、从塔腿底部保护帽处开始倾倒、从塔头底部横隔面开始发生扭曲导致塔头变形、从横担处开始扭曲导致塔头变形、从塔身底部横隔面开始发生塔材扭曲等。图4-2所示为某台风导致的500kV输电杆塔损坏前后现场图。

(a) 损坏前　　　　　　　　　　　　　(b) 损坏后

图 4-2　某台风导致的 500kV 输电杆塔损坏前后现场图

3. 绝缘子和金具损坏

台风期间，线路绝缘子或金具可能出现损坏情况，具体形式包括断串、斜拉杆断裂、地线直角挂板断裂、跳线支架松动导致跳线脱落、跳线绝缘子脱落、绝缘子与线夹脱落等。图 4-3 所示为某台风导致的 220kV 输电线路绝缘子和金具损坏。

(a) 绝缘子断裂　　　　　　　　　　　(b) 间隔棒断裂

图 4-3　某台风导致的 220kV 输电线路绝缘子和金具损坏

图 4-4　某台风导致的 220kV
输电线路断线故障

4. 断股断线

在强台风作用下，导地线的断股断线也是输电线路常见的灾损之一。图 4-4 所示为某台风造成的 220kV 输电线路断线故障。

5. 外力破坏（异物）

异物短路是台风天气线路故障的常见类型，从故障现场的情况以及台风地区的灾害现场看，强台风导致大量铁皮等异物吹起，其主要原因还是风力太强。

4.2.2　灾损机理

1. 风偏放电

输电线路的风偏放电一直是影响线路安全运行的问题之一，与雷击等原因引起的跳闸相比，风偏跳闸的重合成功率很低，一旦发生风偏跳闸，造成线路停运的几率很大。特别是500kV及以上电压等级的骨干线路，一旦发生风偏放电，将会造成大面积停电。

在台风强风作用下，导线或绝缘子串会产生较大风偏，使导线或绝缘子串与距离较近的建筑物、树木、其他交叉跨越的线路、构架等因电气距离不足而造成放电。实际运行经验表明，当风向与导线轴向夹角大于45°时，容易发生风偏。此外，线路杆塔上的跳线，以及变电站架空软母线或设备引流线在构架上的跳线，因固定不牢、弧垂过大，在强风作用下产生风偏，会使跳线与杆塔或构架的电气距离不足而造成放电。

2. 杆塔损坏

一般情况下，台风过境会导致杆塔大量倒塌，经过分析发现，杆塔倒塌与风力、杆塔设计强度、杆塔结构、地理位置等因素有关。其中，最大风速超过杆塔设计的抗风标准是造成杆塔倒塌的主要原因，其表现可分为杆塔及其连接导线的垂直风荷载超过了杆塔的最大承受能力和杆塔顺线路方向两侧承受悬殊的横向水平力引发的杆塔折杆；对于塔基薄弱的杆塔，抗倾覆能力不能满足特大风力时，将会出现不同程度的上拔或下沉，引起杆塔整体倾倒。尤其在台风登陆点附近的沿海地区，面向海口、高山上风口处的线路杆塔，以及台风登陆后在台风前进方向和旋转上风处的线路杆塔，在台风作用下更易出现倾倒，特别是线路方向与台风方向接近垂直的杆塔倒塌最多。

杆塔不仅直接遭受台风风荷过载受损，还遭受台风间接影响损害。台风往往伴随着暴雨，雨水冲刷或浸泡杆塔基础，导致塔基受损，引发倒塔事故。台风甚至引发洪涝、滑坡、泥石流等次生灾害，这些情况都可能引起线路杆塔基础受损而造成杆塔倾倒，或因杆塔本身受冲击而倾倒。

3. 绝缘子和金具损坏

从现场调查的情况看，绝缘子和金具损坏主要是因为杆塔倒塌和金具在台风下受力挤压断裂所致。

4. 断股断线

电力断线是台风造成电网故障的主要形式之一。垂直于线路的风荷载超过了线路的设计标准是造成断线的主要原因。断线的表现主要有垂直风荷载过大导致的线路断股或断线；大风刮起线路周边外来物体（如铁皮、广告牌等）击

断线路；部分捆绑线强度不足引发导线脱落；线路走廊附近建筑工地的施工机械（如高空塔吊、脚手架等）被强风刮倒塌压到线路导线，可能造成线路断线。

5. 外力破坏（异物）

一般来说，空旷的环境不容易发生异物挂线，而工业区、树林和居民区等环境下则较易发生。主要有以下几种情况：①输电线路走廊附近的一些临时建筑物（如工棚、广告牌等）被强风刮起，使得一些金属薄板掉落在导线上，造成线路相间短路故障；②线路走廊附近的一些高空宣传布条、塑料薄膜条等被强风刮起飞落到线路导线上，造成线路短路故障；③大风吹起的杂物和线路走廊摇摆的树木造成输电线路、变电所母线设备较易发生放电现象等。

不仅如此，上述几种方式之间还存在着相互影响。杆塔倒塌会拉伸线路，增加导线断线的概率；断线将导致杆塔两侧张力的不平衡，进而导致杆塔扭曲、倒塌，尤其是纵向承受能力较弱的直线杆塔；风偏闪络容易烧伤导线，降低导线强度，增加断线的概率；异物挂线可能降低导线或绝缘子与塔头的空气间隙，增加了风偏闪络的概率，也可能损伤导线或其他连接元件如线夹等，增加断线的概率。

4.3　变电设备台风灾害

▶▶ 4.3.1　灾损特征

风力过大是造成变电设备损坏的主要因素，可能造成主变压器套管、避雷器、隔离开关等设备断裂、异物搭接放电短路、变电站停运等各类事故。此外，变电站周围物体抗风性能较差，进一步造成变电站内设备受损。主变压器套管折断、线路避雷器底座断裂等均可能是被变电站附近居民简易屋棚顶铁架条、铁片（被台风撕裂、吹起）砸中、撞毁。

1. 避雷器断裂故障

2016 年 9 月 15 日，受 14 号台风"莫兰蒂"影响，某 220kV 变电站线路避雷器 A 相被周边飘来的铁皮短路接地（铁皮搭在 A 相避雷器和邻近的 GIS 外壳间），导致线路开关跳闸；A、B 相避雷器被铁皮金属物砸断底座，导致本体从底座处断裂。台风导致的 200kV 变电站线路避雷器损坏如图 4-5 所示。

图 4-5　台风导致的 220kV
变电站线路避雷器损坏

经现场对变电站所处环境的考察，发现该 220kV 变电站地处工业园，周边有多家工厂生产基地，有些临时搭建的厂房顶棚为铁皮金属板构建而成，在台风天气强风作用下，这些铁皮金属物容易从固定不牢靠处脱离开，随机漂浮到周边地方。可见，引起避雷器短路接地故障的铁皮金属物很有可能就是来自周边厂房区域，由于固定不够牢固导致这些金属物体在台风天气强风作用下漂浮至邻近的变电站。

2. 主变压器套管断裂

2016年9月15日，受14号台风"莫兰蒂"影响，某变电站1号、2号主变压器分别跳闸，全站失压。现场检查发现1号主变压器110kV C相套管受异物撞断，瓷套与法兰胶合处断裂，C相绕组引出线断裂，本体储油柜变压器油全部漏光，其他部位外观无异常。台风导致的220kV变电站主变压器套管损坏如图4-6所示。

(a) 引出线断裂　　　　　　(b) 瓷套与法兰胶合出断裂

图4-6　台风导致的220kV变电站主变压器套管损坏

3. 隔离开关瓷套断裂

隔离开关瓷套断裂是台风对变电设备影响较普遍，也是影响最严重的方式之一。历次台风中，某电网共计11组220kV隔离开关15支瓷套断裂、3组220kV隔离开关6支瓷套破损，从安装位置看，这些瓷套都集中在阻波器的下方。

隔离开关支持瓷套发生断裂，究其原因是多方面的，其中线路阻波器的拉扯作用是最重要的因素。线路阻波器安装形式，一般采用两串瓷悬式绝缘子成"V"形挂在门型架下，这样做的好处是限制了阻波器的左右晃动，确保相间距离稳定，但同时造成阻波器在消化风的能量时，只能前后摇晃，增大了前后晃动的幅度。

4. 户内变电站设备损坏

总体来说，户内设备较少遭到破坏。户内变电站设备损坏主要是由于变电

站进水这样的不可抗力造成的。例如，洪水倒灌入变电站，开关室屋顶、门窗破损，雨水直接侵入变电设备，造成设备损坏。

但有些情况应该注意，台风肆虐时，狂风夹带着大量的水雾从缝隙、通风口进入开关室，使开关室在很短时间内形成雾水小气候，引发开关柜内绝缘件表面严重凝露、闪络、甚至放电短路。

5. 引流线甩动造成的相间短路

引流线大幅度、强烈地舞动一般会造成几种严重的后果：①舞动造成引流线相间距离不足短路或者引流线对相邻构架和设备放电；②强烈的舞动引发导线疲劳，进而造成导线断股，甚至整根导线断落造成短路事故，一般断点比较容易发生在设备线夹附近。

4.3.2 灾损机理

根据灾损调查情况，台风风中绝缘子和避雷器产品的损坏情况大体相同，发生断裂是多方面原因造成的，其中线路阻波器的拉扯是最重要的因素。总之，设备损坏的原因可以归纳为以下几点：

（1）由于阻波器体积大，迎风面大，在受到台风影响时阻波器受风力过大，摇晃幅度很大，通过引流导线拉扯闸刀的支持绝缘子，对绝缘子作用一个巨大的横向冲击拉力，最终将线路闸刀或旁路闸刀的绝缘子拉断。阻波器下的隔离开关瓷套或瓷避雷器在台风期间断裂，不仅发生在 220kV 等级，在 110、35kV 变电站中也时有发生，是一个较为普遍的问题。

（2）瓷套强度存在问题，经过对断裂 11 组 220kV 闸刀统计，其中 9 组是 20 世纪 90 年代的产品，瓷套采用国产产品。瓷套断口均发生在靠近瓷件的法兰附近，瓷件和法兰的胶装强度和工艺问题历来都是本行业一个热门课题。另外，有些瓷套断裂掉落地面后，呈粉碎性炸开，这可能是由于瓷件材质的强度不足。

（3）风力过大是设备损坏的客观因素。例如，"云娜"台风登陆时实测风速 58.7m/s，"卡努"台风登陆时实测风速甚至达到 59.5m/s，"桑美"台风登陆时中心气压 920hPa，近中心最大风力达到 68m/s，远远超过电力设备 35m/s 的设计风速。从历次闸刀损坏时台风的强度来看，一般只有风速达到 50m/s 时才会引发大批的瓷套断裂事故。

4.4 配电网台风灾害

4.4.1 灾损特征

在台风作用下，配电网的灾损主要集中在杆塔、导线等架空设备，与此同时，伴随各类强风带来的降雨和洪涝也给配电网带来了巨大的灾损。因此，配电网台风灾害可从风灾和水灾两方面论述。

4.4.1.1 风灾

根据大量的风灾后配电网灾损与故障调查，把风害造成的配电网灾损分为永久性故障和临时性跳闸两大类。其中永久性故障分为杆塔失效、基础倾覆、导线失效和其他类设备失效 4 类；临时性故障分为树线矛盾、异物短路和风偏跳闸。表 4-1 所示为台风下配电网主要灾损类型及灾损形式。

表 4-1　　　　　　　　台风下配电网主要灾损类型及灾损形式

灾损大类	灾损小类	灾损形式（失效模式）
永久性故障	杆塔失效	杆塔在强风下因可变荷载和永久荷载综合作用导致杆身或塔身变形，超过限值发生失效，严重时出现杆身、塔身折断的现象，俗称"断杆/塔"
	基础倾覆	杆塔在强风下因可变荷载和永久荷载综合作用导致基础出现松动、位移变形，导致杆塔倾斜，严重时出现整体性倾覆的现象，俗称"倒杆/塔"
	导线失效	架空导线、引线和跳线在强风下因可变荷载和永久荷载综合作用导致导线出现断线、断股的现象
	其他设备失效	线夹、金具和绝缘子等在强风下因可变荷载和永久荷载综合作用导致损坏、失效
临时性跳闸	树线矛盾	架空线路走廊两侧树木、毛竹在强风的作用下倚靠或倒伏在导线上，造成线路短路跳闸故障
	异物短路	强风吹起的各类异物压挂在导线上造成短路跳闸故障
	风偏跳闸	导线在强风的作用下发生偏摆后由于电气间隙距离不足导致放电故障

1. 永久性故障

此类灾损是由于强风直接或间接造成了杆塔、导线等设备损坏故障，需要对设备进行抢修或者更换才能恢复正常供电。

（1）断杆/塔。在配电架空线路中，杆塔是其最重要的组成部分，起到支撑导线、绝缘子、金具的作用，同时保证导线之间以及与大地建筑物或跨越物之间安全距离。杆塔在正常运行的过程中主要受到杆塔的自重、导线自重、覆冰荷载及风荷载等载荷的作用。由于杆塔经常会承受覆冰荷载、风荷载、地震荷载的作用，致使杆塔发生断杆/塔、倒杆/塔一系列的灾损，如图 4-7 所示。

我国配电杆塔主要采用钢筋混凝土电杆（简称电杆）、钢管杆和窄基塔。应用最为广泛、数量最多的是电杆，同时也是各类风灾下受灾最严重的杆塔类型。

在各类强风引起的配电网灾损中，断杆和倒杆是最典型的一种灾损。从灾

损设备类型来看，断杆多发生在预应力电杆和低强度电杆（开裂检验荷载为 J 级及以下），尤其是无拉线的直线杆。根据东南沿海某省 2010～2016 年期间，台风造成的 10kV 电杆灾损资料统计，无拉线直线杆受损比例为 95％，带拉线直线杆受损比例为 3.5％，耐张杆受损比例为 1.5％。从灾损位置看，断杆断塔多发生在山坡、山谷以及易产生"狭管效应"的各类微地形下。

(a) 断杆   (b) 断塔

图 4-7 断杆/塔

（2）倒杆/塔。杆塔基础失效模式主要有上拔、下沉和倾覆，根据大量的风灾后灾损调查，失效模式几乎都是倾覆失效。杆塔基础在各类荷载综合作用下导致松动、位移乃至倾覆，基础失效引起杆塔倾倒甚至倾倒，如图 4-8 所示。

(a) 倾杆   (b) 倒杆

图 4-8 倾/倒杆

从灾损设备类型来看，无拉线直线杆占比最高，从基础类型来看，以直埋式基础为主，少部分为卡盘基础和底盘基础。从灾损位置来看，多发生在滩涂、淤泥等软塑地基区域，或是山区道路侧、河谷、河漫滩等基础易受冲刷的区域。

（3）断线。在各类强风灾害下，导线断线、断股也是一种较为常见的灾损，如图 4-9 所示。断股是指导线局部绞合的单元结构（一般为铝股）发生破坏，断线是导线的钢芯和导体铝股完全被破坏。从灾损设备类型来看，绝大多数是不带钢芯的导线。从断线位置来看一般发生在导线以下 3 个位置：

1）导线与绝缘子的固定连接处；

2）导线与线夹的固定连接处；

3）树木、广告牌等异物压砸导线处。

(a) 导线断线远景   (b) 导线断线近景

图 4-9 导线断线

2. 临时性跳闸

强风造成杆塔、导线等配电设备直接损坏的同时，往往迫使导线晃动、树竹剧烈摇晃，同时吹起广告牌、地膜等异物，如图 4-10 所示。在这种灾害天气下，往往造成大量的配电线路单相失地、相间失地短路跳闸，严重影响了供电可靠性。

(a) 树木挂线   (b) 异物挂线

图 4-10 强风下易引发线路临时性跳闸故障各类原因

根据东南沿海某省 2010～2016 年台风造成 10kV 配电网线路停运原因的统计分析来看，由于树竹、广告牌等异物造成的线路临时性短路跳闸（未发生设备损坏）占比高达 62%。此类灾损虽未发生设备损坏，但从用户感知来看依然是停电，所以在此有必要将其单独列为一类灾损进行介绍。

4.4.1.2　水灾

根据在洪水、内涝等各类水灾后大量配电网灾损与故障调查，配电网故障主要包括杆塔失效、杆塔基础倾覆和配电设备水浸失效。水害下配电网主要灾损类型及灾损形式如表 4-2 所示。

表 4-2　　　　　　　　　水害下配电网主要灾损类型及灾损形式

灾损小类	灾损形式（失效模式）
杆塔失效	杆塔在暴雨、洪涝带来的可变荷载和永久荷载综合作用下导致杆身或塔身变形，超过限值发生失效，严重时出现杆身、塔身折断的现象，俗称"断杆/塔"
杆塔基础倾覆	杆塔在暴雨、洪涝带来的可变荷载和永久荷载综合作用下导致基础出现松动、位移变形，导致杆塔倾斜，严重时出现整体性倾覆的现象，俗称"倒杆/塔"
配电设备水浸失效	开关柜、环网柜、箱式变电站等配电设备因水浸导致设备内部出现故障

4.4.2　灾损机理

《配电网灾害与防治》（陈彬主编，中国电力出版社，2020.3）一书中，借助于区域自然灾害系统论（致灾因子、孕灾环境和承灾体）详细阐述了配电网风灾和水灾的致灾机理；并从力学模型、破坏过程和失效顺序等方面分析了配电网风灾和水灾的破坏机理，此书中不再赘述。

4.5　电网台风灾情调查与分析

4.5.1　灾情调查与分析要点

国网强台风环境抗风减灾科技攻关团队在长期的电网防抗台风过程中，积累了大量的台风灾情与分析经验，形成了较为系统的灾情调查与分析要点，主要包括以下几个部分：

（1）台风基本情况。包括台风路径、登陆点、登陆时的风速、台风带来的风雨时空分布规律、台风的特点等。

（2）输电设备故障情况。包括灾损情况和灾损原因分析。统计分析各地区、各电压等级的输电设备故障总体情况，具体的风偏放电、杆塔损坏、绝缘子和金具损坏、断股断线、外力破坏（异物）情况，并开展典型案例分析，给出措施和建议。

（3）变电设备故障情况。包括灾损情况和灾损原因分析。统计分析各地区、各电压等级的变电设备故障总体情况，具体的主设备（变压器、开关、防雷设施等）故障、滑坡、水淹情况，并开展典型案例分析，给出措施和建议。

（4）配电设备故障情况。包括地区、县域停电分析和配网灾损分析。配网灾损分析具体包括：①灾损时空分布，即灾损的整体描述；②致灾因子危险性分析，即风、雨的时空分布分析；③孕灾环境敏感性分析，即主要灾损的地形地貌、水系情况和下垫面类型分析；④配电设备脆弱性分析，即倒杆、断杆、断线、洪涝、内涝、临时性跳闸等主要典型灾损类型分析。开展典型案例分析，给出措施和建议。

4.5.2 灾情调查与分析方法

传统的台风灾情调查与分析方法主要以人工特巡为主。然而，在台风、暴雨、地震等自然灾害发生后，进行人工徒步巡检和载人直升机辅助巡检非常危险且效率低下。随着无人机技术的发展和无人机生产成本的下降，越来越多的电力公司开始开展无人机电力线路巡检。

为了在台风灾后快速开展故障排查与抢修，许多电力公司使用搭载摄像装置的无人机进行灾后电力线路巡检，获取灾后现场数据，并根据现场数据的评估情况采取适当的抢修措施。在灾后现场数据评估中，最重要的环节是从海量的无人机图像、视频数据中寻找并定位受损的电力杆塔，以便为电力线路的紧急维修提供辅助决策信息。然而，目前这项工作主要通过人工完成，不仅费时费力、效率低，而且准确性得不到保障。

近年来随着人工智能技术的发展，基于巡检图像数据的电力线路状态智能评估已成为可能。例如，通过深度卷积神经网络（convolutional neural networks，CNN）提取目标特征的目标检测算法可用于智能识别并标注电力线路组件。目前应用较为广泛的深度学习目标检测算法可分为两类：①基于区域的目标检测算法，代表算法有 Faster R-CNN、Mask R-CNN 等，该类算法有较高的检测精度，但检测速度较慢；②基于回归的目标检测算法，也被称为 one-stage 系算法，如 YOLO、SSD 等，它们的特点是采用端到端的检测，具有较快的检测速度。这些算法均可用于无人机图像数据的智能分析，如电力线组件检测、电力线植被覆盖监测、电力线路冰冻灾害监测等。

国网强台风环境抗风减灾科技攻关团队提出了一种用于电力线路杆塔实时检测的 YOLO 模型。如图 4-11 所示，无人机拍摄的巡检视频将被处理成一帧帧图像输入到 YOLO 模型中，每帧图像首先按 YOLO 分辨率的要求放缩成 608×608 像素大小，然后将放缩后的图像输入到由 53 个卷积层构成的基础深度神

网络 Darknet-53，该网络主要用于提取图像的深层特征和抽象特征。Darknet 网络之后为 YOLO 神经网络的特征交互层，用于检测 3 个不同尺度的目标，每个尺度内，通过卷积核的方式实现局部的特征交互。3 个 YOLO 交互层分别输出 19×19、38×38 和 76×76 大小的特征图，然后在此基础上进行分类和位置回归。YOLO 采用逻辑回归方式预测目标边框，同时在最新的类别预测模型中，原来的单标签分类被改进为多标签分类，用于处理标签重叠等问题。此外，本模型除目标包围框的宽和高的损失函数采用均方和误差外，其他部分的损失函数使用二值交叉熵。

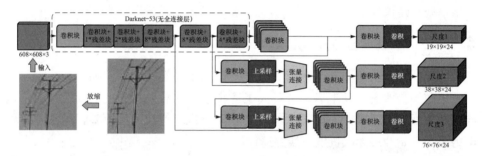

图 4-11　用于电力线路杆塔状态实时检测的 YOLO 算法框架

　　电力杆塔单目标检测效果如图 4-12 所示，其中，实线包围框为 YOLO 电力线路杆塔检测模型预测出来的结果，虚线包围框是事先标注的目标真实值。多种环境下多尺度杆塔目标识别如图 4-13 所示，该模型可从一张图像中同时检测出多个目标，并且对不同尺度、不同光照条件下的目标以及重叠和遮挡不全的目标也能有效识别。

(a) 正常杆塔类别1　　　　　(b) 正常杆塔类别2　　　　　(c) 非正常杆塔

图 4-12　电力杆塔单目标检测效果

··· 4.5.3　灾情调查与分析平台

　　国网福建省电力有限公司在科学总结近年来抗灾应急工作经验的基础上，创新建成了福建电网灾害监测预警与应急指挥管理系统（简称 ECS），在 ECS 系统中的"灾损勘察模块"中，勘察人员用 App 录入受损设备、数量、原因、定位、照片等信息，使指挥人员即可同步查看倒/断杆、配变损坏、站房受淹等各种类型灾损的统计情况，以及每处灾损点的具体勘察信息，为电网台风灾情调查与分析提供了一个快速、智能的手段。

(a) 阴暗环境下目标

(b) 高曝光率下目标

(c) 重叠目标

(d) 遮挡目标

图 4-13　多种环境下多尺度杆塔目标识别

5　输配电线路抗风设计与仿真试验

　　科学有效地应对台风等自然灾害，减小其对电网的影响，做到有计划、有针对性地强化电网结构以增强抵御自然灾害的能力，对国家经济发展和电网的合理配置有着重大意义。

　　本章首先介绍了输电线路和配电线路的风荷载计算和抗风设计方法，然后阐述了输电网和配电网的台风灾害仿真方法，最后分析了输电杆塔和配电杆塔的抗风性能试验方法。

5.1　输配电线路抗风设计

5.1.1　输电线路抗风设计

5.1.1.1　设计标准对比分析

1. 国内新旧规范对比

　　现行输电线路杆塔设计依据的规范有《110kV～750kV 架空输电线路设计规范》（GB 50545—2010）、《架空输电线路杆塔结构设计技术规定》（DL/T 5154—2012）等。本章节主要对比 1979 年至今颁布的主要输电线路设计规范中导地线风荷载、塔身风荷载的计算方法，从而研究新、旧标准风荷载计算的差异。

　　对比参考的国内标准主要指 1979 年至今颁布的主要输电线路设计规范：

　　①《架空送电线路设计技术规程》（SDJ 3—79）（简称 79 规程）；②《110～500kV 架空送电线路设计技术规程》（DL/T 5092—1999）（简称 99 规程）；③《110kV～750kV 架空输电线路设计规范》（GB 50545—2010）（简称 10 新规范）；④《架空送电线路杆塔结构设计技术规定》（SDGJ 94—90）（简称 90 结构规定）；⑤《架空送电线路杆塔结构设计技术规定》（DL/T 5154—2002）（简称 02 结构规定）；⑥《架空输电线路杆塔结构设计技术规定》（DL/T 5154—2012）（简称 12 结构规定）。

　　（1）气象条件。2008 年冰灾之后，新规程对于统计风速的高度以及各电压等级线路设计气象条件的重现期进行了调整。

1) 重现期。79 规程适用于 35～330kV 架空送电线路的设计，规定最大设计风速的重现期为 15 年一遇。99 规程对设计气象条件的重现期有明确规定：500kV 线路为 30 年，110～330kV 线路为 15 年。10 新规范将 500kV 送电线路设计气象条件的重现期调整为 50 年，110～330kV 送电线路的重现期调整为 30 年。10 新规范条文说明第 4.0.1 条提到，经对风荷载重现期由 30 年一遇提高到 50 年一遇增加值的评估，统计了 129 个地区，V_{50}（50 年一遇风速）/V_{30}（30 年一遇风速）在 1.0～1.09 之间，平均为 1.05，说明重现期由 30 年一遇提高到 50 年一遇，风速值提高约 5%，风压值提高了 11% 左右。不同规范中的气象重现期对比见表 5-1。

表 5-1　　　　　　　　　气象重现期对比　　　　　　　　　（年）

规范	35～330kV 重现期	500kV 重现期
79 规程	15	未涉及
99 规程	15	30
10 新规范	30	50

2) 统计风速的高度。79 规程规定，35～330kV 架空送电线路的最大设计风速应采用离地面 15m 高处 15 年一遇 10min 平均最大值。90 结构规定及 02 结构规定对 500kV 杆塔和导地线按照 20m，对 220kV 杆塔和导地线按照 15m 高度给出风压高度变化系数表。99 规程规定 500kV 送电线路统计风速的高度为离地面 20m，110～330kV 送电线路统计风速的高度为离地面 15m。10 新规范、12 结构规定将 110～500kV 线路统计风速的高度统一调整为离地面 10m。不同规范中的统计风速高度对比见表 5-2。

表 5-2　　　　　　　　　统 计 风 速 高 度 对 比

规范	高度（m）	
	35～330kV	500kV
79 规程	15	未涉及
99 规程、90 结构规定	20	20
10 新规范	10	10

(2) 导地线风荷载。

1) 风荷载标准值。79 规程规定有关导地线风荷载计算公式如下：

$$W_x = \alpha \cdot C \cdot d \cdot L_p \cdot V^2 / 16 \cdot \sin^2\theta \tag{5-1}$$

式中　W_x——垂直于线路方向的风荷载，kN；

　　　α——风速不均匀系数；

C——风载体型系数，线径<17mm，取 1.2，线径≥17mm，取 1.1，
覆冰（不论线径大小）取 1.2；

d——线条外径或覆冰的计算外径，m；

L_p——水平档距，m；

V——风速，m/s；

θ——风向与线路方向的夹角，°。

90 结构规定中有关导地线风荷载标准值的计算公式如下：

$$W_\text{x} = K_2 \cdot \alpha \cdot C \cdot d \cdot L_\text{p} \cdot V^2/1600 \cdot \sin^2\theta \tag{5-2}$$

式中 K_2——风压高度变化系数。

99 规程中有关导地线风荷载标准值的计算公式如下：

$$W_\text{x} = \alpha \cdot W_0 \cdot \mu_\text{z} \cdot \mu_{\delta\text{c}} \cdot \beta_\text{c} \cdot d \cdot L_\text{p} \cdot \sin^2\theta$$
$$W_0 = V^2/1600 \tag{5-3}$$

式中 μ_z——风压高度变化系数；

$\mu_{\delta\text{c}}$——导线或地线的体型系数；

β_c——500kV 线路导线及地线风荷载调整系数；

W_0——基准风压标准值，kN/m^2。

10 新规范的水平荷载标准值按下式计算：

$$W_\text{x} = \alpha \cdot W_0 \cdot \mu_\text{z} \cdot \mu_{\delta\text{c}} \cdot \beta_\text{c} \cdot d \cdot L_\text{p} \cdot B \cdot \sin^2\theta \tag{5-4}$$

式中 B——覆冰时风荷载增大系数。

比较 3 种规程规定，90 结构规定的计算公式里没有计入 500kV 导地线风荷载调整系数和覆冰时风荷载增大系数，99 规程的计算公式里没有计入覆冰时风荷载增大系数。

2）风压不均匀系数（风速不均匀档距折减系数）。79 规程对风速不均匀系数的规定见表 5-3。

表 5-3   **79 规程对风速不均匀系数的规定**

设计风速（m/s）	20 以下	20～30 以下	30～35 以下	35 及以上
α	1.0	0.85	0.75	0.70

90 结构规定对风速不均匀档距折减系数的规定见表 5-4。

表 5-4   **90 结构规定风速不均匀档距折减系数**

设计风速（m/s）	20 以下	20～30 以下	30～35 以下	35 及以上
α	1.0	0.85	0.75	0.70

99 规程对于计算杆塔荷载用的风压不均匀系数的规定见表 5-5。

表 5-5　　　　　　　　　　　风压不均匀系数（99 规程）

风速（m/s）	$V \leqslant 10$	$V = 15$	$20 \leqslant V < 30$	$30 \leqslant V < 35$	$V \geqslant 35$
计算杆塔荷载	1.00	1.00	0.85	0.75	0.70
校验杆塔电气间隙	1.00	0.75	0.61	0.61	0.61

10 新规范对于计算杆塔荷载用的风压不均匀系数的规定见表 5-6。

表 5-6　　　　　　　　　　　风压不均匀系数（10 新规范）

风速（m/s）	$V < 20$	$20 \leqslant V < 27$	$27 \leqslant V < 31.5$	$V > 31.5$
计算杆塔荷载	1.00	0.85	0.75	0.70
设计杆塔（风偏计算用）	1.00	0.75	0.61	0.61

从上述 3 表来看，用于计算杆塔荷载时，79 规程与 99 规程基本一致，99 规程沿用了 90 结构规定的数值，而 10 新规范的风区划分范围和取值有较大变动。10 新规范中风区划分范围的调整是由于统计风速的基准高度有所变化。10 新规范用于杆塔荷载及风偏计算用的风压不均匀系数均较之 79、99 规程有较大提高。

3）风压高度变化系数 μ_z。10 新规范之前，各规程和结构规定对杆塔及导地线的风压高度变化系数的取值是一致的。79 规程中风压高度变化系数的取值见表 5-7。

表 5-7　　　　　　　　　　　风压高度变化系数（79 规程）

离地高度（m）	10	15	20	30	40	50	60	70	80	90	100	150	200	250
μ_z	0.87	1	1.03	1.23	1.34	1.42	1.49	1.55	1.60	1.65	1.7	1.90	2.07	2.20

90 规程中风压高度变化系数的取值见表 5-8。

表 5-8　　　　　　　　　　　风压高度变化系数（90 规程）

离地高度（m）	15	20	30	40	50	60	70	80	90	100
330kV 及以下	1	1.1	1.25	1.37	1.46	1.55	1.63	1.71	1.77	1.83
500kV	0.91	1	1.14	1.25	1.34	1.42	1.49	1.56	1.62	1.67

99 规程提出风压高度系数按现行国家规范《建筑结构荷载规范》（GB 50009—2012）的规定确定，当基准高度不足 10m 时，应作相应换算。换算后的风压高度变化系数与 90 结构规定中的数值基本相同。

10 新规范将各电压等级线路统计风速的高度修改为离地面 10m，与《建筑结构荷载规范》（GB 50009—2012）统一。因此按照 10 新规范设计的线路风压高度系数较旧线路有所不同，应按照表 5-9 取值。

表 5-9 风压高度变化系数（建筑结构荷载规范）

离地面或海平面高度（m）	10	15	20	30	40	50	60	70	80	90	100
风压高度变化系数	1	1.14	1.25	1.42	1.56	1.67	1.77	1.86	1.95	2.02	2.09

从计算公式可见，虽然 10 新规范将基准高度调整为 10m，但风压高度变化系数也相应地变化。因此，无论基准高度或导线平均高度怎样改变，只要风压不均匀系数不变，导地线风荷载的最终计算结果就不会受此影响。

4）导地线体型系数。79 规程、90 结构规定、99 规程和 10 新规范对导地线体型系数的规定是一致的，当线径小于 17mm 或覆冰时（不论线径大小）应取 1.2；当线径大于或等于 17mm 时，该系数取 1.1。

5）导地线风荷载调整系数 β_c。导地线风荷载调整系数是 99 规程提出的一项新系数。条文说明中对于该项系数进行了说明，风压调整系数是考虑 500kV 线路因绝缘子串较长、子导线多，有发生动力放大作用的可能，且随风速增大而增大。此外，近年来 500kV 线路事故频率较高，适当提高导地线荷载对降低 500kV 线路的倒塔事故率也有一定帮助。

对于按 79 规程、90 结构规定设计的 500kV 铁塔，该项系数并未在标准设计中考虑，当用 10 新规范验算风荷载时，应计入该项系数的影响。

（3）杆塔风荷载。在杆塔结构设计方面，10 版与 99 版相比，杆塔风荷载计算的主要差异如下：

1）220kV 线路风速参考高度由 15m 改为 10m，500kV 线路风速参考高度由 20m 改为 10m，此条只改变了风速的参考高度，没有改变杆塔风荷载。

2）220kV 风荷载基本值的重现期由 15 年一遇提高到 30 年一遇，500kV 风荷载基本值的重现期由 30 年一遇提高到 50 年一遇，此条引起风速提高约 5%。所以新建线路需要考察、评估线路区域重现期内设计风速。

（4）结构设计荷载。

1）直线塔断线荷载差异。79/99 规程、90 结构规定、02 结构规定关于直线塔断线荷载的组合与不平衡张力的取值基本相同。10 新规范、12 结构规定与旧规程最大的差别在于 10 新规范断线工况为"−5°、有冰、无风断线"，旧规程为"无风、无冰、断线"。同时断线荷载的组合与断线不平衡张力的取值也有部分调整。

a. 79/99 规程、90 结构规定、02 结构规定要求。直线型杆塔（含悬垂转角杆塔）的断线（含分裂导线时纵向不平衡张力）情况，应计算下列荷载组合：①单回路、双回路杆塔。单导线时，断任意一根导线；分裂导线时，任意一相有不平衡张力。地线未断、无冰、无风。②多回路杆塔。单导线时，断任意两根导线；分裂导线时，任意两相有不平衡张力。地线未断、无冰、无风。③任意一根地线有不平衡张力，导线未断、无冰、无风。直线塔导线、地线断线张力分别见表 5-10 和表 5-11。

表 5-10　　　　　直线塔导线断线张力与最大使用张力的百分比值

分裂数	钢芯铝线型号/地形	79 规程/90 结构规定	02 结构规定	10 新规范、12 结构规定
单导线	95 及以下	40%	40%	50%
	120～185	40%	40%	
	240 及以下	50%	50%	
双分裂	平地	一根导线的 40%	一相导线的 20%	25%（平丘）
	山地	一根导线的 50%	一相导线的 25%	30%
双分裂以上	平地	一相导线的 15%，不小于 20kN	一相导线的 15%，不小于标准值 20kN	20%
	丘陵	一相导线的 20%，不小于 20kN	一相导线的 20%，不小于标准值 20kN	20%
	山地	一相导线的 25%，不小于 20kN	一相导线的标准值 25%，不小于 20kN	25%

表 5-11　　　直线塔地线断线不平衡张力与最大使用张力的百分比值

标准	79、99 规程/90 结构规定/02 结构规定	10 新规范、12 结构规定
比例	50%	100%

b. 10 新规范、12 结构规定要求。悬垂型杆塔的断线情况，应按—5°、有冰、无风的气象条件，计算下列荷载组合：①单回路杆塔。单导线断任意一根导线（分裂导线任意一相导线有纵向不平衡张力），地线未断；断任意一根地线，导线未断。②双回路杆塔。同一档内，单导线断任意两根导线（分裂导线任意两相导线有纵向不平衡张力）；同一档内，断一根地线，单导线断任意一相导线（分裂导线任意一相导线有纵向不平衡张力）。③多回路杆塔。同一档内，单导线时，断任意三相导线（分裂导线任意三相导线有纵向不平衡张力）；同一档内，断一根地线，单导线断任意两相导线（分裂导线任意两相导线有纵向不平衡张力）。

2）耐张塔断线荷载差异。79/99 规程、90 结构规定、02 结构规定关于耐张塔断线荷载的组合与不平衡张力的取值基本相同。10 新规范、12 结构规定与旧规程最大的差别在于 10 新规范断线工况为"−5°、有冰、无风断线"，旧规程为"无风、无冰、断线"。同时荷载的组合与不平衡张力的取值也有部分调整。

a. 79/99 规程、90 结构规定、02 结构规定要求。耐张型杆塔（不论多少回路）的断线情况，应计算下列荷载组合：①在同一档内断任意两相导线、地线未断、无冰、无风；②断任意一根地线、导线未断、无冰、无风；③断线情况时，所有的导线和地线的张力，均分别取最大使用张力的 70% 及 80%。

b. 10 新规范、12 结构规定要求。耐张型杆塔的断线情况，应按−5°、有冰、无风的气象条件，计算下列荷载组合：①单回路杆塔和双回路杆塔。同一档内，单导线断任意两相导线（分裂导线任意两相导线有纵向不平衡张力），地线未断；同一档内，断任意一根地线，单导线断任意一相导线（分裂导线任意一相导线有纵向不平衡张力）。②多回路塔。同一档内，单导线断任意三相导线（分裂导线任意三相导线有纵向不平衡张力），地线未断；同一档内，断一根地线，单导线断任意两相导线（分裂导线任意两相导线有纵向不平衡张力）。③耐张塔断线，单导线不平衡张力为最大使用张力的 100%，双分裂及以上导线为最大使用张力的 70%。地线为最大使用张力的 100%。

通过对比可以看出，10 新规范、12 结构规定比以往规定，增加提高了地线断线张力，同时单回路杆塔和双回路杆塔断线工况增加了"同一档内，断任意一根地线，单导线断任意一相导线"的工况，以往规范仅为"断任意一根地线、导线未断"。

3）安装荷载主要差异。10 新规范、12 结构规定增加直线塔导线、地线锚线作业工况。在 79 规程、99 规程中，直线塔不作为锚塔。

（5）杆塔构造。不同规范对杆塔构造的规定见表 5-12。表中，"×"表示无规定，"√"表示有规定。

表 5-12 不同规范对杆塔构造的规定

项目 \ 规范	79 规程	90 结构规定	02 结构规定	12 结构规定
节点构造	×	×	√	√
螺栓间距	×	√	√	√
主材连接螺栓规定	×	√	√	√
横隔面间距	×	√	√	√
组合构件连接	×	√	√	√

02 结构规定铁塔设计满足《送电线路铁塔制图和构造规定》（DLGJ 136—1997）的相关要求。12 结构规定铁塔设计满足《输电线路铁塔制图和构造规定》（DL/T 5442—2020）的相关要求，与《送电线路铁塔制图和构造规定》DLGJ 136—1997 比较，对角钢的接头、节点和双角钢的构造进行了补充。

通过规范比较，按照 79 规程设计的铁塔，没有特别的构造规定；90 结构规定、02 结构规定基本一致；12 结构规定对角钢的接头、节点和双角钢的构造进行了补充。根据计算分析，90 结构规定与 02 结构规定可以满足设计使用，12 结构规定在满足设计使用基础上提高了节点的极限承载力，即加大了节点承载力的裕度。

（6）国内新旧规范对比小结。根据前面的分析，10 新规范、12 结构规定与原有旧规程规范相比较，调整了气象条件重现期、统计风速的高度、导地线荷载计算公式、断线工况组合、断线不平衡张力的取值、直线塔安装工况、结构设计构造的设计参数或要求。

2. 中外规范对比

（1）基准高度。10 新规范第 4.0.2 条规定 110～750kV 输电线路统计风速的基准高度应取离地面 10m。日本《JEC 送电用杆塔设计标准》（JEC 127—1979）（简称 JEC 标准）第 2.2.3 条规定基准风压的测量基准高度为 10m。

（2）重现期。10 新规范第 4.0.2 条规定对于 500kV 输电线路及其大跨越，基本风速的重现期应取 50 年；对于 110～330kV 输电线路及其大跨越，基本风速的重现期应取 30 年。日本 JEC 标准第 2.2.3 条的说明条文提出，按地区划分的基准风压，是以各地的地上高度 10m 处，重现期 50 年的瞬间最大风速为基准求出的风压的值。但工程实际上并非对所有的情况都使用该重现期，根据第 2.2.2 条设计风压的说明，对木电杆采用 30 年重现期；对跨越主要铁路干线和高速道路等对第三者影响大的场所的铁塔，宜取用基于重现期 100 年的风速的风压。在计算荷载时，在 50 年重现期的基准风压上乘以依据构造规模的折减系数，换算至各自的重现期下的风压值。

（3）风速取值。目前我国输电线路基本风速的确定，均为按照当地气象台、站 10min 时距平均的年最大风速为样本，采用极值Ⅰ型分布作为概率模型统计出来的。日本 JEC 标准第 2.2.3 条对风速的平均时间（瞬间最大风速）的说明中提到，一般来说，在架空送电线路用杆塔中，以平均时间 3～5s 的突风风速为基准，从其响应特性来计算风荷载是可以的。但是调查结果的平均时间和突风风速的关系尚无定论，因此决定以具有比 3～5s 短的平均时间的瞬间最大风速为基准计算风压。其具体方法是用突风率乘以 10min 平均风速，变换为瞬间最大风速。突风率取值如下：① 10min 平均风速 30m/s 以下，突风率为 1.45；

②10min 平均风速 40m/s 以上，突风率为 1.35；③10min 平均风速在 30m/s 和 40m/s 之间，使用直线插值。

通过对比中日规范，我国输电线路按照目前执行的规范设计的铁塔的防风能力并不弱于日本沿海地区的铁塔。因此，我国沿海省份输电线路目前执行的设计规范，基本能满足杆塔抗台风设计需求。

5.1.1.2 微地形的影响分析

1. 微地形影响概述

输电线路防风差异化设计关键在于研究微地形对风速的影响。通常，风速的大小取决于气压梯度和地表摩擦力的大小，同时受微地形的影响较大。由于气象台站观测的风速仅代表气象站附近一定范围的特征，平原地区范围大一些，山区、半山区就小一些。一般情况下，若工程位置离气象台站不远，且天气系统、地形、相对高差、植被等动力条件都比较相似，可直接引用气象台站风速资料，若以上条件有明显差异，即由于地形差异过大使观测资料失去代表性，则要进行特定时节和典型地形的实地考察，方能得出反映风速局部变化的主要特征，寻找适当的修正系数，才能使工程沿线设计风速接近真实值。

微地形中的风速变化一般特征：

（1）路横跨陡峭的河谷，当谷口正迎主导风向时，风速较大。

（2）气流由开阔地区进入狭窄地区时，由于狭管效应，风速增大。

（3）突出开阔的山顶，高空强劲的风速受不到周围山脉的阻挡，风速较大。

（4）对于地形平坦的沿海地区，在距海岸线较近的范围内，从海岸到内陆，风速以很快的速率衰减，风速与距离呈线性关系；随着距海岸距离增大，风速衰减趋于缓慢，风速随距离指数衰减。

（5）地形对垂直方向风速（风廓线）的影响还可通过湍流实现。当气流流向山体时，山体附近的流线发生弯曲，速度和切应力发生扰动，对于小坡度山体，近地面处，其相对扰动约为坡度的 4 倍，风速随高度增加变得缓慢。当气流由粗糙地面流向光滑地时，地面摩擦力随之减小，紧贴地面的空气流动加速，垂直风切变几乎消失，从而造成湍流强度减弱，切应力减小，垂直动量辐合，使其上空气加速，如此向上传播，使风廓线发生改变。对于由光滑向粗糙过渡时湍流和切应力的变化正好相反。

2. 国内外规范推荐的设计方法

（1）《建筑结构荷载规范》（GB 50009—2012）推荐方法。《建筑结构荷载规范》（GB 50009—2012）规定，对于山区的建筑物，风压高度变化系数除可按平坦地面的粗糙度类别由本规范表 8.2.1 确定外，还应考虑地形条件的修正，修正系数 η 应按下列规定采用。

对于如图 5-1 所示的山峰和山坡，修正系数应按下列规定采用。

1）顶部 B 处的修正系数可按下式计算：

$$\eta_{\mathrm{B}} = \left[1 + k \cdot \tan\alpha \left(1 - \frac{z}{2.5H} \right) \right]^2 \tag{5-5}$$

式中　$\tan\alpha$——山峰或山坡在迎风面一侧的坡度；当 $\tan\alpha > 0.3$ 时，$\tan\alpha = 0.3$；

　　　　k——系数，对山峰取 3.2，对山坡取 1.4；

　　　　H——山顶或山坡全高，m；

　　　　z——建筑物计算位置离建筑物地面的高度，m；当 $z > 2.5H$ 时，取 $z = 2.5H$。

对于山峰和山坡的其他部位，取 A、C 处的修正系数 η_{A}、η_{C} 为 1，AB、BC 间的修正系数按 η 的线性插值确定。

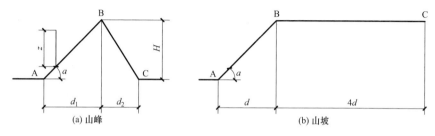

图 5-1　山峰和山坡

2）对于山间盆地、谷地等闭塞地形，η 可在 0.75～0.85 选取；

3）对于与风向一致的谷口、山口，η 可在 1.20～1.50 选取。

（2）《110kV～750kV 架空输电线路设计规范》（GB 50545—2010）推荐方法。《110kV～750kV 架空输电线路设计规范》（GB 50545—2010）规定，山区输电线路宜采用统计分析和对比观测等方法，由邻近地区气象台、站的气象资料推算山区的基本风速，并应结合实际运行经验确定。当无可靠资料时，宜将附近平原地区的统计值提高 10%。

《110kV～750kV 架空输电线路设计规范》（GB 50545—2010）规定，架空输电线路经过地区广、地形条件复杂，线路通过山区，除一些峡谷、高峰等处受微地形影响，风速值有所增大外，对于整个山区从宏观上看，山区摩擦阻力大风速值也不一定就较平地大。一般说来，如无可靠资料，对于通过山区的线路，采用的设计风速，从安全角度出发，参考《建筑结构荷载规范》（GB 50009—2012）的规定，按附近平地风速资料增大 10%，至于山区的微地形影响，除个别大跨越为提高安全度可考虑增大风速外，在一般的山区不予增加。至于一般山区虽有峡谷等效应，考虑到架空输电线路有档距不均匀系数的影响，

因此，山区风速较平地增大了 10% 以后，已能反映山区的情况。

《110kV～750kV 架空输电线路设计规范》（GB 50545—2010）规定，设计时应加强对沿线已建线路设计、运行情况的调查，并应考虑微地形、微气象条件以及导线易舞动地区的影响。

（3）《电力工程气象勘测技术规程》（DL/T 5158—2021）推荐方法。《电力工程气象勘测技术规程》（DL/T 5158—2021）规定，山区工程地点设计风速应按工程实际情况进行大风调查和对比观测，分析订正附近气象参证站设计风速至工程地点。当无实测资料时，可由参证站设计风速相应的风压值乘以表 5-13 所列调整系数，再反算得出设计风速。

表 5-13　　　　　　　　　　山 区 风 压 调 整 系 数

山区地形条件	调整系数
山间盆地、谷地等闭塞地形	0.75～0.85
与大风方向一致等风口	1.20～1.50

山顶与山麓间设计风速的换算关系：

$$K = 2 - be^{-0.033C\sqrt{\Delta h}} \tag{5-6}$$

式中　K——山顶站-山麓站设计风速的比值；

　　　C——山顶站的山势调整系数，孤立陡峻的山 $C=1$，相互间遮挡影响较大或山顶地势较平缓的丛山冈丘 $C=0.5$；

　　　b——山麓站的地形调整系数，对于弯曲的河谷、盆地等地形比较封闭的台站 b 取 $0.8～0.9$，处于有狭管效应地形的台站 b 取 $1.1～1.2$，一般情况 b 取 1；

　　　Δh——山顶与山麓站之间的高差，m。

经过实测资料验证，式（5-6）计算的设计风速较实测资料计算的设计风速，一般偏大 10% 以内。

《电力工程气象勘测技术规程》（DL/T 5158—2021）规定，对于山口、谷口、山顶、盆地、山谷等特殊地形应酌情作加大或减小风速处理。

（4）《ASCE 74-2009 Guidelines for Electrical Transmission Line Structural Loading（Third）》输电线路结构荷载导则（第三版）推荐方法。架空输电线路设计风速受微地形影响显著，整体地形上有急剧变化的孤山、山脉或悬崖等微地形，风速值较平地大有所增大；ASCE7-05 对山丘和山脊微地形风速取值规定了量化的公式。此外，诸多研究机构（Taylor 等 1987；Walmsley 等 1986）针对山丘和复杂地形的边界层气体流动做了大量深入研究。当无可靠资料时，应进行相应的气象专题认证确定。目前典型微地形主要有狭管效应，山区，丘陵、山脊、悬崖，峡谷和山谷。

1）狭管效应。狭管效应发生于开阔地带的自然风通过受限制的区域，比如山体隘口。当风通过山谷时狭管效应会使风速加快。这种类型的风称为局部峡谷风。通过峡谷的风速可达到开阔地带区域风速的 2 倍。如果这种情况发生在线路通道内，设计风速应做相应的调整。建筑也会形成类似的狭管效应。一般而言，建筑形成的漏斗效应对输电线路不属于主要影响因素，它会影响一到两基杆塔，所以设计者应该注意输电线路中由相邻建筑引起的局部漏斗效应。

2）山区。风洞试验（Arya 等 1987，Britter 等 1981，Finnigan 等 1990，Gong and Ibbotson1989，Snyder and Britter1987）和现场试验（Coppin 等 1994）认为山脉的迎风面和背风面的局部风速都会增大（Armitt et al. 1975）。风流垂直于山脊，当风沿着山的迎风向向上流动时空气会被压缩。当山脊存在小缺口，被挤压的空气将释放压力，此时风会加速通过，就像局部峡谷风。结合适当的气压和温度，风通过山脊时背风面的风会加速。此类的加速风称作圣塔安娜风、驻波或者下坡风。

3）丘陵、山脊、悬崖。ASCE7-05 对山脊和悬崖处微地形风速进行了修正。该条款适用于地面粗糙类别为 B、C 或 D 时的孤立山脊或悬崖。地形特征（二维山脊或悬崖，或三维轴向对称的小山）主要是由两个参数 H 和 L_h 决定。H 为山的高度，L_h 为山脊到高度一半处的水平距离。

当 $H/L_h < 0.2$ 时，或当 $H < 4.5m$ 的 C 类或 D 类地面粗糙类别，或 $H < 18m$ 的 B 类地面粗糙类别，不应考虑加速风。

考虑到风通过孤山和悬崖这种突变的地形时的加速风，输电线路杆塔位于半山腰、山脊或者位于悬崖边缘时，设计风压应引进地形系数 K_{zt}，地形系数按下式进行计算：

$$K_{zt} = (1 + K_1 K_2 K_3)^2$$
$$K_2 = \left(1 - \frac{|x|}{\mu L_h}\right) \tag{5-7}$$
$$K_3 = e^{-\gamma z/L_h}$$

式中　K_1——考虑地形特征和最大风速影响的系数，取值见表 5-14；

$\quad\quad K_2$——风速沿着距离的折减系数；

$\quad\quad K_3$——风速沿着高度的折减系数；

$\quad\quad H$——山脊或悬崖的高度；

$\quad\quad L_h$——山脊到高度一半处的水平距离；

$\quad\quad x$——山脊到建筑物之间的距离；

$\quad\quad z$——局部地面以上高度；

μ——水平衰减系数；

γ——高度衰减系数。

K_1、K_2、K_3 这些系数的取值是基于风沿着山坡最大斜度的方向流动的假定，在接近山顶时产生最大加速风。K_{zt} 值不应小于 1.0。表 5-14 为山丘和悬崖风速增大的相关系数。

本节并不涵盖所有山区或其他复杂地形地貌等微地形情况，必要时应由风洞试验确定。

表 5-14   山丘和悬崖风速增大的相关系数

山体形状	$K_1 / (H/L_h)$			γ	μ	
	地面粗糙类别				山脊上升段	山脊下降段
	B	C	D			
二维山脊	1.30	1.45	1.55	3	1.5	1.5
二维悬崖	0.75	0.85	0.95	2.5	1.5	4
三维轴对称山	0.95	1.05	1.15	4	1.5	1.5

表 5-15 为 C 类地貌的地形乘子。表中除了 H/L_h，x/L_h 和值外，其他值可以线性插值。当 $H/L_h > 0.5$ 时，假定 $H/L_h = 0.5$ 并用 $2H$ 代替 x/L_h 和 z/L_h 中的 L_h。这些系数是基于假设风沿着山丘的最大倾角吹向山丘时，在山顶处产生最大的风速增加。地形影响因子的值不能小于 1.0。

表 5-15   C 类地貌的地形参数

C 类地面粗糙类别的地形修正系数										
H/L_h	K_1			x/L_h	K_2		z/L_h	K_3		
	2-D 山脊	2-D 悬崖	3-D 轴对称山		2-D 悬崖	所有其他情况		2-D 山脊	2-D 悬崖	3-D 轴对称山
0.20	0.29	0.17	0.21	0.00	1.00	1.00	0.00	1.00	1.00	1.00
0.25	0.36	0.21	0.26	0.50	0.88	0.67	0.10	0.74	0.78	0.67
0.30	0.43	0.26	0.32	1.00	0.75	0.33	0.20	0.55	0.61	0.45
0.35	0.51	0.30	0.37	1.50	0.63	0.00	0.30	0.41	0.47	0.30
0.40	0.58	0.34	0.42	2.00	0.50	0.00	0.40	0.30	0.37	0.20
0.45	0.65	0.38	0.47	2.50	0.38	0.00	0.50	0.22	0.29	0.14
0.50	0.72	0.43	0.53	3.00	0.25	0.00	0.60	0.17	0.22	0.09
				3.50	0.13	0.00	0.70	0.12	0.17	0.06
				4.00	0.00	0.00	0.80	0.09	0.14	0.04

续表

H/L_h	K_1			x/L_h	K_2		z/L_h	K_3		
	2-D 山脊	2-D 悬崖	3-D 轴对称山		2-D 悬崖	所有其他情况		2-D 山脊	2-D 悬崖	3-D 轴对称山
							0.90	0.07	0.11	0.03
							1.00	0.05	0.08	0.02
							1.50	0.01	0.02	0.00
							2.00	0.00	0.00	0.00

4）峡谷和山谷。输电线路可能会受到峡谷大风、翻越山脊的冷空气流或通过山谷的风的作用。通过山谷的气流带宽可能有几千米，风速可增加至 160km/h。这种情况在距山脊几千米之外可能会发生。

《110kV～750kV 架空输电线路设计规范》（GB 50545—2010）中对于山区的风速主要有两点说明，风速较平地增大 10% 和风压不均匀系数的影响，因此不再考虑狭管效应等微地形的影响。

《电力工程气象勘测技术规程》（DL/T 5158—2021）拟合出了山顶与山麓间设计风速的换算关系，山间盆地、谷地等闭塞地形风速增大系数范围为 0.75～0.85，与大风方向一致等风口风速增大系数范围为 1.20～1.50。

以上规范存在一定的局限性，无法计算迎（背）风向山坡任意位置的风速，并且不能计算同一位置建筑物不同离地高度的风速。

除去《电力工程气象勘测技术规程》（DL/T 5158—2021）和《110kV～750kV 架空输电线路设计规范》（GB 50545—2010），其余规范计算值存在以下特点：风越过山岭或者山峰时，迎风坡风速随海拔高度的升高而逐步增大，平均风速在山顶附近达到峰值，越过山岭或者山峰之后，背风面风速将逐渐小于山顶附近风速。山顶风速增大系数范围 1.20～1.80 之间，而迎风坡或背风坡半山腰处增大系数范围 1.10～1.25 之间。山岭或山峰高度限制 $H_h/L_h \leqslant 0.5$。

3. 微地形分析结论及建议

目前国内外标准针对微地形风速修正对实际情况的具体现象进行了简化，适用于风特性相对明确的平原地区，台风属于热带气旋的一种，其风速、风向不断变化。针对福建等沿海地区的台风及沿海第一重山复杂地形等缺乏观测数据支持及有效的模型，不能直接采用现行规范推荐的公式。

根据沿海不同地形风速修正系数的研究成果与部分台风实测数据，参考国内外现行规范计算方法，提出以下建议：

（1）越山风将导致山顶附近的风速增大，突出开阔的山顶，高空强劲的风

速不受周围山脉的阻挡，风速较大；当无可靠资料时，风速可采用《110kV～750kV 架空输电线路设计规范》（GB 50545—2010）建议值。

（2）沿海第一重山背风面风速小于山顶附近风速，减小的幅度与背风坡的尺度有关，目前国内外规范推荐值与实测数据相差较大，建议在具体线路设计时对线路沿途的地形地貌做详细考察，有条件时可通过模型试验确定。

（3）峡谷地形风速加速效应，气流由开阔地区进入狭窄地区时，由于狭管效应，风速增大，对于与风向一致的谷口、山口，风速增大系数无特定范围。建议在具体线路设计时对线路沿途的地形地貌做详细考察，有条件时可通过模型试验确定。

线路横跨陡峻的河谷，当谷口正迎主导风向时，风速较大，风速取值应在电网风区分布图确定的基本风速上适当增加。

（4）对于山间盆地、谷地等闭塞地形，由于群山的遮挡效应，其平均风速将明显减小，采用基本风速的设计是保守的。

5.1.1.3 输电线路抗风差异化设计措施

1. 路径选择

（1）避让台风区及微地形区。根据近年台风所造成的电网事故的调查结果，当台风以接近 90°的角度吹向线路时，最易引起导线风偏跳闸。因此，避免在近海地带平行海岸线走线可有效减少此类事故的发生。如有条件，线路应尽量避开近海岸线无屏蔽地形的强风区域。

此外，对于附近已建工程曾发生因台风倒塔断线事故，或者有频繁风偏跳闸记录，则新建线路宜尽量避开该事故区域。当无法避开以上地段时，应经过论证后采取必要的加强措施。

（2）避免大档距、大高差及前后档距相差悬殊的情况。当某挡内（非孤立挡）出现大高差或前后档距相差悬殊的情况时，导、地线受温度变化或者风压的影响，将产生较大的不平衡张力并通过悬垂串传递给杆塔。特别是在台风等极端天气下，杆塔所承受的水平荷载接近设计限值时，纵向不平衡张力也相应增加，使得杆塔所受的实际综合荷载可能超出设计承载水平，从而导致杆塔发生受损甚至倾倒的严重事故。

因此，线路宜避免大档距、大高差及前后档距相差悬殊的情况，当无法避免时，应采取必要的加强措施。

（3）缩小耐张段长度。由于微地形、微气象等因素，线路经过哑口、峡谷等局部区域时，风速有突变的可能，位于这些区域的线路，应适度提高该段线路的防风能力，并控制线路的耐张段长度，主要原因有：

1）可以控制各档不平衡张力的累积总量。各挡档距不会完全均匀分布，各档的地形、高差也不会完全相同。因此，理论上各个相邻的直线挡之间存在不平衡张力，如果这种不平衡张力逐档累积，则耐张段末端的直线塔和耐张塔就会承受较大的不平衡张力，这个力超出一定范围就存在安全隐患。

2）缩短耐张段长度，当发生断线或者倒塔等严重事故，可以控制事故范围，减小抢修复电的作业范围。因此，建议强风区域新建线路建议将耐张段长度控制在 3～5km 内。

（4）加强多回同塔重要性线路等级。目前 110～500kV 线路主要的架设方式为单回或双回同塔架设，但随着社会经济的发展，线路走廊日趋紧张，尤其在沿海经济发达地区，亦经常采用三回及以上的架设方式。对这部分线路，如因台风侵袭而发生铁塔倾倒事故，对电网的稳定运行会造成较大的冲击，从而造成较大的社会影响和经济损失。因此，从电网的稳定性考虑，应对沿海强风区域内三回及以上同塔架设的铁塔采取必要的加强措施，如考虑重要性系数等，来保障电网的安全。

2. 设计风速选择

对于强风区内规划的线路，合理选择设计风速是首要的问题。目前设计风速的选择方法有 3 种：①利用气象台站的观测资料进行统计计算；②通过风压分布图间接查找；③根据附近已建线路的设计风速结合运行情况后确定。上述 3 种方法都有一定的局限性，对于强风区的规划线路，应提前开展风速观测，为规划线路的风速取值提供依据。

3. 导线选型

采用防风导线可以减少导线的风荷载，从而在保障输电线路安全性的前提下减少工程投资。目前，防风型导线主要是型线、低风压导线等。

（1）型线。架空导线从结构组合角度可分为圆线同心绞和型线同心绞两种，其技术条件分别遵循《圆线同心绞架空导线》（GB/T 1179—2017）和《型线同心绞架空导线》（GB/T 20141—2018）。《型线同心绞架空导线》（GB/T 20141—2018）对型线的定义是具有不变横截面且非圆形的金属线，确切地说，"型线"

是对导线物理特征的说明。型线绞合后便是"成型线"，成型线与圆线同心绞导线相比，由于其单丝不再采用圆线，而是采用梯形或者"Z"形，使得导线截面积得到了压缩。图 5-2 所示为钢芯型线结构图。对比圆线同心绞和型线同心绞的参数后发现，在相同载流量下，成型线的直径相对于圆线

图 5-2 钢芯型线结构图

同心绞导线减少约6%，风荷载也相应比圆线同心绞导线降低约6%。

（2）低风压导线。低风压导线是架空输电线路应用的一种特种导线，相对于传统的钢芯铝绞线及铝包钢绞线，它具有更小的风阻系数，风压也相应有所降低。低风阻导线的外层由扇形截面的铝合金线股组成，由于导线表面的粗糙度及形状与风阻力系数有关，这种结构使得低风阻导线的风压只有常规导线的60%～90%。

对于沿海强风区域的新建线路，实际应用中应进行相关导线的选型论证，并采取有效的防振措施。

4. 绝缘子串和金具选择

（1）直线塔 V 型串设计及优化。V 型串的悬垂线夹与塔身的两个连接点构成倒三角形，形似字母"V"。V 型串限制了导线在塔窗内的摆动，压缩了导线的相间距离，从而减少了走廊宽度和房屋拆迁及树木砍伐量，对于节约土地具有重要意义。此外，相对于 I 型串，V 型串的等效横担更长，当导线发生风偏时，导线挂点位置不发生位移，导线以此为固定点进行风偏摇摆，I 型串风偏时则是以绝缘子串挂点为固定点进行摆动的，相比之下，V 型串能更好地抑制导线的风偏摇摆，防止风偏闪络。同时 V 串型自清洁效果好，抗污闪能力强。

1）V 型串卸载角选择。V 型绝缘子串设计的核心问题就是确定合理的 V 型绝缘子串夹角，因为 V 串夹角大小直接影响塔头尺寸和绝缘子串的受力情况及作用于挂点的力。夹角小时，塔头中相下部尺寸增大，在大风工况下受压严重一肢容易发生球头从碗头脱出事故或钢脚受力过大等问题。夹角较大时，塔窗上部尺寸增大，挂点处的水平分力及绝缘子所受拉力增大，但背风肢在较大的风荷时才处于受压状态。

传统认为 V 型绝缘子串背风肢不宜受压松弛，以防绝缘子脱落或受压损坏，夹角一般取悬垂绝缘子串自由悬挂时最大风偏角的2倍。经实际工程应用检验，V 型串的一肢可以承受适当的压曲，即迎风肢绝缘子串存在一个偏移增大角。该角度选择的合理性是确定 V 型串夹角的关键，而设计规范对于迎风肢绝缘子串的偏移增大角的取值推荐为输电线路悬垂 V 型串两肢之间夹角一般可比最大风偏角小5°～10°，该值作为一般性结论，角度涵盖范围较大，给设计工作中偏移增大角的选取带来一定困惑。为此，选择适用于沿海大风区的 V 型串偏移增大角具有重要的工程应用价值。

a. 盘型绝缘子 V 型串夹角分析。我国科研机构曾做过 V 型串的力学特性试验研究，试验结果表明，当迎风肢最大偏移角在9°～11°时，钢脚应力值与 V 型串夹角有关，夹角110°时应力大，夹角70°～90°时应力小（此时最大水平荷载仅为110°时的50%左右）。对于盘形悬式绝缘子当 V 型串夹角110°时，考虑到钢脚安全系数不宜小于2.5，建议其迎风肢绝缘子串的最大偏移增大角，控制在7°以内；对于夹角90°~70°的V型串，其迎风肢绝缘子串的最大偏移增大角可以增大9°~11°。

b. 复合绝缘子V型串夹角分析。对于复合绝缘子V型串，其受压后的薄弱环节并不在绝缘子本身，而在于绝缘子串高频率受压后，其联结处容易受到损坏。特别是随着我国复合绝缘子制造工艺的改进，复合绝缘子的脆断问题得到了较好的解决。复合绝缘子V型串的设计不能仅考虑绝缘子本身受压的力学特性，需综合考虑其金具联结、电气间隙等因素。

鉴于复合绝缘子具有稳定的屈曲机械特性，可以承受一定的压力和弯曲变形，其偏转增大值可较盘型绝缘子串大，但考虑沿海线路途经区大风区域广，为保证一定的安全裕度，建议设计中将复合绝缘子V型串迎风肢偏转增大角控制值与V型盘型绝缘子串一致，即控制在7°以内，该值不但确保了线路安全运行，而且具有较好的经济性。

2）V型串连接方式优化。

a. V型串掉串原因分析。V型串在国内已经大规模地使用多年，积累了大量的设计和运行经验。对于V型串而言，复合绝缘子与盘型绝缘子的链接不同，在复合绝缘子上没有铰接点，其刚性容易显现，同时碗头与绝缘子球头的连接，间隙小容易卡住，碗头在任何方向都不会任意摆动，大风时背风侧绝缘子容易在V型串平面内形成弯矩。

因此，在复合绝缘子的两端球头与碗头连接处容易造成球头与R型销的挤压，造成R型销变形，使R型销失去防球头脱落的作用，造成绝缘子脱落。球头在碗头内的活动空间较小，在大弯矩下可造成球头变形。

b. 现有防止V型串掉串措施。自V型绝缘子串在运行中发生掉串事故来，国内相关部门在防止超高压线路V型串掉串方面进行了广泛研究，采取的主要措施有：①加长R型销。在现有的R型销尺寸基础上加大单臂厚度，加长R型销总长度。"加长的R型销"增加了R型销的耐撞击程度，即使是R型销受撞击变形，碗头开口处还有"加长的R型销"封堵，球头不会脱落。但是，该结构没有解决复合绝缘子V型串球头金具弯曲疲劳问题，复合绝缘子严重弯曲，给V型串上所有金具带来弯矩，存在疲劳隐患。②L型插板代替R型销的锁紧形式。L型插板代替R型销的锁紧形式，避免了R型销被挤压变形的问题，封堵了球头从碗头中脱落的通道，但球头在球窝内转动时与L型插板有硬性接触，球头受到的较大弯矩难以释放，可能造成球头变形，而在球头断裂之前从外观上难以发现球头弯曲受损情况，球头可能长期带缺陷运行，直至发展成球头疲劳断裂事故，因此，L型插板不是解决防止复合绝缘子V型串球头脱落的理想措施。③改变碗头挂板为碗头挂环结构。为避免复合绝缘子V型串背风肢的受力点过于集中于球头和碗头连接处，对 V 型串导线侧的连接方式进行了优化，把普通碗头挂板改成碗头挂环再增加一个 U 型环组串，虽然增加了串的长度，但可以在一定程度上缓冲绝缘子球头和碗头连接处互相弯曲挤压，增加铰接点，起到疏通的作用，降低球头对碗头内的 R 型销撞击而造成损坏的可能，解决球头局部应力集中疲劳断裂事故。④下端连接处采用双联板。在 V 型串中的碗头挂板与联板之间增加了一块组合联板，增加联结金具间的转动自由度。其优点是施工相对简便，缺点是绝缘子串长增加较多，可能导致铁塔间隙不足。⑤采用槽型连接结构。槽型连接结构是在复合绝缘子下端槽型金具上连接一个 YL 型挂板后再连接一个特制直角挂板，直角挂板与联板连接，绝缘子上端为单板结构，可以直接连接 U 型环金具。在大风时，背风侧绝缘子金具通过 YL 挂板在 V 型串平面内转动，直角挂板绕联板转动，绝缘子在 V 型串平面内自由摆动，联板升到一定高度或联板转动到一定角度后，导线金具重力、风的横向力和迎风侧绝缘子拉力形成力平衡，无风时联板在重力下恢复到原有位置。所以，背风侧复合绝缘子在 V 型串平面内不形成弯矩。槽型连接比正常连接型式增加了一个金具长度，增加了一个转动关节，同时也增加了绝缘子金具串长度。

3）V 型串连接方式的改进。目前国内输电线路上采用的 V 型串防风掉串措施一定程度上能够有效改善 V 型串连接方式，避免掉串事故重复发生，提高输电线路运行可靠性，但各种方法均有其局限性，或是增加绝缘子串长度而增大塔头尺寸，或是在防掉串方面采用被动"堵"的方式，并不能达到一劳永逸的效果。

若要从根本上解决绝缘子 V 型串球头脱落问题，必须取消绝缘子上的球头、碗头联结结构，换环环连接方式，从而消除了球头对 R 型销的挤压问题。如果将绝缘子的导线侧端部修改为环，不受弯矩影响，从而从根本上杜绝了球头局部应力集中疲劳断裂事故，该连接方式如图 5-3 所示。

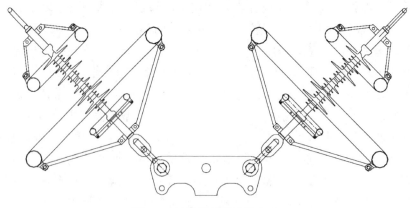

图 5-3　绝缘子槽型连接方式

将球头改为环形结构，其优点是不增加连接环节，V 型串的串长不增加，塔头尺寸不增加，也不会引起投资的增加。目前该种连接方式已通过了各种可靠性试验，并已在国内特高压交直流输电线路设计中广泛应用。

因此，绝缘子的环形端部联结结构完全可应用于沿海大风地区超高压输电线路，可解决导线绝缘子 V 型串球头脱落问题，具有良好的经济性和可靠性。

为进一步提高 V 型串在大风地区可能出现的复合绝缘子球头、碗头脱落，推荐复合绝缘子接地端同样采用环环连接方式，具体见图 5-4。

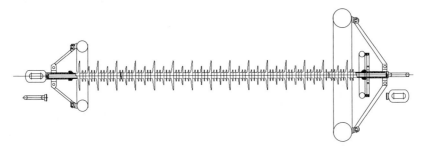

图 5-4　复合绝缘子环环连接方式

（2）联塔金具适当加强。联塔金具是将悬垂或耐张绝缘子串连接到铁塔横担上的一个金具，是决定输电线路安全运行的重要因素。该金具受力方向变化较多，可能是顺线方向也可能是垂直线路方向，受力较为复杂。另外，在常年荷载作用下，杆塔横担的振动频率与导线的振动频率相差很大，金具串作为二者的连接部分，存在动力放大的可能。因此，适当提高第一个联塔金具的强度能减少线路发生掉串的事故概率。

（3）耐磨型金具的应用。在实际运行中输电线路连接金具受力情况较为复杂，除承受导线自身的重力、张力外，还应考虑风载荷引起的循环、弯曲、扭转应力。从连接金具的实际运行工况方面考虑，输电线路遭遇大风等恶劣气象条件的情况时有发生，金具在长时间承受不规则的风力的交变荷载作用，造成金具疲劳损伤，在达到一定程度超过材料的断裂强度时将形成失效。此外，一般锻钢及铸铁件连接金具在酸雨、潮湿空气等因素的作用下易发生氧化腐蚀，会引发或促进连接金具的断裂。

沿海大风盛行区域由于环境、气候等因素，连接金具容易出现不同程度的磨损，尤其是环环连接的部位，磨损更为严重。因此，大风区金具应采用耐磨材料，推荐本工程螺栓及锻造类金具采用耐磨材料以提高金具的寿命，保证金具的安全可靠性。

（4）预绞丝式金具应用。

1）预绞式防振锤。预绞式防振锤特点和预绞式悬垂线夹类似，其主要特点是基本解决防振锤采用普通线夹长期运行容易滑移的问题，保证了防振效果及设备的使用寿命，防振锤结构形式如图 5-5 所示。防滑型海马防振锤锤体本身采用高强度的合金钢，表层镀锌，既能防腐，又能防风，线夹本体采用铝合金，能够降低连接处的接触电阻，减小电能损耗，同时便于施工。

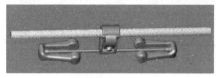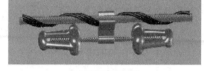

(a) 传统螺栓夹头式防振锤   (b) 预绞式防振锤

图 5-5　防振锤结构形式

2）预绞丝式阻尼间隔棒。预绞丝式阻尼间隔棒也是借助预绞丝将导线固定，将导线上的风振能量通过预绞丝最大限度地传递给间隔棒回转轴，利用橡胶阻尼部件很好地吸收了振动能量。预绞丝式自阻尼间隔棒不仅没有螺栓松动的问题，显著降低对导线的侧压力，还具有补偿由导线蠕变导致的塑性形变、安装方便和使用寿命长的特点。

5. 加装护线条

直线塔相邻两侧档距相差较大时，易引起断股等事故。因此，建议在导地线悬挂点处加装预绞丝护线条。

6. 转角塔跳线串设计优化

（1）转角塔跳线防风偏措施现状。工程中按照计算的跳线风偏角，考虑各种工况下（雷电过电压、操作过电压、工频过电压）的电气间隙要求以及耐张绝缘子串长度、悬垂角、摇摆角、线路水平转角等，确定出跳线弧垂及线长。

为了减少跳线风偏对线间距离的影响，工程中广泛采用加装 1～2 串跳线绝缘子串及加装重锤片等方式以增加跳线的垂直荷重，从而减少跳线的风偏角度。跳线通过跳线绝缘子串绕接至两侧导线，将跳线段分为两挡或三挡。此时，确定铁塔尺寸，应首先计算出各种工况下跳线绝缘子串风偏角及其位移量，然后按照电气间隙要求，考虑各种因素，采用作图法或解析法求出各跳线挡合理的弧垂、线长及张力。

针对转角塔跳线风偏问题，《国家电网有限公司十八项电网重大反事故措施》（2018 年修订版）主要针对 330～750kV 电压等级线路作了要求，架空线路 40°及以上转角塔的外角侧跳线串应使用双串绝缘子，并加装重锤等防风偏措施；15°以内的转角内外侧均应加装跳线绝缘子串（包括重锤）。

（2）500kV 输电线路耐张塔跳线采用刚性跳线分析。刚性跳线是将引流线弧垂部分采用刚性固定。相对于软跳线，刚性跳线美观、整体自重大、弧垂小，风偏摆动范围小，可基本解决软跳线中常常出现的风偏闪络问题。刚性跳线常用的有两种型式，分别是笼式与铝管式刚性跳线。

笼式刚性跳线与普通软跳线相比，在跳线下侧（三挡绕跳中段）增加了一个跳线支撑装置，将跳线固定于支撑架上，支撑架通过拉杆或跳线绝缘子串连接至耐张绝缘子串或铁塔上，增加了跳线刚性、减小了跳线弧垂，支撑架上按需要可加重锤片。

铝管式刚性跳线与笼式刚性跳线相比，是将跳线下侧（三挡绕跳中段）一段普通软跳线用两根铝管替代，铝管通过拉杆或跳线绝缘子串连接至耐张绝缘子串或铁塔上，铝管既导流又起支撑作用。

上述两种刚性跳线型式均可通过适当的配重来限制风偏角，从而达到限制耐张塔头尺寸的目的。另外，两种刚性跳线对耐张塔高度的影响基本相当。笼式刚性跳线与铝管式刚性跳线技术性能比较见表 5-16。

表 5-16　　　　　　　　笼式和铝管式刚性跳线技术性能比较

跳线类型 项目	笼式刚性跳线	铝管式刚性跳线
连接型式	钢管分段采用法兰连接	整根铝管
长度调节	方便	需要提供每基耐张塔所用铝管长度，如果要调节长度，需要重新加工铝管
运输	方便	不方便
机械性能	机械强度高，基本没有挠度	机械强度相对较低，挠度大
配重	钢管本身较重，需要增加配重少，配重方式简单	铝管较轻，需要增加配重多，配重方式复杂
接头	整个跳线系统没有接头	铝合金管和引流线连接处有接头
电晕情况	整个跳线系统没有场强集中点，电晕情况良好	线夹接头处电场集中，容易产生电晕
安装	较方便	方便

笼式刚性跳线导线支架可以多节钢管用法兰连接，安装运输方便，相比铝管式刚性跳线减少了导线的连接点。铝管式刚性跳线与笼型刚性跳线相比，是将笼型刚性跳线的支撑管及其软跳线用两根铝合金管代替，安装相对简便，但该方式增加了电气开断点，特别在铝合金管和引流线接头处易发生电晕，可靠性较差，工程中还出现过铝合金管在连接处断裂的情况。

在风速 37m/s 气象条件的双回路塔上相跳线各工况下，通过计算比较笼式

刚性跳线串与软跳串的风偏角后发现，大风工况下笼式刚性跳线的风偏角较常规跳线串可减少近 30°，可有效防止台风作用下转角塔引流线风偏闪络跳闸的发生。

（3）220kV 及以下线路转角塔采用防风偏固定型跳线串。目前大风区 110kV 和 220kV 线路转角塔已采用防风偏固定型跳线串。其原理就是将整串跳线串（复合绝缘子）一端通过线夹连接跳线，另一端垂直固定在铁塔上，绝缘子串不能自由摆动，这样就大大减少了跳线的摆动量，从而避免由于跳线风偏闪络引起的线路跳闸事故。该型式的跳线串可在沿海强风区域新建的 110、220kV 线路中推广应用。

5.1.2 配电线路抗风设计

5.1.2.1 配电线路电杆风荷载

参考《66kV 及以下架空电力线路设计规范》（GB 50061—2010）规定，环形混凝土电杆的风荷载标准值应按下式计算：

$$W_s = \beta \mu_s \mu_z A W_0 \tag{5-8}$$

式中　W_s——杆塔塔身或横担风荷载的标准值，kN；

　　　β——风振系数，由于配网混凝土电杆高度一般小于 30m，根据规范取 $\beta = 1.0$；

　　　μ_s——电杆的体型系数，环形混凝土电杆截面较小，取 1.0；

　　　μ_z——风压高度变化系数；

　　　A——杆塔结构构件迎风面的投影面积，m^2；

　　　W_0——基本风压，kN/m^2。

5.1.2.2 配电线路抗风设计

1. 路径规划要求

（1）规划及走廊选择：对于微地形产生的大风，线路走廊选址不能只考虑负荷的接入，应充分考虑地形地貌情况，尽量避开风口，在线路走廊允许的条件下，尽量降低线路海拔高程，避开风口、迎风坡面等可能增加风速的地形，选择交通便利的通道、土壤地质稳定的位置。

（2）配电线路应尽量避免跨越铁路、高等级公路、民房建筑物等设施。

（3）对于线路临近顶端高出电杆 1/3 高度的广告牌、树木、彩钢板搭建的厂房等在大风时极易发生毁坏造成异物挂线的地区，临近跨越档应设为独立耐张段。

（4）水田、洼地、饱和松散砂和粉土等土质松软的土壤设立无拉线电杆时应进行稳定性校验，应采取加装底盘、增加拉线、控制档距、加大埋设深度、设置围桩或围台（现浇砼强度不低于 C20）等措施保证立杆的稳定性。

2. 灾害点辨识

配电网是电力系统的重要组成部分，但因其自身的结构和运行特点，容易受到气象环境因素的影响而发生故障。大风的出现概率较高，其影响范围较广，危害较大，且各地区电网都可能遭受大风灾害侵袭。大风灾害是造成配电网故障的自然灾害中最为严重的一种。

微地形是指大地形的一个局部的、狭小的范围，有利于大风生成、发展和加重。在局部出现微地形的地段，气象参数将会在小范围内发生改变，会对配电线路造成严重影响。灾损多发区，根据历史灾损统计，多发生在沿海空旷区域、线树矛盾区域、滩涂淤泥地和农田果园地。

本节梳理以往台风灾害科普的基础上，采用了大量的插图及典型照片，介绍了台风灾害类型、辨识说明、示意图，使广大读者掌握必要的识灾、避灾、防灾知识，提高其防灾减灾意识，防患于未然。梳理近 50 年发生过台风灾害的典型灾害区域辨识，见表 5-17。

表 5-17　　　　　　　　　　微地形区域及灾损多发区辨识

序号	类型	辨识说明	示意图	典型图例
1	风道型	线路横跨峡谷，两岸很高很陡，通过狭管效应产生较大的风速，将导致送电线路风荷载的大幅度增加		
2	垭口型	在绵延的山脉所形成的垭口，是气流集中加速之处，当线路处于垭口或横跨垭口时，将导致风速增大		
3	分水型	线路翻越分水岭，空旷开阔，容易出现强风		

113

序号	类型	辨识说明	示意图	典型图例
4	沿海空旷区域	沿海存在半径2km内无高度超过20m的密集型建筑物或高山等阻碍物的区域，常见于地势开阔的水田、菜地等区域		
5	线树矛盾区域	线路路径区域下方树木与线路的水平和垂直距离小于1.0m的区域		
6	滩涂淤泥地	滩涂、淤泥等填海围垦的地方地势平坦开阔、土质松垮软弱，可塑性差地基抗剪强度和承载力都较差，台风来临时也无任何建筑物、山丘阻拦台风，减小风力，该地形上的电力线路及设备都直面台风冲击		
7	农田果园地	农田、果园地在沿海岸线几乎全线存在，这部分地势也是比较开阔平坦，属可塑的黏性土，可塑性较滩涂淤泥强，但在与丘陵山地的过渡处易产生微地形和微气候		

3. 设防标准确定

防台标准是指抗台保护对象或工程本身要求达到的防御台风的标准。通常按某一重现期的设计风速防台标准，或以某一实际风速（或将其适当放大）作为防台标准。一般当实际发生的台风风速不大于防台的标准时，通过防台工程的正确运用，能保证工程本身或保护对象的防台安全。

目前，我国已颁布实施的防台标准如下。

（1）《66kV 及以下架空电力线路设计规范》（GB 50061—2010）规定，架空电力线路设计的气温应根据当地 15～30 年气象记录中的统计值确定。设计可参考 30 年限标准，收集该项目所在区的最大风速进行防台设计。

（2）参考国家电网有限公司发布的《各网省电力风区分布图（30 年一遇）》（2016 年版）中，按各自网省选择风速区设计使用。

（3）参考《国家电网公司配电网工程典型设计：10kV 架空线路分册》（2016 年版）中将典型气象区分为 3 个，分别为 A、B、C 3 种气象区，具体抗台标准区见表 5-18。

表 5-18　　　　　　　　　　10kV 架空配电线路典型设计用气象区

气象区		A	B	C
大气温度 （℃）	最高	+40		
	最低	−10	−20	−40
	覆冰	−5		
	最大风	−5	−5	−5
	安装	−5	−10	−15
	外过电压	+15		
	内过电压年平均气温	+20	+10	−5
风速 （m/s）	最大风	35	25	30
	覆冰	10		
	安装	10		
	外过电压	15	10	10
	内过电压	17.5	15	15
覆冰厚度（mm）		5	10	10
冰的密度（kg/m³）		0.9×10^3		

（4）参考《国家电网公司配电网工程典型设计：10kV 架空线路抗台抗冰分册》（2017 年版）中将抗台典型气象区分为 2 个，分别为 D1、D2 两种气象区，具体抗台标准区见表 5-19。

表 5-19 10kV 架空配电线路抗台典型设计用气象区

气象区		D1	D2
大气温度 （℃）	最高	+40	
	最低	−5	−5
	覆冰	−5	
	最大风	+10	+10
	安装	0	0
	外过电压	+15	
	内过电压年平均气温	+20	+20
风速 （m/s）	最大风	40	45
	覆冰	10	
	安装	10	
	外过电压	15	15
	内过电压	20	23
覆冰厚度（mm）		0	0
冰的密度（kg/m³）		0.9×10^3	

（5）根据"十三五"配电网的建设情况，结合配电网工程特点和实际工程设计需求，推荐典型的配电网划分为 A、B、C、D1、D2 5 个风速区，对应最大风速分别为 35、25、30、40、45m/s。

（6）地方网省可根据自身特点，开展防台专题研究，制定针对性的差异化防台要求，以便提高防台的标准。

4. 防台设计要点

（1）配电线路防灾设计要点。

1）路径。

a. 按照"廊道一次选定、路径尽量沿道路"的原则，确定线路走廊路径。

b. 配电线路路径应尽量避开微地形及灾损多发区，选择在地质情况稳定、不易遭受台风袭击的地方。

c. 当配电线路无法避开时，微地形及灾损多发区应按照高一级风速区规定执行，可适当加大窄基塔使用比率或选用电缆敷设。

2）导线选型。

a. 同一规划区的主干线导线截面不应超过 2 种，A＋、A 供电区域或海岛道路成型区可选用电缆。

b. 架空线路导线型号的选择应考虑设施标准化，采用铝芯绝缘导线或铝绞线时，各供电区域中压架空线路导线截面的选择见表 5-20。

表 5-20　　　　　　　　　　中压架空线路导线截面选择　　　　　　　　　（mm²）

规划供电区域	规划主干线导线截面（含联络线）	规划分支导线截面
A+、A、B	240 或 185	≥95
C、D	≥120	≥70
E	≥95	≥50

3）杆塔回路。

a. 风速小于等于 35m/s 的，采用单、双、三、四回路。

b. 风速大于 35m/s 的，采用单、双回路。

4）排列方式。

a. 风速小于等于 35m/s 的，单回路采用三角；双回路采用双垂直；三回路采用上双三角、下水平，上双垂直、下水平；四回路采用上下双三角，上下双垂直。

b. 风速大于 35m/s 的，单回路采用三角排列；双回路采用双垂直排列。

5）杆塔选型。

a. 风速小于等于 35m/s 的，水泥杆选用 12、15m 和 18m，通常情况下应选用整体杆，交通难以到达的地区可使用法兰组装杆；耐张杆、T 接杆、终端杆可按优先次序采用窄基塔或水泥杆加四方拉线（采用双杆除外）。

b. 风速大于 35m/s 的，水泥杆通常情况下应使用 12、15m 整体杆，交通难以到达的地区可使用法兰组装杆；耐张杆、转角杆、T 接杆、终端杆均应按优先次序采用窄基塔或水泥杆加四方拉线（采用双杆除外）。

6）档距。

a. 风速小于等于 35m/s 的，水泥杆单杆 $L_h \leqslant 80m$，$L_v \leqslant 100m$；窄基塔（绝缘导线）$L_h \leqslant 80m$，$L_v \leqslant 120m$，用作终端塔使用时，$L_h \leqslant 40m$，$L_v \leqslant 60m$；窄基塔（裸导线）$L_h \leqslant 120m$，$L_v \leqslant 150m$，用作终端塔使用时，$L_h \leqslant 60m$，$L_v \leqslant 75m$；双杆（裸导线）$L_h \leqslant 250m$，$L_v \leqslant 350m$，用作终端杆使用时，$L_h \leqslant 125m$，$L_v \leqslant 175m$。

b. 风速大于 35m/s 的，水泥杆单杆 $L_h \leqslant 60m$，$L_v \leqslant 80m$；窄基塔 $L_h \leqslant 80m$，$L_v \leqslant 120m$，用作终端塔使用时，$L_h \leqslant 40m$，$L_v \leqslant 60m$。

7）耐张段。

a. 风速小于等于 35m/s 的，耐张段不超过 500m。

b. 风速大于 35m/s 的，耐张段不超过 350m。

8）基础。

a. 一类土质（沙地、滩涂、农田等软基地质）下，水泥杆应按优先次序采用台阶式或套筒无筋式（含有底盘）基础型式。

b. 风速小于等于35m/s的，二、三类土质（硬质地）下，梢径190mm及以下水泥杆采用原状土掏挖直埋式的基础型式（其中双回路及以上应配置卡盘和底盘），梢径230mm及以上水泥杆基础应采用套筒无筋式（含有底盘）、套筒式（含有底盘）或台阶式基础型式。

c. 风速大于35m/s的，梢径190mm及以下水泥杆采用原状土掏挖直埋式的基础型式（均应配置卡盘和底盘），梢径230mm及以上水泥杆基础应采用套筒无筋式（含有底盘）、套筒式（含有底盘）或台阶式基础型式。

d. 四类及以上土质下，水泥杆基础可采用原状土掏挖直埋式的基础型式。

9）金具。

a. 导线与导线的承力接续应采用对接液压型接续管。

b. 导线与导线的非承力接续应采用螺栓型C型铝合金线夹。

c. 导线与设备连接应采用液压型铜镀锡端子或螺栓型C型铝合金线夹。

（2）杆塔典型排列布置。

以1个耐张段为典型案例，对水泥杆和窄基塔（水泥杆加四方拉线）排列布置进行说明如下，实际应用中应根据耐张段内杆塔数量选择水泥杆和窄基塔（水泥杆加四方拉线）排列方式，具体见表5-21。

表5-21　　　　　　　　　　杆塔典型排列布置图

风速区	要求	杆塔排列布置图
A区杆塔排列典型案例	连续直线水泥杆不能超过4基，直线水泥杆连续每2基（隔2基）须设有防风措施	

续表

风速区	要求	杆塔排列布置图
D1、D2区杆塔排列典型案例	连续直线水泥杆不能超过3基，直线水泥杆连续每2基（隔2基）须设有防风措施	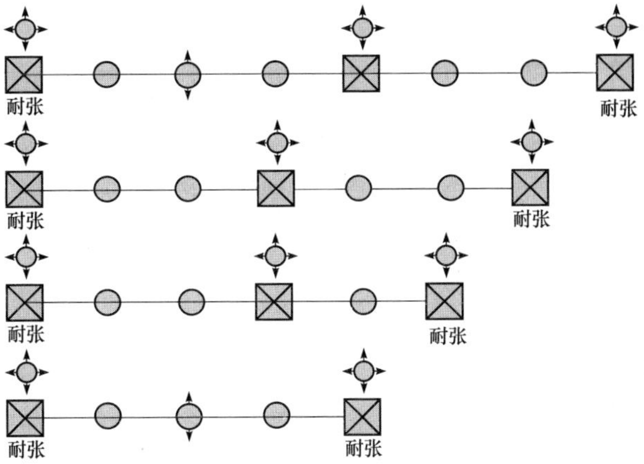

5.2 输配电线路抗风性能仿真

5.2.1 输电线路台风灾害仿真

输电线路是电力系统的重要组成部分，塔—线体系的可靠性在很大程度上影响着整个电网的安全运行，而风载荷对输电线路的影响是引起导线断股、倒塔、金具磨损的重要原因之一。

然而，现行设计规范对于输电线路的设计是将铁塔和输电线分开进行设计的，将输电线所受的风载荷作为静力载荷施加在铁塔挂线点上，并没有直接考虑塔线之间振动的相互影响。然而，作为塔杆—导线构成的耦合系统而言，其在风载荷作用下的受力存在强烈的耦合因素。大量研究表明，在风载荷作用下，铁塔和导线之间的耦联作用不可忽略。

输电线路塔线耦联体系的分析，主要包括：①输电塔风荷载静力计算分析（用规范方法计算等效静力风荷载）；②用通用有限元软件 ABAQUS 进行输电塔线耦联体系在风荷载下的动力分析。

5.2.1.1 静力响应分析

1. 输电杆塔的建模

以 SVZ5421 型输电塔为例，其为双回路输电塔，呼高 42m，总高 70m。按照 SVZ5421 输电塔施工结构图，建立 ABAQUS 分析模型，如图 5-6 所示。

2. 荷载工况

按照输电塔设计规范，对 SVZ5421 输电塔分 3 个不同方向的风攻角进行抗

风静力分析：90°风攻角、0°风攻角和45°风攻角。作用在输电塔上的风荷载遵循了《建筑结构荷载规范》（GB 50009—2012）、《架空送电线路杆塔结构设计技术规定》（SDGJ 94—90）和《110kV～750kV 架空输电线路设计规范》（GB 50545—2010）中的规定。

以90°风攻角为例，介绍 SVZ5421 输电杆塔抗风静力分析结果。90°风攻角指风荷载与导线方向垂直的情况，此时作用在输电塔上的荷载包括输电塔本身承受风荷载、导线（地线）传到塔上的导线荷载以及重力荷载。而重力荷载又包括输电塔自身重力荷载和绝缘子、导线（地线）的重力荷载。各类荷载的作用位置和大小分别为：

（1）导线荷载。导线对输电塔的荷载由重力造成的竖向荷载和风力造的水平荷载两部分组成。两种荷载的作用点位于横担上挂绝缘子的部位。

（2）塔身风荷载。对于直接作用在塔身的风荷载，用等效的集中荷载来模拟。作用点在每两段塔身主材的拼装处节点上（塔身上部的作用点在最顶部）。每段的风荷载平均分配于迎风面对称的两个节点。

（3）横担风荷载。对于作用在横担上的风荷载，将其模拟为作用在横担端部的两个集中荷载。

在 ABAQUS 中用点荷载模拟风荷载，如图 5-7 所示。

图 5-6　输电杆塔有限元模型　　图 5-7　输电杆塔 90°风攻角荷载图

3. 杆塔抗风静力分析结果

（1）应力计算结果。90°风攻角杆件轴向应力（S11）等值线图如图 5-8 所示。从图中可以看出，4 根主材的应力比较大，而中间的支撑和横隔应力比较小。

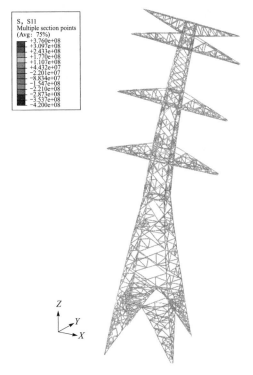

图 5-8 90°风攻角杆件轴向应力（S11）等值线图

（2）位移计算结果。90°风攻角输电塔位移等值线图如图 5-9 所示。在与荷载同向的 1 轴方向，塔头顶部最大水平位移达到 0.543m；沿 2 轴方向即重力方向，塔头顶部最大位移达到 0.188m（向下）和 0.152m（向上）。值得注意的是输电塔塔身在与荷载方向垂直的 3 轴方向的位移。在塔身下部两个横隔间的主材和支撑在 3 轴方向有比较大的位移，而在有横隔的部位这种位移就很小，这说明这部分杆件在平面外缺乏支撑。

5.2.1.2 塔线耦联抗风动力响应分析

1. 塔线耦联体系三维有限元模型

研究输电塔线体系风振响应的方法可大致分为现场实测、模型试验和理论模型 3 种。虽然现场实测方法真实有效，但是需要长时间的观测和昂贵的费用，目前关于现场实测的资料数据还较为缺乏。模型试验可以高效便捷地获得风振响应数据，因而成为研究塔线体系风振响应的行之有效的方法，利用模型试验我们可以得到很多有价值的试验数据。理论模型包括简化模型和精细化模型。虽然有不少学者提出了不同的简化分析模型，但是由于这些模型提出时都引入了这样或那样的假设条件，降低了分析的精确性；而对输电塔线体系进行精细化的有限元建模可以准确计算其风振响应，随着计算机速度的加快、成本的迅速下降和有限元软件功能的日益强大，有限元精细分析法逐渐成为研究结构体系动力响应的首选。

建立的塔线耦联三维有限元模型包括了三个输电塔和两跨导（地）线，模型简称为三塔两线模型，即三塔两线体系的三维有限元模型，如图 5-10 所示。

2. 三维风场的数值模拟

由于常常缺乏输电线路的实测风场数据记录，要想通过有限元分析研究输电塔线体系的风振响应特点，必须借助于风场仿真技术。

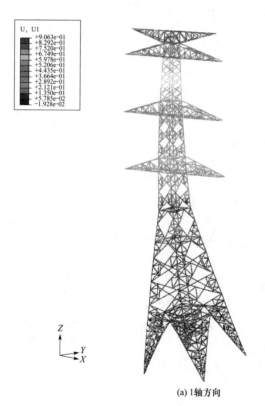

(a) 1 轴方向

图 5-9　90°风攻角输电塔位移等值线图（1 轴、2 轴和 3 轴方向）（一）

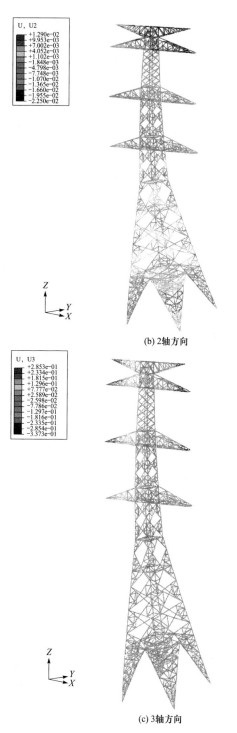

(b) 2 轴方向

(c) 3 轴方向

图 5-9　90°风攻角输电塔位移等值线图（1 轴、2 轴和 3 轴方向）（二）

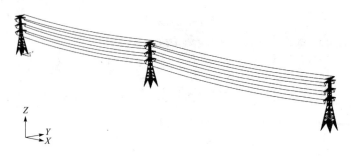

图 5-10　输电塔线体系的有限元模型

对大气边界层风特性的研究表明，风可分为平均风和脉动风两部分。平均风在给定的时间间隔内，速度和方向都不随时间而改变；同时考虑到它的周期一般远远大于一般结构的自振周期，因而可认为它的作用性质相当于静力。脉动风是由于风的不规则性引起的，它的强度随时间而变化，可近似认为是一零均值的平稳随机过程；由于它的周期较短，其作用性质是动力的，是引起结构风振响应的主要原因。

输电塔线体系的风场模拟过程通常为：①生成输电线和输电塔各代表点的平均风速；②根据脉动风速随机 Fourier 谱模型生成脉动风速时程；③将二者叠加便可得到各点的风速时程。

根据上述风场模拟方法，对此次建模中的输电塔线体系的风场进行数值仿真。在进行数值模拟时，没有必要也不可能模拟塔线体系中每个节点处的风速时程。为简化计算，将输电塔分为 8 个塔段，选择每个塔段的 4 个主材节点作为代表点模拟其风速时程；对于输电线，每隔 10m 施加一个风时程。

该线路所处的场地属于 B 类地貌，取地面粗糙长度 z_0 为 0.05m，计算各代表点的平均风速。模拟脉动风速时的采样频率为 10Hz。为和风洞试验结果进行对比分析，在数值模拟时选取的工况如下：90°风攻角，10m 高度处的平均风速 U_{10} 分别为 8.93、13.39、17.86、20.09、22.32、24.55m/s（分别对应于试验风速 2、3、4、4.5、5、5.5m/s）。

图 5-11 给出了平均风速 U_{10}＝20.09m/s 时导线某点处的风速时程及该点模拟风速的功率谱密度，可以看出，由随机 Fourier 谱模型生成的风场和风工程界广泛采用的 Davenport 谱吻合较好，说明了该模型的合理性和有效性。

由上述方法得到的是风速时程，还应根据规范将其转变为施加于塔线体系上的风荷载时程。

3. 塔线耦联体系模态

有限元建模时，采用 Lanczos 算法对输电塔线体系进行模态分析。计算表明，塔线体系的前 160 阶振型均为导、地线的振动，频率在 0.18～1.1Hz 之间。

第161阶振型中首次出现了输电塔的振动，如图5-12所示。提取输电塔线体系的前500阶振型，仅有第161、193、194、225、226、257、258、259、291、292、324、421、422、423、488阶出现了输电塔的振动，其余振型则为导线和地线面内、面外对称、反对称振型的组合。由此可见，塔线体系的振型中既有输电线各自的振型、导线和地线的组合振型，又包含了输电线和输电塔的耦合振型，动力特性较单塔更为复杂。

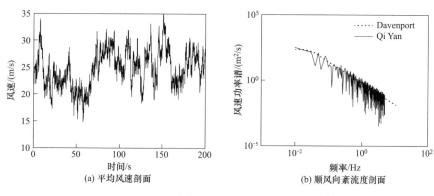

(a) 平均风速剖面　　　　　　　　　(b) 顺风向紊流度剖面

图 5-11　塔线体系模拟风速场代表点位置

图 5-12　第 161 阶模态

4. 输电塔线体系风振响应

以 SVZ5421 型杆塔为例，各风速下杆塔各部位的风振响应如图 5-13 所示。以上计算分析主要对比了塔身易损部位主材和斜材的应力，以及该部位斜

材交叉点处的面外变形，均是输电塔的局部响应。为了对比更全面，还比较了反映结果整体响应的塔顶位移。通过以上对比分析，主要得出以下结论：

（1）由于考虑了塔线体系的耦联振动，动力计算方法比静力计算方法效率低，而且过程相对繁杂，但更接近真实受力情况。

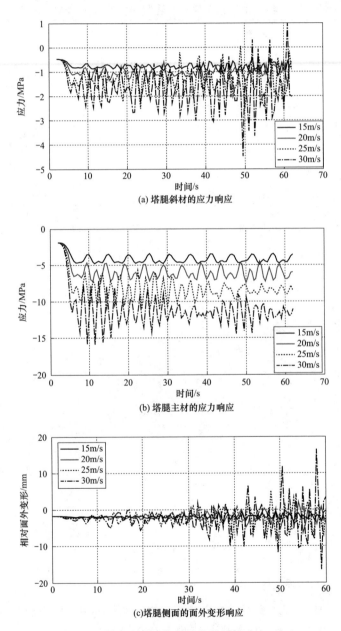

图 5-13 各风速下杆塔各部位的风振响应（一）

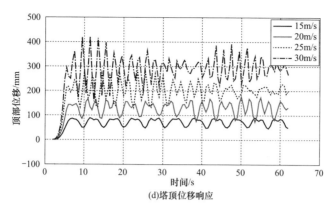

图 5-13　各风速下杆塔各部位的风振响应（二）

（2）等效静力计算比动力计算输电塔顺风向塔顶位移更大。说明对于输电塔的整体响应，规范采用的等效静力计算方法比动力计算方法偏于安全。

（3）由于塔线耦联振动作用，动力响应基本都比静力响应要大。尤其是以交叉斜材的面外变形为代表的输电塔的局部响应比静力荷载作用下要大得多，容易导致相应部位杆件失稳，从而大大降低输电塔的承载能力。

（4）进行输电塔设计时，尤其是在特殊环境及极端条件下，应当用动力学方法或者风洞试验对静力计算结果进行校核，并对易损部位采用增设横隔面等有效的加固措施。

5.2.2　配电线路台风灾害仿真

为分析带线电杆的结构风载荷分布和地基对电杆的力作用，建立电杆受力数学模型，基于模拟风研究特定风等级下电杆的动力响应，在理论上分析影响电杆地基的牢靠性的因素，并验证电杆的抗风等级。

1. 带线锥形电杆结构风载荷数学建模

风载荷垂直作用于电杆时，对地基的弯矩最大，建立如图 5-14 所示的电杆中心线截面坐标系，则作用于微元 $FDJK$ 上的风力对地基产生的弯矩 dM 为：

$$dM = dF \times (l - x) \quad (5\text{-}9)$$

其中

$$dF = \beta \mu_s \mu_z W_p \cdot dS \quad (5\text{-}10)$$

式中　x——微元 I 点的横坐标；

　　　l——电杆弯矩承受点到电杆顶部的距离；

　　　dF——作用于微元的风力；

　　　β——风振系数；

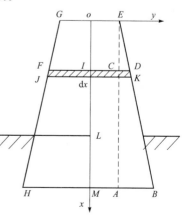

图 5-14　电杆中心线截面坐标系

μ_s——电杆风荷载体型系数；

μ_z——风压高度变化系数；

W_p——风压，定义风速为v，则$W_p = v^2/1600$；

dS——风压微元的面积。计算式为：

$$dS = |FD| \cdot dx = (|GE| + 2|CD|) \cdot dx$$

$$= \left(|GE| + \frac{2|AB|}{|AE|}x\right) \cdot dx = \left[|GE| + \frac{(|HB| - |GE|)}{|AE|}x\right] \cdot dx$$

$$= 2\left[a + \frac{x}{h}(b - a)\right] \cdot dx \tag{5-11}$$

式中　h——电杆高度；

a——电杆顶部半径；

b——电杆底部截面半径。

则对电杆弯矩承受点产生的弯矩为：

$$dM = (l - |oI|) \cdot dF = \frac{2\beta\mu_s\mu_z W_p(l - x)\left[a + \frac{x}{h}(b - a)\right]}{1600} \cdot dx \tag{5-12}$$

因此，电杆风载荷对弯矩承受点产生的总体弯矩为：

$$M_1 = \int_0^L \frac{2\beta\mu_s\mu_z v^2(l - x)\left[a + \frac{x}{h}(b - a)\right]}{1600} dx \tag{5-13}$$

$$= \frac{2\beta\mu_s\mu_z v^2}{1600} \times \left[alL - \frac{aL^2}{2} + \frac{l(b - a)L^2}{2h} - \frac{(b - a)L^3}{3h}\right]$$

式中　$L = |oL|$为地面到电杆顶部的距离。

当弯矩作用点选取在M点时有

$$M_1 = \frac{2\beta\mu_s\mu_z v^2}{1600} \times \left[ahL + \frac{(b - 2a)L^2}{2} - \frac{(b - a)L^3}{3h}\right] \tag{5-14}$$

忽略影响较小的横担和绝缘子串上的风荷载，电杆所受风荷载除了电杆自身的风载荷，还应考虑导线和地线上的风荷载，和电杆一样，当风载荷垂直作用于电线时，对地基产生的弯矩最大，此时弯矩值为：

$$M_2 = n\alpha\mu_x D_d L_\omega W_p H = \frac{n\alpha\mu_s v^2 D_d L_\omega H}{1600} \tag{5-15}$$

式中　n——导线根数；

α——风荷载档距系数；

μ_x——导线风荷载体型系数；

D_d——导线的计算外径；

L_ω——水平档距，是杆塔两侧档距之和的算术平均值；

H——导线距离电杆弯矩承受点的高度。

假设模拟风力加载位置距离地面的高度为 $\bar{h}$，则带线电杆风载荷对地基的弯矩需要在钢丝绳上加载的等效力为：

$$F = \frac{M_1 + M_2}{\bar{h}} \tag{5-16}$$

2. 土地基对电杆的抗倾覆力数学建模

带卡盘电杆地基的截面图如图 5-15 所示，当电杆风力作用力对 N 点的弯矩 M 不大于地基自重〔电杆及其附件（卡盘、横担等）重量 G_1 ＋底下电杆部分上的泥土重量 G_2〕引起的基底摩擦力对 N 点的弯矩时，侧向土压力 $P_1 = -P_2$ 为静止土压力，电杆不会发生倾覆，反之，则 P_1 为主动土压力或无土压力，P_2 为被动土压力。

当动态风载荷作用于电杆时，其风载荷对 N 点产生的弯矩不大于地基自重引起的基底摩擦力对 N 点的弯矩时，$P_1 = -P_2$，电杆地基是不动的，只有电杆自身的风致振动而已，最大基底摩擦力对 N 点弯矩的计算式为：

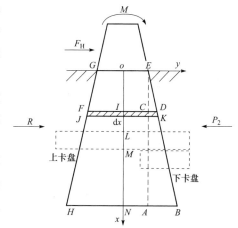

图 5-15 带卡盘电杆地基的截面图

$$M_{max} = (G_1 + G_2) \times b \tag{5-17}$$

式中 $G_1 = \zeta\left[h_1(b-a)^2 - \dfrac{\pi h_1}{3}(a^2 + ab + b^2)\right]$;

ζ——土壤容重；

h_1——电杆埋深。

当 P_2 为产生抵抗电杆倾覆的被动土压力，侧向土压力 $P_1 = 0$，P_2 方向被动土压力分 4 段进行计算。

（1）oL 段。作用于微元 $FDJK$ 上的土压力对地基产生的弯矩 dM 为：

$$\mathrm{d}M = \mathrm{d}P \times (h_1 - x) \tag{5-18}$$

其中 $\mathrm{d}P = \sigma \cdot \mathrm{d}S \tag{5-19}$

式中   dP——作用于微元的被动土压力；

σ——土压力，$\sigma = \zeta \bar{k} x + d$；

$\bar{k}$——土压力系数，$\bar{k} = \tan(45 + \varphi)$；

φ——土的内摩擦角；

d——土的黏聚力；

$\mathrm{d}S$——微元的面积，计算式为：

$$\mathrm{d}S = 2\left(\bar{a} + \frac{b - \bar{a}}{h_1}x\right)\mathrm{d}x \tag{5-20}$$

式中　$\bar{a}$——地面对电杆截面的半径，其计算式为：

$$\bar{a} = a + b - \frac{bh_1}{h} \tag{5-21}$$

则 oL 段土压力对 N 点的总力矩为：

$$M_{oL} = \int_0^{h_2} 2(\zeta\bar{k}x + d)\left(\bar{a} + \frac{b - \bar{a}}{h_1}x\right)(h_1 - x)\mathrm{d}x \tag{5-22}$$

式中　h_2——上卡盘顶部埋深。

（2）上卡盘段。上卡盘的侧面与 P_2 正对，其土压力总力矩为：

$$M_{SK} = \int_{h_2}^{h_3} \bar{a}_1(\zeta\bar{k}x + d)(h_1 - x)\mathrm{d}x \tag{5-23}$$

式中　$\bar{a}_1$——卡盘侧面长度；

　　　h_3——下卡盘顶部埋深。

（3）下卡盘段。下卡盘的正面与 P_2 正对，其土压力总力矩为：

$$M_{XK} = \int_{h_3}^{h_4} (\zeta\bar{k}x + d)(h_1 - x)\mathrm{d}x \tag{5-24}$$

式中　h_4——下卡盘底部埋深。

（4）MN 段。MN 段土压力总力矩的计算与 oL 段相似，表达式为：

$$M_{MN} = \int_{h_4}^{h_1} 2(\zeta\bar{k}x + d)\left(\bar{a} + \frac{b - \bar{a}}{h_1}x\right)(h_1 - x)\mathrm{d}x \tag{5-25}$$

因此，被动土压力在 $\bar{h}$ 高度的等效抗倾覆力为：

$$\bar{F} = \frac{M_{max} + M_{oL} + M_{SK} + M_{XK} + M_{MN}}{\bar{h}} \tag{5-26}$$

3. 电杆（含地基）结构风作用动态响应方程

采用完全法来分析电杆结构风作用的瞬态动力学，其动力微分方程可写成：

$$M\ddot{u}(t) + C\dot{u}(t) + Ku(t) = F(t) - \bar{F} \tag{5-27}$$

式中　M——质量矩阵；

　　　C——阻尼矩阵；

　　　K——刚度矩阵；

　　　$\ddot{u}$——节点加速度向量；

　　　$\dot{u}$——节点速度向量；

　　　u——节点位移向量；

$F(t)$——等效加载力;

$\overline{F}$——地基等效抗倾覆力矩折算到加载点的作用力。

当风载荷对 N 点产生的弯矩不大于地基自重或主动土压力 P_2 引起的基底摩擦力对 N 点的弯矩时,地基处于平衡状态,即 $F(t)=\overline{F}$。

4. 仿真结果与分析

含导线电杆的安装结构示意图如图 5-16 所示,主要参数如表 5-22 所示,等效风力采用 12 级脉动风 [见图 5-17(a)]。

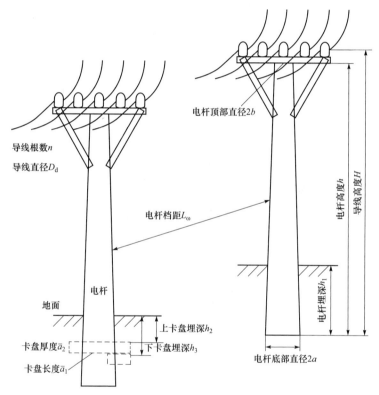

图 5-16　电杆安装结构示意图

表 5-22　　　　　　　　　　　电 杆 主 要 参 数

序号	内容	数值	序号	内容	数值
1	h	9m	7	$\overline{a}_1$	0.3m
2	h_1	1.6m	8	$\overline{a}_2$	1m
3	H	9.2m	9	D_d	20mm
4	$2a$	150mm	10	n	5 根
5	$2b$	270mm	11	L_ω	50m
6	h_2	0.5m			

首先，当等效风力不足以倾覆电杆时，电杆的风载荷动力响应主要是电杆自身的可恢复的弹性形变，此时的电杆倾角变化情况如图 5-17（b）所示，电杆在初始位置附近震荡，幅度不大，不会发生倒杆。

进一步按照粘性土的埋杆方式，基于计算式（5-26）获得被动土压力在 $\bar{h}$ 高度的等效抗倾覆力值，基于方程（5-27）获得电杆 $\bar{h}$ 高度处位移的变化情况，并折算成为电杆的倾角，加载时间为 204s，仿真结果如图 5-17（c）所示。从图中可以看出，在加载时间内，电杆的倾角几乎没有什么变化，变化部分是因为脉动风力超过了被动土压力的等效抗倾覆力值，短时间影响不大，但是如果动态加载时间足够长，倾角值会不断累加，最终会发生倒杆。通过加大埋深或者增加卡盘的接触面积，提高被动土压力值，可以避免电杆倒杆。

当电杆埋杆施工不当，导致被动土压力不足时，仿真结果如图 5-17（d）所示，在 12 级风作用下，电杆倾角增加快很多，很容易发生倒杆。

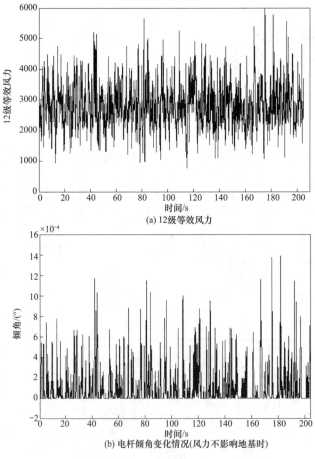

(a) 12级等效风力

(b) 电杆倾角变化情况(风力不影响地基时)

图 5-17　电杆抗风仿真结果（一）

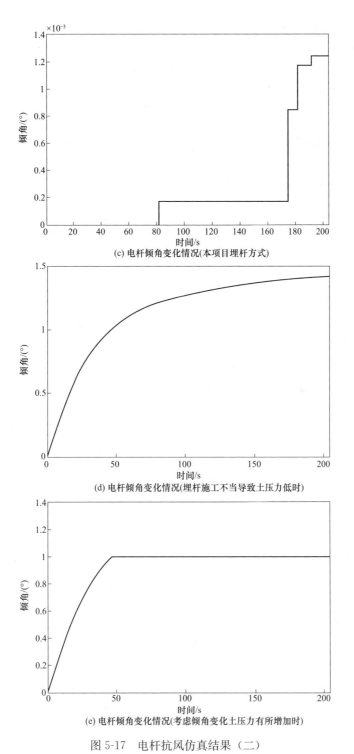

(c) 电杆倾角变化情况(本项目埋杆方式)

(d) 电杆倾角变化情况(埋杆施工不当导致土压力低时)

(e) 电杆倾角变化情况(考虑倾角变化土压力有所增加时)

图 5-17　电杆抗风仿真结果（二）

进一步考虑，随着电杆倾角的增加，土质被压实，会增大被动土压力值，这种情况的仿真结果如图 5-17（e）所示，这种情况，电杆倾斜到一定程度后，就不会再进一步倾斜，除非其他因素导致土质发生变化又降低了被动土压力值。

通过改变加载风力等级，观察仿真倾角变化情况，可以从理论上验证特定施工方式下电杆地基的抗风等级。

5.3 输配电杆塔抗风性能试验

▶▶ 5.3.1 输电杆塔抗风性能试验

鉴于输电塔线体系尤其是输电铁塔在电力输送过程中至关重要的地位，对其抗风设计做进一步的理论研究和试验研究具有重要意义。国内外的研究者曾对输电线、单杆输电塔或大跨越输电线路进行过风洞试验研究，但对于高压输电线路的完全气弹模型风洞试验并不多见。同济大学谢强等采用气动弹性模型风洞试验的方法，研究了高压输电塔线系统的输电塔与导地线、绝缘子的风致振动特点以及横隔面对输电塔抗风稳定性的作用，从而为高压输电线路的抗风设计提供参考。

5.3.1.1 高压输电塔线体系抗风设计风洞试验

1. 气动弹性模型风洞试验简介

（1）试验模型。高压输电塔原型为自立格构式猫头塔，主材为角钢构件，塔高 48.5m，呼高 39m。线路水平档距 400m，采用棒形悬式合成绝缘子，导线分三相，垂度为 12.97m。两边相导线水平排列，通过绝缘子分别挂于塔架横担悬臂上，水平相间距 15m，中相导线单独挂在猫头塔窗中部，边相和中相线间距为 11.336m，每相四分裂导线架设方式分裂导线间距 450mm，在导线上沿线依次间隔 20、45、60、45、60、45、60、45、20m 分别设置十字型阻尼间隔棒，地线垂度 11.68m。

考虑风洞试验场地条件，本次风洞试验的输电塔模型几何相似比取为 1：30，导地线的几何相似比按 Davenport 等提出的导地线模型设计法，引入 0.5 的修正系数，其几何相似比取为 1：60。除几何相似条件外，模型设计时还要满足完全气动弹性模型最重要的相似参数：Strouhal 数相似，弗劳德数相似，弹性参数、惯性参数和阻尼比相似；此外还要满足断面几何形状，质量与刚度的空间分布相似。模型主要参数相似比见表 5-23。

表 5-23   模型主要参数相似比

相似比名称	相似比数值
几何相似比	1：30

相似比名称	相似比数值
风速相似比	1 : 5.48
塔构件拉伸刚度相似比	$1 : 30^3$
输电线轴向刚度相似比	1 : 54000
频率相似比	5.48 : 1
电线直径相似比	1 : 15
电线弧垂相似比	1 : 30
电线动应变相似比	2 : 1
位移相似比	1 : 30
加速度相似比	1
阻尼相似比	1

模型输电塔高 1.617m，主材杆件刚度采用不锈钢管模拟，斜材和横隔面杆件采用不锈钢琴弦模拟结构刚度，角钢断面几何形状均采用 ABS 塑料板切片模拟，宽度按实际塔杆件边长缩尺后粘接成角钢形式，内角放置对应的钢管，并在角内通过配铅条段实现质量相似。导线模型采用直径 0.09mm 不锈钢丝模拟拉伸刚度，钢丝外穿直径 2mm、段长 10cm 塑胶管，每隔一个胶管内配直径 1mm、长 10cm 的铅丝，以模拟导线的外径和线密度。地线模型采用直径 0.07mm 钢丝模拟，钢丝外每隔 7cm 穿一段直径 2mm、长 10cm 的圆形塑胶管模拟地线直径，每隔一个胶管内配直径 1mm、长 10cm 的铅丝，以模拟地线的线密度。模型设计时将绝缘子串视为刚性杆，采用 $\phi 4mm \times 1mm$ 的紫铜管模拟刚度，采用 ABS 塑料板模拟其气动外形。十字型阻尼间隔棒的分肢间距按导地线外径相似比 1 : 15 设计，间距布置采用 1 : 60，材料选择 ABS 塑料板，质量相似比取 $1 : 30^3$。

边界塔根据原线路中的塔设计出其等代模型塔来模拟，尺寸严格按照猫头塔窗和塔高缩尺，相似比仍为 1 : 30，材料选择 $\phi 16mm$ 光圆筋，节点焊接，底座为厚 10mm 正方形整体钢板。同时在设计时保证等代塔的前两阶频率和振型与原型塔相似。导线通过绝缘子串悬挂于等代塔的对应位置上，外端伸出，与弹簧一端串联后，弹簧另一端固定于墙壁。通过选择弹簧长度和弹簧另一端固定于墙壁的高度来保证外侧导线边界和导地线在无风状态下，绝缘子串两端线张力相等。

本次风洞试验的塔线模型有两个，模型 1 和模型 2 的区别在于模型 1 中的塔模型在塔身无明显变坡的塔段［见图 5-18(a)］设置了附加横隔面［见图 5-18(b)］，而模型 2 中的塔模型在相应的塔段未设置横隔面［见图 5-18(c)］。除此之外两种模型的设计完全相同。塔线体系气弹模型如图 5-18(a) 所示。

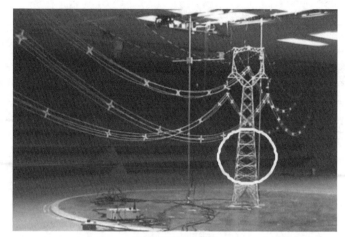

(a) 塔线体系气弹模型

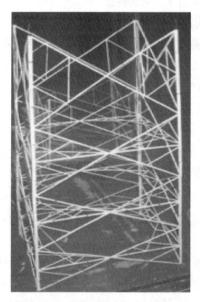

(b) 模型1塔段

(c) 模型2塔段

图 5-18　输电塔线体系气弹模型

（2）紊流风场模拟。本次风洞试验是在同济大学土木工程防灾国家重点实验室 TJ-3 边界层低速风洞中完成的，该风洞试验段尺寸为 14m×15m×2m，风速控制范围为 10～17.6m/s，连续可调。紊流风场的模拟采用挡板＋二元尖塔旋涡发生器＋在风洞底壁设置粗糙元的方法来模拟缩尺比为 1∶30 的 B 类地貌边界层风场。风速参考点高度为距风洞底壁 1.2m 处，在模型放置中心测得的平均风速剖面、顺风向湍流度剖面和顺风向脉动风功率谱如图 5-19 所示。其中，α 为地貌指数，H_G 和 V_g 分别为梯度风高度和梯度风风速，v_z 为高度 z 处的平均风速，I_u 为顺风向湍流强度，f 为频率，$S_v(f)$ 为顺风向脉动风速功率谱密度，v_* 为摩擦速度。图 5-19 结果表明风洞试验模拟的风场环境是符合规范要求的。

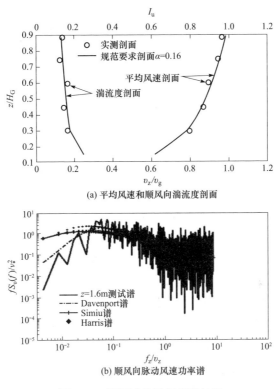

(a) 平均风速和顺风向湍流度剖面

(b) 顺风向脉动风速功率谱

图 5-19 风洞试验风场模拟结果

（3）试验测点布置。试验时量测系统分别采用微型高灵敏度压电陶瓷加速度传感器、激光位移计和 BE（BA）60-02AA 型应变片，塔线体系模型中共布置了 14 个测点，如图 5-20 所示。由于模型输电塔上的测点和导地线以及绝缘子上的测点的信号采集仪器是由不同的装置控制，所以两者的编号是独立进行的。图 5-20（a）中模型输电塔的塔头上布置了 7 个测点（"·"标识的点），1～5 点布置加速度传感器，6、7 点布置激光位移计。振动信号经电荷放大器放大后，记录在磁带记录仪上，通过 A/D 板输入计算机并保存信号做数据后处理图 5-20（a）中"＋"标识的点是绝缘子上应变片的位置及编号，图 5-20（b）中"·"标识的点是导地线上的应变片位置及编号，2、3 和 15 是测导线上的动应变，17 是测地线上的动应变。动应变信号采用 DH3817 动静态应变测试系统采集。

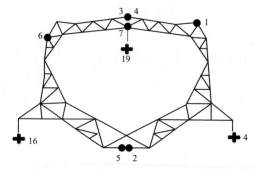
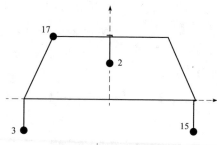

(a) 模型输电塔传感器及绝缘子应变片编号　　　(b) 导地线应变片位置及编号

图 5-20　试验模型上测点及编号

　　两种塔线耦联体系模型在紊流风场中测试时的来流风向均为 90°（垂直于线路），试验测点的布置及测试仪器也完全相同。试验风速级数范围为 2～60m/s，间隔 0.5m/s 递增。加速度与位移响应的采样频率为 200Hz，动应变响应的采样频率为 100Hz，采样时间均为 220s。

　　2. 紊流风场中模型响应测试结果分析

　　（1）自振特性测试结果。用自由振动法进行激振，对测得的响应数据采用 Hilbert-Huang 变换（HHT）方法识别输电塔结构的自振频率和阻尼比，表 5-24 给出了不同激励幅度时测得的模型 1 输电塔结构自振特性，表 5-25 给出了不同激励幅度时测得的模型 2 输电塔结构自振特性。其中，$f_i(i=1, 2, 3)$ 是结构的第 i 阶自振频率；ξ_1 是结构的第 1 阶振型阻尼比。可见由于输电塔结构设计上的差异以及导地线的影响，模型 2 输电塔自振特性较模型 1 输电塔的自振特性更柔。

表 5-24　　　　　　　　　模型 1 自振频率与阻尼比测试结果

激励次数	$f_1(Hz)$	$f_2(Hz)$	$f_3(Hz)$	$\xi_1(\%)$
1	3.03	6.64	12.34	2.5
2	3.00	6.53	12.34	1.9
3	3.00	6.54	12.30	1.9
单塔计算值	9.27	12.51	26.85	—

表 5-25　　　　　　　　　模型 2 自振频率与阻尼比测试结果

激励次数	$f_1(Hz)$	$f_2(Hz)$	$f_3(Hz)$	$\xi_1(\%)$
1	2.23	3.00	4.23	1.0
2	2.18	3.02	4.78	1.0
3	2.23	3.03	4.78	1.2
单塔计算值	9.28	12.53	15.03	—

　　（2）动力响应比较。图 5-21 分别给出了模型 1 和模型 2 中输电塔塔顶测点

2~5加速度响应和测点6、7位移响应的峰值和均方根的比较。图5-21中，v为风速；a_p为加速度峰值；a_{rms}为加速度均方根值；s_p为塔顶位移峰值；s_{rms}为塔顶位移均方根值。图5-22为风洞试验中塔线体系输电塔破坏图。从加速度响应的比较可明显看出，模型2的输电塔的振动强于模型1中输电塔的振动，随v增加这种区别越明显；两种模型中塔顶两个方向的侧移在一定试验风速范围（2~4m/s）时比较接近，但当v提高时，模型2输电塔的s_p与s_{rms}迅速增加，直至输电塔破坏（$v=4.5$m/s）。在模型2破坏前一时刻，其输电塔顺风向s_p比相同风环境中模型1的输电塔顺风向s_p增加了14.3倍，s_{rms}增加了49.3倍。试验的观察及对试验录像分析可知，模型2中的输电塔在v升至4.5m/s时，塔身无附加横隔塔段的背风面斜撑产生顺风向的大幅振动，持续时间约5s，最终由于斜撑首先破坏继而引起与之相连的主材构件破坏而发生倒塔〔见图5-22(b)〕；而模型1的输电塔在$v=4.5$m/s时仍处于安全状态，直至v升至6.0m/s时，模型1中的输电塔在塔身下部两横隔之间以及塔腿背风面的主材构件受压屈曲破坏从而引起输电塔结构破坏〔见图5-22(a)〕。且风洞试验记录到的输电塔破坏与实际线路在强风时输电塔的破坏特征相似，故该试验数据的分析对输电塔线体系的抗风设计具有参考价值。同时试验结果说明，设置横隔面可提高输电

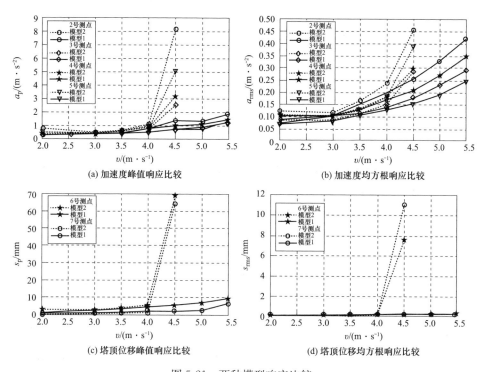

(a) 加速度峰值响应比较　　　　　　(b) 加速度均方根响应比较

(c) 塔顶位移峰值响应比较　　　　　　(d) 塔顶位移均方根响应比较

图 5-21　两种模型响应比较

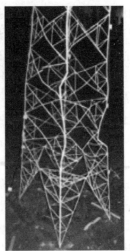

(a) v=6.0m/s时模型1局部破坏　　(b) v=4.5m/s时模型2局部破坏

图 5-22　风洞试验中塔线体系输电塔破坏图

塔线体系的抗风等级，但仍达不到高压输电塔安全设计风速的要求。因此，现有的高压输电塔线体系的设计规范按传统的拟静力方法来设计这样的风致敏感性结构是不能满足实际工程需要的。

（3）响应自功率谱比较。图 5-23 给出了两种模型在 v＝4.0m/s 时塔顶响应的相图。图中，v_t 为输电塔塔顶的振动速度；x 为塔顶位移。由图可见，在相同的风环境中，两种模型的振动形式有较大差别，模型 2 相图的交叉穿越现象明显强于模型 1 的，但相空间运动都表现为复杂的非规则运动，根据非线性振动理论可知，结构的风振响应均具有强非线性振动特点。因此，按线性理论计算输电塔结构的风振响应将会产生较大误差。

（4）顺风向响应相图比较。图 5-24 和图 5-25 分别给出了在 v＝4.0m/s 时两种模型中输电塔和导地线与绝缘子部分测点响应的自功率谱曲线。图中，f 为频率；S_{aa} 为加速度功率谱密度；$S_{\varepsilon\varepsilon}$ 为动应变功率谱密度；S_{xx} 为位移功率谱密度；加速度、动应变、位移这 3 个变量的功率谱密度的单位分别等于各变量单位的平方与频率单位之比。可以看出，因导地线的非线性振动影响以及输电塔与导地线振动的耦合作用，在紊流风场中，结构响应的频谱呈密频特性，在每一频段内都有许多个频率成分，响应的频谱中峰值频率不仅有线性体系的固有频率，还有许多与线性系统频率差别较大的峰值频率出现，而且这种峰值频率对应的振型对结构响应的贡献也是非常显著的。说明输电塔线体系中输电塔结构的设计应该考虑体系强烈的非线性振动对结构的不利影响，而不能按传统的高耸结构振动响应以第一振型对结构贡献最大来设计。

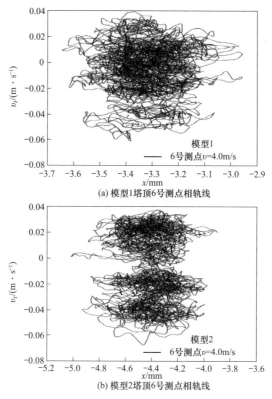

(a) 模型1塔顶6号测点相轨线

(b) 模型2塔顶6号测点相轨线

图 5-23　4.0m/s 风速时两种模型中塔顶相轨线

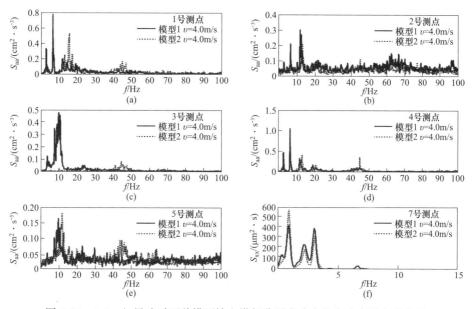

图 5-24　4.0m/s 风速时两种模型输电塔部分测点响应的自功率谱密度曲线

响应的自功率谱密度曲线还说明输电塔线体系的风致振动呈现较强的非线性振动特点，导地线与输电塔之间的振动具有很强的耦合作用，尤其在高风速时，风荷载的能量使得导地线和输电塔都强烈振动，试验录像显示，由于风速的增强，绝缘子的偏角增大，使得导地线逐渐处于张紧状态，导线的弧垂减小，所以导线自身刚度逐渐变大，此时导地线、绝缘子的高频振动也很显著，且振动频率与输电塔的低阶振动频率较为接近，导地线、绝缘子和输电塔之间成为一个紧密联系的整体，其风致振动发生非线性内共振的几率增大。

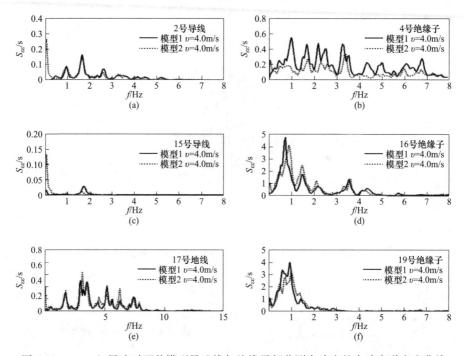

图 5-25　4.0m/s 风速时两种模型导地线与绝缘子部分测点响应的自功率谱密度曲线

由两种模型响应的自功率谱还可得知，由于设置附加横隔面使得模型 1 和模型 2 在相同风环境中的风致振动有较大差异，虽然两种体系响应的频谱均具有密频特性，但是两者最大频谱峰值对应的频率常不相同，而且在相同频率处，模型 2 的频谱能量大于模型 1 的频谱能量。说明由于附加横隔面的设置，增强了输电塔结构的整体稳定性，使得模型 1 的风致敏感性弱于模型 2 的风致敏感性。

3. 结论

（1）高压输电塔线体系的风致振动具有较强的空间耦合非线性振动特点，响应的频谱具有宽频密集分布特性，随风速增加，响应频谱密集特性增强，说明体系的非线性振动程度加剧，尤其是模型 2 无附加横隔体系的非线性振动更强，当风速变化时，体系的响应频谱有较大变化。

（2）两种模型响应的自功率谱曲线均呈现出宽频密集性，在微小的频段内分布着多个频率成分，并且高阶振型的贡献亦非常大。因此，在输电塔结构的动力分析时，应考虑多阶振型的影响，尤其在高风速时更应考虑高阶振型的贡献。

（3）导地线、绝缘子的振动对输电塔的影响较大，在高风速时，导地线与绝缘子的高频振动显著，且振动频率与输电塔的低阶振动频率相近，整个体系发生非线性密频内共振的几率增大。所以在输电塔结构设计时，应合理考虑导地线与绝缘子的振动对输电塔的影响。

（4）输电塔的风致破坏是由于高风速时体系的强非线性振动引起的结构动力失稳所致，设置附加横隔可提高输电塔结构的整体稳定性，提高输电塔线体系的抗风等级，但仍不能满足输电塔结构抗风设计的要求。因此，有必要对输电塔线体系的风致破坏机理作深入研究，为结构的合理化抗风设计提供科学的理论支持。

5.3.1.2 架空输电线路风洞试验方法标准

由国网强台风环境抗风减灾科技攻关团队牵头编制的中国电力企业联合会标准《架空输电线路风洞试验方法标准》（T/CEC 559—2021）已由中国电力企业联合会发布，2022.3.1起实施。该标准规定了架空输电线路（包括杆塔、导线等）风洞试验方法、试验设备、数据处理、试验报告和风场模拟等方面的要求。

1. 基本规定

（1）一般规定。

1）输电线路风洞试验过程主要由试验设备选择、试验风场模拟、动力特性分析、模型设计制作、模型风洞试验、测试数据处理和试验报告撰写等步骤组成。

2）对新型杆塔可开展输电杆塔风洞试验，以确定风荷载和风致振动特性。

3）对处于易产生风速增益和复杂地形区域的输电线路可开展地形模型风洞试验，以确定风速加速比。

4）对于大档距、大高差线路段可开展输电塔—线耦联状态测振试验，以确定风振系数。

5）对于钢管塔大长细比杆件可进行涡激振动风洞试验，测定其起振风速和风速锁定区间，并对涡激振动气动控制措施的有效性进行验证。

6）输电线路风洞试验类型主要包括构件试验、输电杆塔节段试验、单杆塔测振试验、输电塔—线耦联状态测振试验，以及地形模型风洞试验等。

7）构件试验包括输电塔中细长杆件和输电线节段试验，主要测量杆件的涡

激振动，输电线涡激振动和驰振。

8）输电塔节段试验主要通过力学传感器测量输电塔刚性节段模型的体型系数。

9）单杆塔测振试验主要采用位移、加速度等传感器测量单杆塔气动弹性模型的气动响应。

10）输电塔—线耦联状态测振试验主要采用位移、加速度等传感器测量输电塔-线气动弹性模型在气动力作用下的输电塔、线的振动响应。

（2）试验要求。

1）边界层风洞流场品质应符合"风洞试验设备"部分的相关规定。

2）风洞试验的风场应符合"风场模拟"部分的相关规定。

3）除测力试验外，其余风洞试验应依据结构动力特性设计模型。

4）模型设计应按照"相似准则"的规定确定相应的相似准则，并根据模型类型参照相关规定确保品质。

5）模型风洞试验的风速应根据模型试验内容、测量仪器精度和频率、相似准则等因素确定，模型几何缩尺比确定后，试验风速只与频率相似比存在关系。

6）风洞试验采集数据时，应保持试验风速稳定。模型姿态改变后，应待风速稳定后再进行数据采集。

7）参考风速的测量位置，应避免受到模型和洞壁的影响。

8）信号采集时，应保证设备性能良好并避免干扰。

9）应根据试验对象外形及周边干扰情况选择多个风向角进行试验，风向角间隔不宜大于 22.5°。

（3）数据处理。

1）信号采样的时间长度，应保证统计结果的稳定性和有效性，信号采样频率应保证能够识别结构物动力响应的主要阶次，数据的采样时间应保证统计稳定性，换算到原型的采样时间不应小于 10min。

2）随机测试信号的极值可采用峰值因子法或极值统计法计算，并保证信号的真实性。

（4）试验报告。

1）输电线路风洞试验报告的内容应包括试验对象、试验目的、试验内容、主要结论以及试验照片。

2）应描述试验对象（被试验输电线路）的设计概况和关键参数，以及制作模型与原型之间的动力特性、振型偏差。

3）应表明当前试验的目的，如检验结构气动稳定性、使用性能、确定风荷载等。

4）应列出为达到试验目的而开展的各项研究内容，如输电线路所处地理环境分析、结构动力特性分析、风洞试验过程和结果等。

5）应列出为达到试验目的而布置的测点，采集相关数据所需要安装的力、位移、加速度传感器。

6）在总结各项试验的基础上，应针对试验目的提出明确的结论。

2. 风洞试验设备

（1）风洞。

1）按照风洞洞体的结构形式可分为直流吹式风洞、直流吸式风洞、回流卧式风洞和回流立式风洞，按风场生成方式可分为主动控制风洞和被动控制风洞。适用于输电线路风洞试验的风洞，一般为低速风洞（忽略空气压缩性）。

2）风洞试验段截面尺寸应大于模型试验所要求的最小尺寸。

3）风洞正式投入使用前应进行流场校测和验收。

（2）流场品质。

1）流场品质参数主要包括气流稳定性、湍流度、轴向静压梯度、风速均匀性和风向均匀性等。

2）被动控制风洞气流稳定性一般用动压稳定性系数来衡量，动压稳定性系数应满足 $\eta \leqslant 2.0\%$。

3）被动控制风洞气流湍流度般用顺风向湍流度来衡量，试验段截面顺风向湍流度应满足 $I_n \leqslant 2.0\%$。

4）被动控制风洞轴向静压梯度应满足 $\dfrac{dC_P}{dx} \leqslant 0.01 m^{-1}$。

5）风速均匀性一般用试验段截面风速平均偏差系数来衡量，被动控制风洞试验段截面风速平均偏差系数应满足 $\zeta \leqslant 2.0\%$。

6）风向均匀性一般用气流竖直和水平风向角来衡量，被动控制风洞试验段截面气流竖直方向角 $|\Delta\alpha| \leqslant 1.0°$，水平方向角 $|\Delta\beta| \leqslant 1.5$。

（3）测试设备。

1）输电线路风洞试验常用试验设备包括气流测试设备、结构测振设备和测力设备。

2）风洞试验设备应具有合格证书或校测报告，自主研发的风洞测试设备应具备表明其性能指标的相关文件。

3）风洞试验设备的量程、精度和采样频率等应满足相应风洞试验的测量需求。

4）风洞试验设备应具备操作规程，定期进行保养和校准，确保试验时处于正常工作状态。

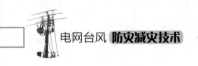

3. 风场模拟

（1）均匀风场模拟。试验区域内平均风速与湍流应在与垂直风向的竖直断面保持致，且在该区域风向范围内保持稳定。

（2）边界层风场模拟。

1）平均风速剖面应按公式（5-28）模拟。

$$v_h = v_{10} \left(\frac{h}{10}\right)^{\alpha_0} \quad h_b < h < h_g \tag{5-28}$$

式中　v_h——高度 h 处的平均风速，m/s；

　　　v_{10}——10m 高度处风速，m/s；

　　　h——离地面高度或水面高度，m；

　　　α_0——地面粗糙度系数，应按表 5-26 取值；

　　　h_g——梯度风高度，m，应按表 5-26 取值；

　　　h_b——风剖面起始高度，m。

表 5-26　　　　　　　　　　平 均 风 速 剖 面 参 数

参数	地表粗糙类别			
	A	B	C	D
地面粗糙度系数 α_0	0.12	0.15	0.22	0.30
梯度风高度 h_g（m）	300	350	450	550
风剖面起始高度 h_b（m）	5	10	15	30

2）湍流度应按式（5-29）～式（5-31）计算。

$$I_u(h) = \frac{\sigma_u(h)}{v_h} \tag{5-29}$$

$$I_v(h) = \frac{\sigma_v(h)}{v_h} \tag{5-30}$$

$$I_w(h) = \frac{\sigma_w(h)}{v_h} \tag{5-31}$$

式中　$I_u(h)$、$I_v(h)$、$I_w(h)$——高度 h 处顺风向、横风向和竖向的脉动风湍流度；

　　　$\sigma_u(h)$、$\sigma_v(h)$、$\sigma_w(h)$——高度 h 处顺风向、横风向和竖向的脉动风速标准差。

3）顺风向脉动风湍流度 I_u 的目标曲线应按公式（5-32）计算，横风向和竖向湍流度可分别取 $I_v = 0.88 I_u$，$I_w = 0.50 I_u$。顺风向脉动风湍流度剖面参数见表 5-27。

表 5-27 顺风向脉动风湍流度剖面参数

参数	地表粗糙类别			
	A	B	C	D
地面粗糙度系数	0.12	0.15	0.22	0.30
10m 高度名义湍流度 I_{10}	0.12	0.14	0.23	0.39

$$I_u(h) = I_{10}\left(\frac{h}{10}\right)^{-\alpha_0} \tag{5-32}$$

式中 $I_u(h)$ ——高度 h 处的脉动风湍流度；

I_{10} ——10m 高度名义湍流度。

4）湍流积分尺度是引起风速脉动的旋涡沿某一指定方向平均尺寸的量度。由于旋涡的三维特性，对应 3 个脉动风速和空间的 3 个方向，共有 9 个湍流积分尺度，其统一的数学定义如公式（5-33）所示。

$$L_a^r = \int_0^\infty \frac{C_{a_1 a_2}(r)\mathrm{d}r}{\sigma_a^2} \tag{5-33}$$

式中 a ——三向脉动风速，可分别表示为 u、v、w；

r ——空间三个方向，可分别表示为 x、y、z；

σ_a^2 ——脉动分量 a 的方差；

$C_{a_1 a_2}(r)$ ——相距 r 的两点上的脉动风速之间的互协方差函数。

（3）风场校验。

1）边界层风场模拟调试完成后，模型试验控制点的平均风速应作为试验参考风速，其他各测点平均风速与目标值的允许相对偏差应为 $\pm 5\%$，模型风速控制点高度处的湍流度与目标值的允许绝对偏差应为 ± 0.02，其他各测点湍流度与目标值的允许绝对偏差应为 ± 0.03。

2）模型试验控制点高度的平均风速的横向允许偏差为 $\pm 2.5\%$，湍流度的横向允许绝对偏差应为 ± 0.02。

5.3.2　配电杆塔抗风性能试验

5.3.2.1　基于台风风场特征的配电网风洞试验方法研究

在风洞中直接生成的是均匀流场，自然界中的风都是紊流场，更为重要的是，流场的紊流特性还是直接影响高耸柔性结构风致振动响应的一个重要因素。因此，在结构风洞试验中，大气边界层的模拟不仅要考虑平均风特性的相似性，还要考虑紊流特性的相似性。从相似理论的观点出发，大气边界层紊流特性的模拟需要满足几何、运动和动力 3 个相似条件。

（1）流场相似准则。

1）几何相似。除了要求构筑物模型外形按一定缩尺比满足几何相似外，还要求来流紊流的尺度也按同一几何缩尺比缩小，即边界层模拟的几何缩尺比要与结构模拟的几何缩尺比一致。对于构筑物的风载和风振问题，需要考虑的主要是紊流的积分尺度。如前所述，紊流积分尺度可以通过对脉动风速的空间互相关函数曲线的积分或脉动风速谱的拟合方法得到。

在模型和原型的紊流强度一致的情况下，紊流积分尺度 L_a^r 的相似关系应满足：

$$\frac{L_{a,\mathrm{m}}^r}{L_{a,\mathrm{p}}^r}=\frac{L_{\mathrm{m}}}{L_{\mathrm{p}}}=\lambda_{\mathrm{L}} \tag{5-34}$$

这里，$a=u$，v，w；$r=x$，y，z；下标 m 和 p 分别代表模型和原型。

在模型和原型的紊流强度不相等的情况下，紊流积分尺度 L_a^r 的相似关系应满足：

$$\frac{L_{a,\mathrm{m}}^r\left(\dfrac{\sigma_u}{v_\mathrm{k}}\right)_\mathrm{m}}{L_{a,\mathrm{p}}^r\left(\dfrac{\sigma_u}{v_\mathrm{k}}\right)_\mathrm{p}}=\frac{L_{\mathrm{m}}}{L_{\mathrm{p}}}=\lambda_{\mathrm{L}} \tag{5-35}$$

这里，$v_\mathrm{k}=(v_\varepsilon)^{1/4}$ 为 Kolomogorov 速度尺度，单位 m/s；$v=\mu/\rho$ 为空气的运动粘性系数；ε 为空气的耗散系数，代表了紊流惯性子区中的旋涡平均尺度；σ_u 为纵向脉动风速的均方根，单位为 m/s。

2）运动相似。运动相似对紊流特性的模拟主要有下述 3 个方面的要求：①模型流场中各点的气流速度和原型流场中相应点的气流速度之比均应等于统一的风速缩尺比；②模型流场中的无量纲的紊流强度的分布应和原型流场中的一致；③模型和原型流场中的紊流频率成分相似，即模型和原型流场中对应点的脉动风速无量纲自功率谱、对应的任意两点之间脉动风速无量纲互谱（空间和时间相关性）相同。紊流频谱主要反映了紊流的脉动能量在不同频率也即不同尺度涡上的分布。对于构筑物的风载和风振问题，主要要求精确模拟在构筑物固有频率附近以及自然风卓越频率附近的紊流谱的形状，但后者的难度较大，实践中模拟流场的低频能量往往较低，达不到要求。

3）动力相似。紊流特性的模拟原则上还要求紊流雷诺数相似，而在废气排放问题的研究中还要求排放雷诺数相似。

（2）紊流场的被动模拟技术。紊流场的被动模拟技术是指利用粗糙元、格栅和尖塔阵等被动紊流发生装置形成所需模拟紊流场的模拟技术。被动模拟装置不需要能量输入。风洞中较早出现的被动紊流模拟装置是平板格栅（见图 5-26），不同宽度和间距的平板组合在风洞下游足够远处形成各向同性紊流，紊流的强度与尺度一般与平板的尺度有关。采用变间距平板格栅可以模拟大气边界层风速剖面（见图5-27），但是由于其模拟的平均风平面光滑性不佳，因此实际应用中主要用于模拟空间均匀的紊流场，而很少用来模拟平均风或紊流度平面。

图 5-26　平板格栅紊流场模拟装置

尖塔阵和粗糙元模拟技术是最常用的边界层风场模拟技术，始于20世纪60年代末。这种技术利用安装在试验段入口附近的一排尖塔阵和按一定规律布置在模型上游风洞地板上的若干排粗糙元，来产生所需要的模拟风场（见图5-28）。粗糙元一般采用长方体形状。尖塔的基本结构如图5-29所示，由迎风板和顺风向的隔板组成。迎风板尺寸下大上小，有弧形迎风板、梯形迎风板、三角形迎风板和由三角形板和矩形板组合而成的异形迎风板，最常用的为三角形尖塔和异形尖塔。

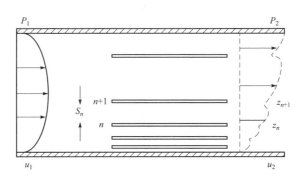

图 5-27　变间距平板格栅及其模拟的平均风剖面示意

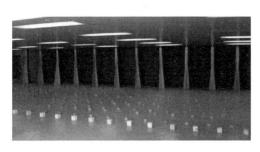

图 5-28　尖塔阵和粗糙元及其在风洞中的布置示意图

研究表明，在长试验段风洞中，通过长约20～30m的粗糙底壁可自然形成厚度介于0.5～1m的边界层。如果在试验段入口处再布置一排尖塔阵，还可以进一步增加边界层的厚度。以往的试验研究表明边界层中气流动量损失与顺试验段的压力降和尖塔的阻力（包括堵塞效应和底壁的阻力）成正比；而且

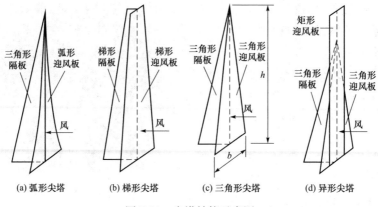

图 5-29　尖塔结构示意图

当尖塔之间的中心间距为塔尖高度 h 一半时，在离尖塔 $6h$ 的下游截面处气流的横向均匀性已能满足要求。

在长试验段风洞中模拟大气边界层紊流场，可能是目前技术水平下用被动模拟方法所能达到的最好效果。但是，即使在入口处不使用尖塔阵等被动装置，也不能完全达到模拟流场和实际流场中的紊流相似性，如果在入口处采用了尖塔阵、格栅等被动装置，紊流的相似性将更差。虽然如此，限于目前流场模拟的技术水平和费用，尖塔阵和粗糙元模拟技术以其经济和简便的特点成为大气边界层风洞模拟的主流技术，其最大优点是很容易生成平均风速剖面，并在接近地面的高度范围内获得较大的紊流强度，但其对低频紊流的模拟不足，紊流强度随高度衰减过快，紊流积分尺度一般在 30～50cm 之间，相当于近地层大气湍流尺度的 1/500～1/300，这也是许多建筑结构测压试验选择 1/500～1/300 几何缩尺模型的重要考虑。异形尖塔中的矩形板作用就是为了减小紊流度沿高度的衰减速度。

对于常规三角形尖塔，当要求边界层高度小于风洞试验段高度时，可按下述方法设计其初始参数，然后通过试验调整其尺寸和间距：①选定要求的边界层高度 H_G；②选定要求的平均风剖面幂函数指数 α；③按下式计算尖塔的塔高 h：

$$h = \frac{1.39 H_G}{1 + 0.5\alpha} \tag{5-36}$$

当尖塔的横向中心距为 $h/2$ 时，可按下式确定尖塔的底边宽度 b：

$$\frac{b}{h} = \frac{0.5\left[\dfrac{\psi\left(\dfrac{H}{H_G}\right)}{1 + \psi}\right]}{1 + 0.5\alpha} \tag{5-37}$$

$$\psi = \frac{\left\{\dfrac{2}{1+2\alpha} + \beta - \dfrac{1.13\alpha}{[(1+\alpha)(1+0.5\alpha)]}\right\}\beta}{(1-\beta)^2} \tag{5-38}$$

$$\beta = \frac{\left(\dfrac{H}{H_{\mathrm{G}}}\right)^{\alpha}}{1+\alpha} \tag{5-39}$$

式中 H——风洞试验段的高度，m。

用上述方法确定的尖塔，还需要结合在其下游 $6h$ 距离的范围内布置粗糙块，才能获得所需要的平均风剖面。粗糙块距离的调节与粗糙块的大小和其在风洞中排列的密度比（A_{r}/S）有关，这里，A_{r} 为所有粗糙块的水平面面积之和，S 为风洞试验段横截面面积。对于立方体粗糙块，其高度 h_{r} 可按下式估算：

$$\frac{h_{\mathrm{r}}}{H_{\mathrm{G}}} = \exp\left\{\frac{2}{3}\ln\left(\frac{d_{\mathrm{r}}}{H_{\mathrm{G}}}\right) - 0.1161\left(\frac{2}{C_{\mathrm{f}}} + 2.05\right)^{\frac{1}{2}}\right\} \tag{5-40}$$

$$C_{\mathrm{f}} = 0.136\left(\frac{\alpha}{1+\alpha}\right)^2 \tag{5-41}$$

式中 d_{r}——相邻两粗糙块之间中心距离；

C_{f}——从尖塔到下游 $6h$ 距离范围内底壁的表摩擦系数。

上式适用于 $30 < H_{\mathrm{G}}d_{\mathrm{r}}^2/h_{\mathrm{r}}^3 < 2000$ 的情况。粗糙块的密度比 A_{r}/S 值的变化对边界层的速度分布起很大的作用。密度比的变化将会导致 3 种不同的流态：①A_{r}/S 值非常小时，每个粗糙块只单独地起作用，各粗糙块的绕流之间没有干扰，因此摩擦力很小；②A_{r}/S 值非常大时，粗糙块绕流从其顶部擦掠而过，摩擦力也很小；③A_{r}/S 值中等时，各粗糙块的绕流之间产生的相互干扰使摩擦力比较大。大量的试验研究表明，构成上述 3 种流态的条件大致是 $A_{\mathrm{r}}/S < 10\%$、$A_{\mathrm{r}}/S > 15\%$ 和 $10\% \leqslant A_{\mathrm{r}}/S \leqslant 15\%$。

从尖塔下游 $6h$ 距离到 $6h + \Delta x$ 距离范围内，边界层厚度的增长量 $\Delta\delta$ 可用下式估算：

$$\Delta\delta = 0.068\alpha \cdot \Delta x \cdot F \cdot \frac{1+2\alpha}{1+\alpha} \tag{5-42}$$

式中 F——修正因子，与风对壁面边界层增厚引起的风对矩形试验段中的压降有关。如果采取了可调顶壁、渐变切角等措施而消除了压降，那么 $F = 1$，否则：

$$F \approx \frac{1}{\left[1 + \dfrac{H_{\mathrm{G}}}{H} \cdot \dfrac{\alpha(3+2\alpha)}{1+\alpha\left(1-\dfrac{H_{\mathrm{G}}}{H}\right)}\right]} \tag{5-43}$$

此外，为了增加风洞中模拟边界层风场上部的紊流度，还可以采用粗糙元、

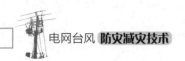

尖塔阵和平板格栅组合而成的混合模拟装置，图 5-30 所示的被动装置就是这类混合模拟装置的一个实例。图 5-31 为该混合装置产生的模拟风场的平均风剖面和紊流度剖面，由图可见，模拟流场上部的顺风向紊流度到达了 10% 左右，达到了预期效果。

图 5-30   用于大气边界层模拟的粗糙元、尖塔阵和平板格栅混合装置

一般对模拟边界层风场的实测平均风剖面的拟合可以按下述方法进行。平均风剖面的密函数表达式为：

$$U(z) = U_G \left(\frac{z}{H_G} \right)^{\alpha} \tag{5-44}$$

对其两边取对数可得：

$$\ln U(z) = \ln U_G + \alpha \ln \left(\frac{z}{H_G} \right) \tag{5-45}$$

令：$x = \ln(z/H_G)$ ，$y = \ln U(z)$ ，$C = \ln U_G$ ，则有：

$$y = \alpha x + C \tag{5-46}$$

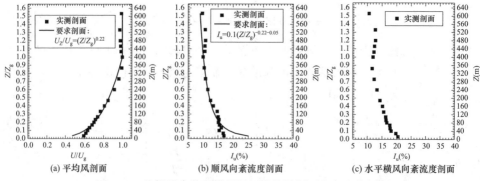

图 5-31   格栅混合装置模拟风场平均风剖面和紊流度剖面

这样，利用线性最小二乘拟合方法即可以得到密函数指数 α 和常数 C，进一步可得模拟边界层的梯度风速度 $U_G=e^C$。用上述方法拟合的平均风剖面满足在梯度风高度处 $U/G_G=1$。需要说明的是，这里梯度风高度（即边界层高度）H_G 根据不同地貌类别按规范取值。对于大多数建筑物，高度一般均小于各类地貌的梯度风高度，由此，在边界层风场的模拟时一般只注重从地面至略高于建筑物高度的范围内风剖面的模拟精度，流场测试高度也局限于这一高度范围以内，对边界层的高度一般不做模拟，甚至边界层高度的模型值已超过了风洞的高度。但是，当建筑物高度超过边界层高度时（如广州新电视塔），不仅应对整个边界层高度内的风剖面进行模拟，而且还要模拟边界层高度以上至结构顶的常风速部分的剖面，此时边界层高度 H_G 也要仔细模拟以保证足够的精度。

5.3.2.2　考虑桩土相互作用的配电网混凝土电杆风洞试验方法

　　混凝土电杆大多采用直埋式基础，这种基础通过埋置在土中的部分电杆提供竖向支撑力和抗倾覆力矩。在进行抗风计算时，混凝土电杆很少考虑桩土相互作用对风振响应的影响。随着沿海地区台风登陆频次的增多，在电压等级和安全裕度均较低的配电线路中，混凝土电杆遭受破坏严重。因其直接关乎生产生活用电的最后一公里问题，提高混凝土电杆抗风安全性的需求在不断提高。为提高混凝土电杆的抗风性能，首先需要获取更为准确的混凝土电杆的风振响应。在理论分析中，通过设置土弹簧已经可以考虑桩土相互作用对混凝土电杆风振响应的影响，但如何在风洞试验中考虑桩土相互作用无法实现。在此背景下，依据风洞试验模型制作的相似准则，提出了设计此类风洞试验气弹模型的方法。

　　具体实现步骤及分析方法如下：

　　（1）土弹簧刚度模拟。根据试验预定的土层划分层数，将混凝土电杆埋置于土中的部分进行分层。为了确保模型安装后的稳定性，分层数不应少于 2 层。根据混凝土电杆埋置点位处的土层 m_i 值，土层厚度 h_i、土层中部位置处电杆直径 D_i 及分层土层中点距地面距离 z_i，按照式（5-47）计算对应分层处土弹簧刚度 k_i。

$$k_i=m_iDh_iz_i \tag{5-47}$$

式中　i——层数，$i=1,2,\cdots,n$。

　　（2）考虑桩土相互作用的混凝土电杆力学模型。为考虑混凝土电杆在风荷载作用下可能较大的静位移，甚至可能发生倾倒，混凝土电杆底部与土体发生接触位置处的约束，简化为滚轴铰接。仅提供竖向支撑作用，放松混凝土电杆顺风向扭转，约束横风向扭转。在电杆底部顺风向设置弹簧，模拟电杆底部周围土体对混凝土电杆的顺风向弹性支撑作用。因电杆两侧提供弹性约束的弹簧

为并联弹簧组，每层弹性约束的两侧弹簧刚度 k_{i1}、k_{i2} 和该层土提供的弹性约束刚度 k_i 的关系为：

$$k_i = k_{i1} + k_{i2} \qquad (5\text{-}48)$$

（3）气弹模型设计计算。

1）根据混凝土电杆的高度及即将开展风振响应测试的试验断面的高度，确定气动模型设计采用的几何相似比和风速比。

2）依据无量纲相似准则，以及混凝土电杆截面的等效弹性模量 E_a、截面面积 S_a，芯棒材料对应的弹性模量 E_g 确定混凝土电杆芯棒的截面形状及截面尺寸。

3）依据无量纲相似准则，每层弹性约束的两侧弹簧刚度 k_{i1}、k_{i2}，计算电杆底部支撑弹簧的刚度。采取拉力弹簧的连接型式，计算所需选用的弹簧线径 d，外径 D_0，内径 D_i 和弹簧匝数 N_c。

$$k = \frac{G \times d^4}{8 \times D_m^3 \times N_c} \qquad (5\text{-}49)$$

式中 G——弹簧线材弹性模量，$D_m = D_0 - d$ 为弹簧中径。

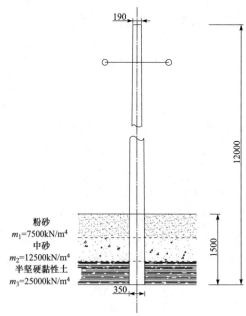

图 5-32 终端杆实例

基于式（5-49），设计各层弹簧的丝径、中径、匝数，应使各层弹簧的长度基本一致，以免混凝土电杆模型振动过程中，出现层间弹簧变形不协调问题。

4）设计外部弹簧固定框架，保持弹簧处于拉力状态使用，混凝土电杆模型铰接固定于框架底部。

下面应用具体实例介绍考虑桩土相互作用的混凝土电杆气弹模型设计方法。

（1）某 D-5 型终端杆几何尺寸、埋置深度及土层特性如图 5-32 所示。

根据图 5-32 所示各层土类别，按照表 5-28 对应土层刚度进行取值，确定 $m_1 = 7500\text{kN/m}^4$，$D_1 = 0.335\text{m}$，$h_1 = 0.5\text{m}$，$z_1 = 0.25\text{m}$，代入公式（5-47）中得 $k_1 = 314\text{kN/m}$；$m_2 = 12500\text{kN/m}^4$，$D_2 = 0.341\text{m}$，$h_2 = 0.5\text{m}$，$z_1 = 0.75\text{m}$，代入公式（5-48）中得 $k_2 = 1598\text{kN/m}$；$m_3 = 25000\text{kN/m}^4$，$D_3 = 0.347\text{m}$，$h_3 = 0.5\text{m}$，$z_3 = 1.25\text{m}$，代入公式（5-49）中得 $k_3 = 5421\text{kN/m}$。

| 表 5-28 | | m 法土弹簧取值表 | (kN/m⁴) |

表 5-28   **m 法土弹簧取值表** (kN/m^4)

序号	土的名称	m 取值
1	流塑黏性土，淤泥	3000～5000
2	软塑黏性土，粉砂	5000～10000
3	硬塑黏性土，细砂、中砂	10000～20000
4	坚硬，半坚硬黏性土，粗砂	20000～30000
5	砾砂，角砂，圆砾，碎石，卵石	30000～80000
6	密实卵石夹粗砂，密实漂卵石	80000～120000

（2）将混凝土电杆底部与土体发生接触位置处的约束，简化为滚轴铰接。因电杆两侧提供弹性约束的弹簧为并联弹簧组，依据公式（5-48）计算得到第 1 层的 2 个弹簧的刚度为 $k_{11}=k_{12}=157\text{kN/m}$，第 2 层的 2 个弹簧的刚度为 $k_{21}=k_{22}=799\text{kN/m}$，第 3 层的 2 个弹簧的刚度为 $k_{31}=k_{32}=2710\text{kN/m}$。

（3）所选用的风洞试验断面为 2m 高，混凝土电杆全高 15m，几何缩尺比取为 λ_L 取为 1：10，风速比取为 1：2。

（4）根据混凝土电杆的配筋率，确定混凝土电杆截面的等效弹性模量 E_a 取为 $5.7\times10^4\text{MPa}$，中间截面为例，截面直径 d_p 为 0.27m，圆形截面抗弯惯性矩 $I_p=\dfrac{\pi d_p^4}{64}=2.61\times10^{-4}\text{m}^4$，芯棒采用 Q235 钢，$E_g$ 取为 $2.06\times10^5\text{MPa}$。表 5-29 为气弹模型设计无量纲相似系数。按照抗弯刚度相似准则 $\lambda_{EI}=\dfrac{E_m I_m}{E_p I_p}=\dfrac{1}{m^2 n^4}$，

模型断面抗弯惯性矩 $I_m=\dfrac{E_p I_p}{E_m m^2 n^4}=\dfrac{5.7\times10^{10}\times2.61\times10^{-4}}{2.06\times10^{11}\times2^2\times10^4}=1.805\times10^{-9}\text{N}\cdot\text{m}^2$，

模型芯棒也设计为圆形断面，圆形断面的直径 d 为 0.014m。其他截面按照上述算法，代入各混凝土电杆原型断面直径，即可计算得到对应的模型断面直径。

（5）按照拉伸刚度相似准则 $\lambda_{EA}=\dfrac{E_m F_m}{E_p F_p}=\dfrac{E_m k_m x_m}{E_p k_p x_p}=\dfrac{1}{n^3}$，因 $\dfrac{x_m}{x_p}=\dfrac{1}{n}$，则 $\dfrac{k_m}{k_p}=\dfrac{1}{n^2}$，根据原型土层弹簧刚度计算模型弹簧刚度 $k_{m1}=\dfrac{k_{11}}{n^2}=\dfrac{157}{100}=1.57\text{N/m}$；

$k_{m2}=\dfrac{k_{22}}{n^2}=\dfrac{799}{100}=7.99\text{N/m}$；$k_{m3}=\dfrac{k_{11}}{n^2}=\dfrac{2710}{100}=27.1\text{N/m}$。

表 5-29   **气弹模型设计无量纲相似系数**

相似参量	相似参数	相似关系	相似参量	相似参数	相似关系
长度	λ_L	$1/n$	加速度	λ_a	n/m^2
空气密度	λ_ρ	$1/1$	风速	λ_V	$1/m$

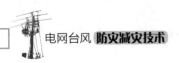
续表

相似参量	相似参数	相似关系	相似参量	相似参数	相似关系
总体质量	λ_m	$1/n^3$	线位移	λ_d	$1/n$
时间	λ_t	m/n	频率	λ_f	n/m
阻尼比	λ_ξ	$1/1$	张力	λ_{EF}	$1/n^3$
弯曲刚度	λ_{EI}	$1/m^2n^4$	—	—	—

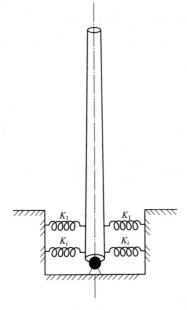

图 5-33　混凝土电杆气弹
模型受力简化图示

（6）设计外部弹簧固定框架，保持弹簧处于拉力状态使用，混凝土电杆模型铰接固定于框架底部。图 5-33 为设计得到的混凝土电杆气弹模型受力简化图。

5.3.2.3　水泥电杆仿风载荷动态加载装置

通过电杆仿风载荷动态加载装置模拟动态风载荷作用于电杆的效果，利用该加载装置来检验电杆地基在风载荷作用下的牢靠性。

1. 系统总体方案

加载系统的总体构成如图 5-34 所示，主要包括执行装置和控制系统两个部分。执行装置主要包括伺服电机系统，滚柱减速器、钢丝卷盘、钢丝绳、定滑轮等。控制系统主要包括倾角传感器、张力传感器、数据采集模块、数模转换（D/A）输出模块、主控计算机等。

加载系统通过钢丝绳施加动态等效力于电杆，模拟实际脉动风作用于电杆时对地基产生的弯矩，钢丝绳连接在电杆的末端，其张力大小的改变由张紧度决定，加载系统利用伺服电机产生加载动力，经过减速器带动钢丝卷盘转动实现钢丝绳张紧度的动态调节，定滑轮安装在刚性固定支架之上，用于改变钢丝绳的移动方向，以方便与钢丝卷盘进行连接。加载系统利用多通道数据采集模块实时采集张力传感器和倾角传感器的模拟信号，与钢丝绳串联的张力传感器用于反馈实际加载力值，安装于电杆上的倾角传感器则用于检测电杆受力作用后的倾角值，倾角值作为电杆抗倾覆能力的判断依据。主控计算机上预存储待加载动态等效力的理论值，并与实际加载力值进行比较，基于比较后的差值，控制器计算伺服电机系统所需的控制量，该控制量经过 D/A 输出模块后得到电压信号发送给伺服驱动器，从而实现对钢丝绳拉力的闭环控制。伺服电机系统工作在速度模式，当实际加载力与理论值偏差较大时，通过快速度迅速减小偏差，等到偏差较小时，再慢速微调，这种调整方式与不考虑速度的位置模式相比，提高了控制系统的实时性，更好地满足脉动风力快速变化的需要。

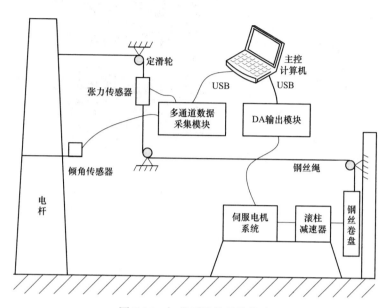

图 5-34　加载系统的总体构成

2. 加载装置硬件系统

地面加载机构主要由伺服电机系统、固定支架（L 支架）、滚珠减速器、钢丝绳轮构成，钢丝绳轮是设计加工的，设计了专门固定钢丝绳的方法，线槽用于引导钢丝绳缠绕。地面加载机构如图 5-35 所示。

加载装置的控制系统主要是进行电气控制，既与上位机进行数据、指令交流，又控制动作装置进行加载，其组成包括伺服电机系统、NI 采集卡、电流转电压变送器、开关电源、空气开关、交流接触器等等，控制系统的硬件安装在电器柜内。

3. 加载装置软件系统

主控计算机端软件在 LabVIEW 环境下进行组件化开发，软件界面由控制界面和参数配置界面构成，分别如图 5-36 和图 5-37 所示。

图 5-35　地面加载机构

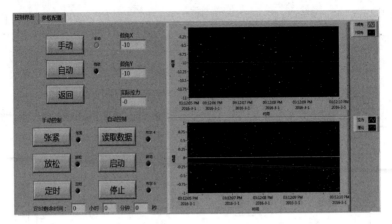

图 5-36　主控计算机控制界面

控制界面包括手动、自动、返回、张紧、放松、定时、读取数据、启动、停止 9 个按钮；倾角 X、倾角 Y、实际拉力、定时剩余时间 4 个数字显示控件；倾角和拉力的两个对应的图形显示控件。

参数配置界面有参数配置、恢复出厂配置两个按钮；有电压补偿、输出电压极限、小循环时间、大循环时间、倾角 X 的初始值、倾角 Y 的初始值、实际拉力的初始值、定时时间 8 个数字控件；还有一个电机转向的选择按钮。

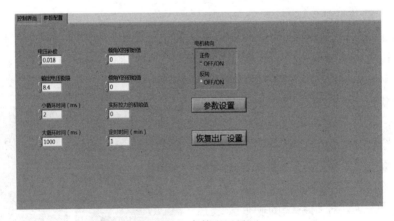

图 5-37　参数配置界面

开发上位机软件主要为了实现图 5-38 所示功能，根据不同现场条件进行系统参数配置，拉力和倾角的模拟量采集与显示，将实验数据保存下来以便后期研究，通过对伺服电机的闭环控制来使实际拉力尽可能接近软件仿真得到的理论拉力。

加载过程中，软件一边控制加载运行，一边会把加载过程中的实验数据实时保存到 Excel 文件，并以加载开始时间命名文件，方便后期查找数据。

4. 系统运行效果

14 级风力的模拟效果如图 5-39 所示，执行电机功率为 1.1kW，风力峰值达 8689N，表明加载装置的输入能力完全可以满足大风力的模拟要求。

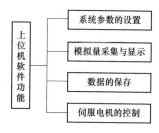

图 5-38　上位机软件功能图

选取静态理论风力值 1000N，加载系统的跟踪效果如图 5-40 所示。由图可得该系统可以达到较好的跟踪效果，跟踪速度快，稳态误差小（±5N 内）。

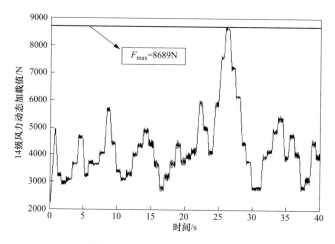

图 5-39　14 级风力的模拟效果

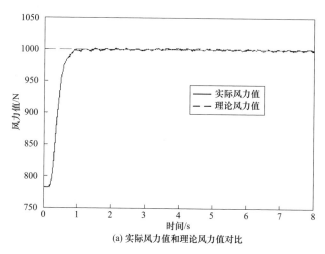

(a) 实际风力值和理论风力值对比

图 5-40　1000N 静态风力的跟踪效果（一）

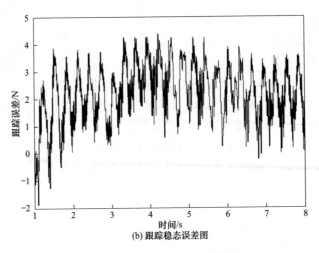

(b) 跟踪稳态误差图

图 5-40   1000N 静态风力的跟踪效果（二）

进行 12 级脉动风力的跟踪实验，结果如图 5-41 和图 5-42 所示，实际模拟值与理论动态风力值的吻合度较好，控制平均相对误差在 1‰ 以内，精度较高。可见，设计的加载装置可以满足实际应用要求，具备较好的加载效果。

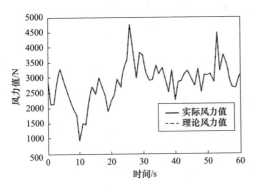

图 5-41   12 级脉动风力的跟踪效果

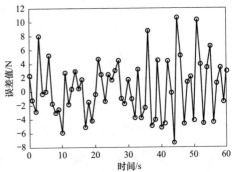

图 5-42   12 级脉动风力的跟踪误差

6 电网台风灾害监测预警与风险评估

监测预警可实现电网防台抗台工作由"被动"到"主动"、由"事后"到"事前"的重大转变,有效降低电网台风灾损。风险评估可提出防御和降低电网台风灾害风险的措施,将电网台风灾损控制在最低限度内。监测预警和风险评估均是电网防台减灾中的重要环节。

本章首先介绍了电网台风灾害监测手段,开展了台风灾害预测预警工作;然后阐述了灾害风险评估和应对能力评估理论方法;最后介绍了典型的电网台风灾害监测预警与风险评估系统。

6.1 电网台风灾害监测

当前,气象部门的台风及相关气象预报产品以面向全社会服务为目的,其观测塔、观测台、自动气象站、气象雷达等观测设备布点并不针对电网设备专门建立;对风速、风向等气象数据的监测,气象部门固有的不同气压高度处的观测数据、数值计算方法和计算结果等,并未考虑输电线路不同杆塔高度处风速、风向等气象数据监测的需要,同时对电网线路段、杆塔等处存在监测覆盖范围不足、监测精度不高等缺点。因此,有必要开展专门针对电网的台风监测工作。

电网台风灾害监测通过快速研判台风导致的电网停电故障,实现台风造成的重要输电通道、枢纽变电站和生命线工程用户等关键灾损信息的动态监测,保证应急物资调配、抢修优先等级安排、跨区支援力量投入、应急发电车临时供电等组织研判工作更加科学、快速,彻底解决电网防台抗台基本处于"盲调"的问题,为灾后快速抢修发挥积极作用。

6.1.1 监测信息和方法

电网台风灾害监测可从台风气象监测和电网台风灾损监测两部分进行阐述。

6.1.1.1 台风气象监测

台风气象监测信息主要包括台风动态和气象(风雨)监测两部分。以 2017

年"纳沙"和"海棠"双台风为例,国网强台风环境抗风减灾科技攻关团队开展了台风监测。

1. 台风动态

7月25日23时,2017年09号台风"纳沙"在菲律宾东部海面生成,29日17时40分前后,台风"纳沙"在台湾宜兰登陆,登陆时中心附近最大风力有13级(40m/s),960hPa;30日06时前后在福建福清再次登陆,福建省福清市沿海登陆,登陆时中心附近最大风力有12级(33m/s),中心最低气压为975hPa。

2017年第09号台风"纳沙"(编号:201709)7月30日17时位于26.1°N、117.8°E,位于福建省三明市境内。强度为强热低压,近中心最大风力6级,12m/s(约43km/h),中心气压990hPa。预计"纳沙"将以5km/h左右的速度向南偏西方向移动,强度逐渐减弱。

2017年第10号台风"海棠"(编号:201710)7月30日17时位于22.1°N、120.5°E,距离台湾鹅銮鼻西偏北方向40km的海面上。强度为热带风暴,近中心最大风9级,23m/s(约83km/h),中心气压985hPa。七级风圈半径为东北方向100km,东南方向150km,西南方向150km,西北方向100km。预计"海棠"将以25~30km/h左右的速度向偏北方向移动,强度变化不大。

2. 气象监测

(1)风情监测。过去24h(2017年7月29日17时~2017年7月30日17时),全省福州、宁德、莆田、泉州4市和平潭综合实验区共11个县(区)的2min平均风速达到9级及以上(≥20.8m/s),依次为晋安区(27.2m/s)、长乐(35m/s)、平潭综合实验区(41m/s)、福清(24.4m/s)、连江县(26.9m/s)、闽侯县(23m/s)、福鼎(29.1m/s)、柘荣县(22m/s)、霞浦县(24.3m/s)、秀屿区(29.5m/s)、德化县(23.9m/s),其中以平潭综合实验区澳前镇41m/s为最大,出现在7.3006:00~7:00。

(2)雨情监测。过去24h(2017年7月29日17时~2017年7月30日17时),全省无特大暴雨区域。

福州、宁德、莆田3市共8个县(区)的累计降雨量达到大暴雨级别(100~249.9mm),依次为永泰县(186.6mm)、连江县(150.4mm)、蕉城区(146.3mm)、晋安(138.4mm)、霞浦县(132.9mm)、仙游县(117.8mm)、福鼎(107.8mm)、秀屿区(107.8mm),其中以永泰县岭路乡186.6mm为最大。

台风气象监测的主要手段和设备在第1章中进行了详细的介绍,此处不再赘述。由于气象部门的台风及相关气象预报产品以面向全社会服务为目的,其观测设备布点并不针对电网设备专门建立,可能无法满足电网防抗台风的监测需求。为此，电网部门近些年自建了一些针对电网设备的气象监测站，主要以自动气象站和天气雷达为主。

6.1.1.2 电网台风灾损监测

在以前的电网防抗台风工作中，灾损统计靠报表、指令传达靠开会、信息反馈靠电话、停电设备靠确认，呈现出"一半人忙于抢修，一半人忙于统计"的问题，应急指挥和组织效率亟待提升。ECS 系统中"电网停电监测模块"可统计台风灾害下各类输、变、配设备的停运情况，为电网台风灾损的监测提供了一条快捷、智能的途径。

➡ 6.1.2 监测布点策略

为弥补气象监测布点对电网线路段、杆塔覆盖范围不足的缺点，电网部门有必补充自建一些自动气象站。同时，考虑到建设和运维成本，需要根据电网台风灾害特点，开展分期布点和布点优化工作。

6.1.2.1 分期布点策略

1. 分期布点原则

综合考虑现有气象站点位置、电力塔杆位置、大风区分布和倒杆位置点情况，为避免重复建设，自建气象站布点建议遵循以下原则：

（1）充分利用现有气象站点资料。

（2）充分利用现有塔杆布设自动气象站。

（3）按照先沿海后内陆，先倒杆区后一般区域分期布设。

（4）倒杆和风区重叠区域的气象站点密度适当增大，其他区域的气象站点密度适当减小。

2. 分期布点目标

出于建设资金方面的考虑，站点建设可分成三期进行：第一期在倒杆和大风区重叠区域建设自动气象站，第二期在倒杆位置或大风区建设自动气象站，第三期在一般区域建设自动气象站。

3. 分期布点方案

根据站点布设原则和分期目标，提出监测站点布设的总体方案，如图 6-1 所示。

具体步骤为：

（1）一期站点参考位置。首先，在倒杆范围 3km 内选择离倒杆最近的气象部门建设的自动气象站，作为参考气象站。然后，在余下杆塔的 3km 范围内，依次筛选最近的 500、220、110kV 杆塔，作为要新建自动气象站的杆塔。最后，用 5km×5km 网格划分大风区，筛选没有自动站、没有新建站的网格，在此基

础上，进一步筛选倒杆位置 5km 范围内的网格，以这些网格的中心为坐标，作为新建站的位置。

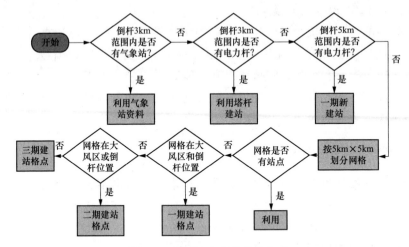

图 6-1　监测站点布设总体方案

（2）二期站点参考位置。合并大风区网格和内陆部分一期未建站的倒杆点周边网格，去除一期已建站的格点，将这些格点的中心坐标作为新建站的位置。

（3）三期站点参考位置。将整个区域按 5km×5km 网格划分，并去除以下 3 类网格：

1）一、二期已建站的网格；

2）包含气象部门自动站的网格；

3）网格内高程数值大于 1200m。

以筛选过后的网格中心作为新建站的中心坐标。

6.1.2.2　布点优化策略

针对微气象站布点位置尚缺乏有效的参考依据，提出了一种基于人工鱼群算法的输电线路台风监测微气象站布点策略。首先，以输电线路重要性及其受台风破坏的风险程度为目标，构建输电线路台风监测微气象站布点策略的优化模型。然后，通过人工鱼群算法对其进行求解得到最优布点策略。最后，根据气象部门的自动气象站监测数据，对福建电网 500kV 输电线路台风监测微气象站布点进行优化，得到 20 和 40 两种不同安装数量下的微气象站最优布点策略。

1. 优化模型

（1）布点优化策略。以输电线路杆塔台风作用下的受损风险为优化目标，建立输电线路台风监测微气象站布点优化模型。目前常用的风险定义是事件的风险由事件不利影响发生的可能性和后果的严重程度综合确定，即：

$$R = f(p, h) \tag{6-1}$$

式中 R——事件风险值;

p——事件发生的可能性;

h——风险的影响程度。

台风环境下输电线路的风险值定义为台风造成线路故障概率和由此产生的输电线路损失的乘积,可表示为:

$$R_t = f(p_t, h_t) = p_t \times h_t \tag{6-2}$$

式中 R_t——台风环境下输电线路的风险值;

p_t——台风造成输电线路故障的概率;

h_t——台风造成输电线路损失值。

从经济性和实用性上考虑,布点优化模型以所布微气象站半径 3km 内没有其他待安装微气象站和带有风速监测功能的自动气象站为约束条件,认为布点优化模型的适应度是约束条件下所安装微气象站所在杆塔的风险值之和,即:

$$\max Z(x) = \sum_{i=1}^{m} R_t(x_i) = \sum_{i=1}^{m} p_t(x_i) \times h_t(x_i) \tag{6-3}$$

式中 Z——布点优化模型的适应度;

x——布点方案的 m 维向量, $x = x_1, x_2, \cdots, x_m$;

m——布点方案所安装微气象站数量。

$Z(x)$ 最大值对应的 x 即为所求最优布点方案。

(2)输电线路风险值。由式(6-1)~式(6-3)可知,求取微气象站布点优化模型的最优解,需要求取各输电杆塔在台风环境下的故障概率和损失值。

输电杆塔故障主要由不同等级强风、强降雨及其引发的次生灾害造成,因此风速和降雨量是输电杆塔故障的致灾因子。为了确定致灾因子导致输电杆塔故障的概率,可以通过以下方法:①通过统计分析输电杆塔多年的故障记录,得到台风造成的故障率;②通过建立台风环境下输电杆塔的故障计算模型,利用气象信息计算线路故障概率。建立了风速和降雨量在不同气象等级下的故障率模型,可用式(6-4)求出:

$$p_i = \frac{m(x_i)}{n(x_i)} \tag{6-4}$$

式中 p_i——某一种气象因素在气象等级 i 下输电线路的故障率;

$m(x_i)$——该种气象因素在气象等级 i 下输电线路发生故障的次数;

$n(x_i)$——该种气象因素下出现气象等级 i 的总次数。

根据 2008~2016 年福建省气象部门的自动气象站监测数据以及电力部门提供的输电线路故障数据,得到风速和降雨量在不同气象等级下的故障率,如

表 6-1 所示。

表 6-1 风速和降雨量在不同气象等级下的故障率

气象因素		风险等级				
		1 级	2 级	3 级	4 级	5 级
风速	x_i(m/s)	$x_i<16$	$16<x_i<24$	$24<x_i<32$	$32<x_i<40$	$x_i>40$
	p_i	0.0025	0.0083	0.0292	0.0536	0.0671
降雨量	x_i(mm/h)	$x_i<20$	$20<x_i<30$	$30<x_i<40$	$40<x_i<50$	$x_i>50$
	p_i	0.0069	0.0130	0.0193	0.0280	0.0466

风险等级的划分视实际情况而定，等级太少会降低模型精度，太多则会增加模型的复杂度。为此，将输电线路风险划分为 1～5 级，分别对应低风险、中低风险、中风险、中高风险和高风险。由于一般获取到的风速和降雨量的预报存在一定的误差，可以采用模糊思想，建立输电杆塔故障率的模糊数学模型。

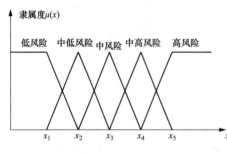

图 6-2 输电线路风险隶属度函数

输电线路风险隶属度函数如图 6-2 所示，其模糊度函数为 5，即低风险（$x_i<x_2$）、中低风险（$x_1<x_i<x_3$）、中风险（$x_2<x_i<x_4$）、中高风险（$x_3<x_i<x_5$）和高风险（$x_i>x_4$）。x_1、x_2、x_3、x_4、x_5 分别表示 5 个风险等级的阈值。通过重心法去模糊化（center of gravity，COG）得到输电线路的故障率，其计算公式为：

$$u_0=\frac{\sum_{i=1}^{m}x_i^m\mu(x_i^m)}{\sum_{i=1}^{m}\mu(x_i^m)} \tag{6-5}$$

式中 u_0——重心法的输出值，即输电线路的故障率；

m——离散论域中的元素数量，即气象因素的数量，本书中为 2；

(x_i^m)——第 m 个因素下 x_i 的隶属度。

输电杆塔故障的损失值主要与故障影响的用户、损失的容量等有关。本书采用输电线路的重要性等级表征输电线路损失值，认为重要性等级更高的输电线路损失值更大。输电线路的重要性等级信息从电力部门获取。

（3）气象数据获取。输电线路与自动气象站之间往往存在一定的空间距离，为了获取输电线路杆塔的气象信息，可以通过插值方法近似得到。插值方法主要包括反距离加权法（inverse distance weight，IDW）、最近邻插值、样条插值、克里金插值以及 Cressman 插值等。本书采用反距离加权法进行插值。

反距离加权法根据在有限区域的气象要素的变化具有空间相关性的原理，假设空间上距离较近的事物要比距离较远的事物更相似。反距离加权法采用预测位置周围的测量值对其进行预测。与距离预测位置较远的测量值相比，距离预测位置最近的测量值对预测值的影响更大。

反距离加权法的插值原理为对于输电线路上的某基杆塔，在其周围选取一个半径若干公里的区域（可根据自动气象站和输电线路的具体情况设定）；在该区域中包含有若干个自动气象站，获取这些自动气象站的实测数据；根据在有限区域的气象要素的变化具有空间相关性的原理，通过对实测数据运用反距离加权法插值得到该杆塔位置的气象数据，如式（6-6）所示：

$$Z_A = \sum_{i=1}^n \frac{Z_i}{d_i^n} \Big/ \sum_{i=1}^n \frac{1}{d_i^n} \tag{6-6}$$

式中　Z_A——待插点 A 的风速插值；

　　　n——待插点 A 附近半径若干公里区域内自动气象站的数量；需要指出的是，自动气象站中部分区域站没有装设风速监测装置或者监测数据缺失，在计算 n 的时候应不考虑风速监测数据缺失的站点；

　　　d_i——待插点 A 与范围内有效站点 i 之间的距离；

　　　Z_i——站点 i 的风速监测值。

2. 优化算法

（1）优化布点方法和流程。为了得到微气象站的最优布点位置，需要对式（6-3）进行求解，得到 $Z(x)$ 最大值对应的布点方案 x。然而，省级以上地区的输电线路杆塔数量多，难以列举微气象站安装位置的全部组合。以在 10000 基杆塔上选取 20 基安装微气象站为例，安装位置的组合数约 4×10^{61} 个，远远超出目前计算机的计算能力。因此，有必要采用寻优算法减少运算量，快速得到优化结果。本书采用人工鱼群算法对布点模型进行求解，方法流程如图 6-3 所示。

（2）人工鱼群算法。人工鱼群算法是近年来提出的一种通过模仿鱼群的觅食行为从而实现寻优的一种算法。它能较好地解决非线性函数优化等问题，有着较快的全局寻优能力。算法模仿了鱼的 4 种典型行为：

1）觅食行为。鱼发现食物时，自

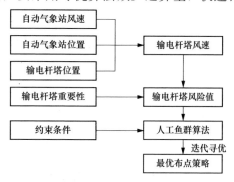

图 6-3　基于人工鱼群算法的
输电线路微气象站优化布点策略

身会向该方向快速游动。

2）尾随行为。鱼发现食物时，其邻近的伙伴会尾随至附近。

3）聚群行为。鱼在游动过程中为了保证自身的生存和躲避危害会自然地聚集成群。但鱼聚群时会尽量避免与邻近伙伴过于拥挤。

4）随机行为。鱼在水中自由游动，基本上是随机的，增加寻觅食物或同伴的范围。

这4种典型行为根据鱼群当前状态而确定，目的是保证鱼群高效觅食，保证种群的生存。人工鱼群算法就是通过这种群集智能（swarm intelligence，SI）来解决优化问题的。

人工鱼群算法的优化目标是输电杆塔在台风作用下的受损风险，将其作为人工鱼群的食物。人工鱼群算法优化布点的基本流程为：①鱼群初始化。输入初始数据，包括人工鱼条数、最大迭代次数、觅食行为最多尝试次数、视野、拥挤度因子和步长。在给定范围内随机生成个人工鱼个体，形成初始鱼群。鱼群中的每个人工鱼个体都代表一个初始方案。计算初始鱼群个体当前位置的食物浓度（适应度），并比较大小，取食物浓度最大者进入公告板，保存其位置及食物浓度。②聚群行为。设人工鱼 i 的当前状态为 X_i，探索视野范围内的伙伴数目 n_f 及中心位置 X_c，如果 $Y_c/n_f = \delta Y_i$（δ 为拥挤度），表明伙伴中心有较高的食物浓度并且不太拥挤，则朝伙伴的中心位置方向前进一步，否则执行觅食行为。③追尾行为。设人工鱼 i 的当前状态为 X_i，探索视野范围内的伙伴数目 n_f 及伙伴中 Y_i 最大的伙伴 X_j，如果 $Y_j/n_f = \delta Y_i$（δ 为拥挤度），表明伙伴 X_j 的状态有较高的食物浓度并且不太拥挤，则朝伙伴 X_j 的方向前进一步，否则执行觅食行为。④觅食行为。设人工鱼 i 的当前状态为 X_i，在其视野范围内随机选择一个状态 X_j，如果 $Y_j > Y_i$，则向该方向前进一步；反之，再重新随机选择状态 X_j，判断是否满足前进条件。直到重复次数达到觅食行为最多尝试次数后，若仍不满足前进条件，则随机移动一步。

各人工鱼行动一次后，检验自身位置的食物浓度与公告板比较。如果优于公告板，则取代之。进行迭代直到迭代次数 gen 达到预置的最大迭代次数 maxgen，输出此时公告板上的人工鱼位置及食物浓度，此即为所求优化模型的最优解。图 6-4 为人工鱼群算法流程。

3. 方法应用和验证

（1）应用场景。采用提出的方法对福建电网 500kV 输电线路微气象站布点策略进行了优化，得到 20 和 40 两种不同安装数量下的最优布点策略。研究采用的风速数据来源于 2008～2016 年福建省气象部门自动气象站的风速监测数据。所采用的鱼群算法优化参数如表 6-2 所示。

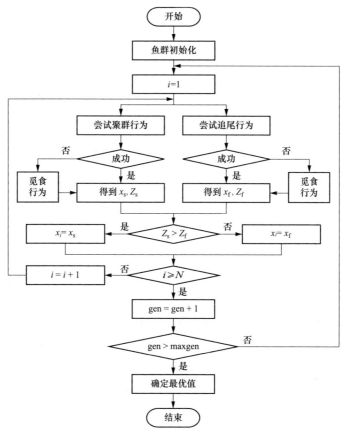

图 6-4 人工鱼群算法流程

表 6-2 　　　　　　　　　鱼 群 算 法 优 化 参 数

人工鱼条数	最大迭代次数	觅食行为最多尝试次数	视野	拥挤度因子	步长
1000	500	100	100	0.618	1

（2）优化布点结果。通过优化可以分别得到安装 20 和 40 套微气象站的最优布点策略，人工鱼群算法的食物浓度（适应度）曲线分别如图 6-5 和图 6-6 所示。

从优化结果可以看出，最优布点普遍位于东部沿海地区，这与福建省风区分布图是一致的。在安装 40 套微气象站的最优布点策略中，存在部分不属于安装 20 套微气象站的最优布点策略里的站点，这主要是由以下两个原因造成：①部分杆塔属于同一条线路且风速相差不大，导致计算出的杆塔风险值相近，在约束条件下可能出现不同杆塔被选中的情况。②寻优次数较少，目前实验在每个约束条件下进行 500 次迭代寻优，进行 1 次迭代的平均用时为 2.064s。但迭代次数过多会增加运算时间且布点策略优化效率较低，这也会引起杆塔选择的差异。

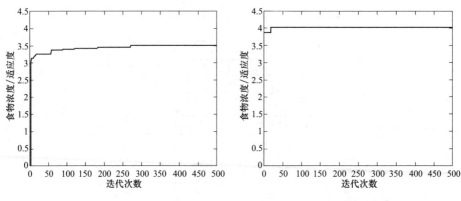

图 6-5　20 套微气象站的食物浓度变化曲线　　图 6-6　40 套微气象站的食物浓度变化曲线

6.2　电网台风灾损预测预警

电网台风灾害预测预警通过精确研判台风的登陆路径和可能带来的风雨影响，主动研判台风灾害下电网的薄弱环节和风险区域，实现台风对电网影响范围和程度的预测预警，从而为电网相关部门提前调整电网运行方式、提前部署电网防风涝措施、提前调集抢修队伍和物资装备跨区域预置到重灾区和生命线工程用户提供支撑，有效降低台风对电网可能带来的损失。

◉ 6.2.1　强风倒塔损失预测

随着电网变得越来越复杂，潜在的发生停电的风险以及网络的不确定性也在不断增加。元件发生停运事故是电网出现故障的根本原因，输变电设备发生停运事故可能会导致网络潮流的重新分配，引发部分线路过载或节点失压，从而可能进一步导致大面积停电事故。此外，发电机停运可能导致系统频率超出允许范围，情况严重时甚至会导致系统频率崩溃。因此，有必要根据系统目前及未来短时间内的运行条件，并结合系统内元件的历史运行状况统计数据，预测未来短时间内元件及系统运行的可靠性水平。

传统的电力风险评估方法在建立元件停运模型时，通常将元件的故障率取为历史故障率的统计值。然而，该历史故障率统计值是长期以来统计的平均值，无法体现系统实时运行条件对元件短期故障率的影响，故不能反映元件短期的可靠性水平。例如，在热带气旋天气条件下，风对线路的作用强度成为决定线路故障率的主要因素，线路的故障率随着风作用强度的增大而显著上升。因此，在考虑天气因素等运行条件对元件短期故障率参数的影响时，需要首先根据实际的天气情况对元件历史故障率的统计值进行折算。

针对上述问题，本章以输电杆塔作为研究对象，建立一种基于双时间尺度台风路径预测信息的杆塔累积损伤模型。首先利用短期预报下的台风风险风圈作为决策边界确定网格划分后的风险杆塔；然后根据风险杆塔的地理位置预测杆塔在双时间尺度下受台风影响的累积作用时间和风速，构建单位时间内强台风下杆塔因塑性疲劳发生倒塌的低周疲劳损伤数学模型；结合疲劳损伤理论，利用改进泊松公式建立基于时间、风速和地理位置等多元信息的杆塔倒塔概率模型，并应用于电网最小负荷损失的预测。最后，算例分析强台风对 IEEE30 节点系统的影响。

6.2.1.1 台风预测时间尺度

目前，气象部门提供的台风路径预测信息，按时效可分为短期预报和短时临近预报。前者常为 12、24、48h 预报，在预报时间段内台风移动路径预测模型为直线型；后者常为 12h 内的预报，其时间分辨率小于等于 6h，在预报时间段内台风移动路径被逐点外推为折线型。当台风尚处在 24h 警戒线外时，一般采用短期预报，主要为电力部门确定物资调配方向提供充足时间；当进入 24h 警戒线后，多采用短时临近预报，主要服务于及时精确定位灾损区域。

6.2.1.2 网格化关联气象—电力信息

随着地面自动气象站的推广，观测网络的逐步完善，数值预报技术、动力降尺度、滚动更新订正和多数据源集合预报等技术方法的不断发展，气象预报服务产品的精细度有了很大的提高，使得精确度较高、效果较好的电网气象灾害预警成为可能。但是，目前电力企业获取的气象信息多局限在表现气象内容上，没有与电力信息关联融合，无法实现有针对性的电网设备气象灾害预警，气象数据价值没有得到充分的发挥。

显然，精细化气象信息不仅是在时间、空间尺度上的提升，同时还须与电网设备信息关联，真正为电网设备气象灾害预警提供科学、有效的基础数据。因此，提出如图 6-7 所示的网格化气象—电力信息关联方案：首先根据经纬

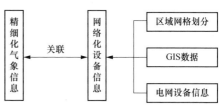

图 6-7　网络化关联气象—设备信息

度对所在省（市）按精度要求或实际预报能力进行区域网格划分，然后根据地理信息系统（GIS）数据填充网格内的电网设备信息，进而依靠地理逻辑关系实现与精细化气象信息的关联，突破信息孤立困扰，提高预警工作敏捷度。

6.2.1.3 台风致杆塔疲劳损伤引发倒塔的概率预估

台风移动路径作为最直接影响杆塔的关键因素之一，其预测精度随时间尺度的缩短而提高，考虑到台风来临前物资调配的时间需求和调配对象的精准性，本书提出双时间尺度台风预测路径下考虑杆塔累积损伤的故障概率预测方法，

其示意图如图 6-8 所示。

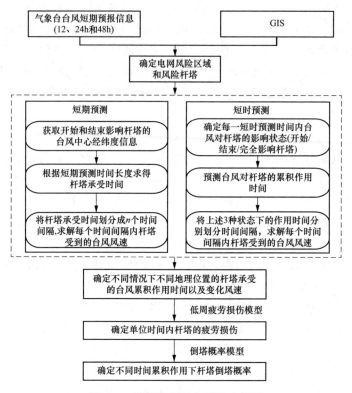

图 6-8 杆塔故障概率预测示意图

杆塔故障概率预测步骤具体为：①结合气象部门短期台风预报风险风圈和GIS 地理信息确定网格划分后电网中受台风影响的风险杆塔。②根据短期和短时台风预测路径的特点，确定不同地理位置的杆塔所承受的台风作用时间和风速。③根据构建的杆塔低周疲劳损伤模型确定单位时间内杆塔的疲劳损伤。④结合疲劳损伤理论，利用改进泊松公式确定时间累积作用下杆塔倒塔的概率。

1. 风险杆塔的确定

对暴露于自然环境的输电塔，其在台风强风荷载的持续作用下易发生塑性应变造成低周疲劳损伤，而输电塔内部塑性应变的萌生与某临界风速值相对应，因此该临界风速下风险风圈覆盖范围内的多个杆塔都将可能受到台风的影响引发倒塔事故。为确定电网内受台风影响的风险杆塔，对登陆前的强台风短期预报信息可做如下处理，结合 GIS 将台风影响区域做网格划分，如图 6-9 所示。以12h 台风路径预测为例，风险风圈以内的杆塔为可能受台风影响的风险杆塔，根据网格图上杆塔位置即可锁定对应输电通道上杆塔经纬度坐标，其中风险风圈半径可根据风险风圈的风速值利用已知预测信息反推求得。

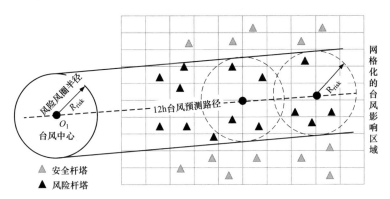

图 6-9　风险杆塔确定示意图

2. 基于强台风短期预报信息的杆塔风荷预估

在台风行进过程中，处于不同地理位置的风险杆塔，从开始受到台风影响到影响结束会持续一段时间。在不断增长的持续时间累积作用下，杆塔的可靠性将会随着杆塔塑性疲劳损伤的增加而不断降低。同时，在这一段持续时间内，台风中心与杆塔的相对位置不断变化，加之台风自身风场强度也在不断变化，从而导致杆塔受到的风速也不断变化。

如图 6-10 所示，与某风险杆塔距离风险风圈半径 R_{risk} 的 O'、O'' 分别为初始影响和结束影响杆塔的台风中心点。

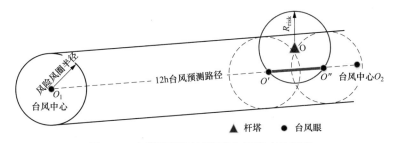

图 6-10　短期预测下杆塔受台风影响示意图

在短期直线预测路径下，O' 和 O'' 两交点经纬度可由联合计算，其中风险杆塔经纬度坐标为 $(x_{\text{g}}, y_{\text{g}})$，台风中心 O_1 和 O_2 经纬度坐标分别为 (x_{O_1}, y_{O_1}) 和 (x_{O_2}, y_{O_2})，(x, y) 为台风中心处于 O_1 和 O_2 之间的某点坐标。

$$\left[(x - x_{\text{g}})\frac{\pi R}{180°}\cos y_{\text{g}}\right]^2 + \left[(y - y_{\text{g}})\frac{\pi R}{180°}\right]^2 = R_{\text{risk}}^2 \tag{6-7}$$

$$\frac{y - y_{o_1}}{x - x_{o_1}} = \frac{y_{o_2} - y_{o_1}}{x_{o_2} - x_{o_1}} \tag{6-8}$$

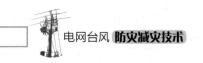

式中 R——地球半径，一般取为 $6371 \mathrm{km}$。

当 O' 和 O'' 经纬度一样时，杆塔只受台风风险风圈风速影响，并没有时间累积作用；否则，杆塔受台风影响持续时间为：

$$t_{\mathrm{h}} = \frac{|O'O''|}{|O_1 O_2|} \Delta T \tag{6-9}$$

式中 $|O'O''|$——台风对杆塔开始作用到结束作用的风险区域长度；

$\quad\quad |O_1 O_2|$——短期预测台风中心点 O_1、O_2 两点距离；

$\quad\quad \Delta T$——短期预测时间长度。

台风期间，台风的移动使得杆塔与台风中心的距离不断发生变化，杆塔受到的风速也随之改变。根据历史台风信息，台风的移动风速一般远小于其环流风速，尤其在高等级风速成分中，环流风速比重更为明显，因此可近似认为杆塔在 $10 \mathrm{min}$ 之内受到的台风环流风速是不变的，并将杆塔受台风作用的持续时间以 $10 \mathrm{min}$ 为跨度划分成 n 个时间间隔，即：

$$n = \mathrm{int}\left(\frac{60 \times t_{\mathrm{h}}}{10}\right) \tag{6-10}$$

记 (x_0, y_0) 为台风开始作用杆塔的中心 O' 经纬度坐标，假设台风在短期预测时间 ΔT 内做匀速运动，则经过第 i 个时间间隔后台风中心的经纬度 (x_i, y_i) 为

$$\begin{cases} V_0 = \dfrac{|O_1 O_2|}{\Delta T} \\ \left[(x_i - x_{i-1}) \dfrac{\pi R}{180°} \cos y_{i-1}\right]^2 + \left[(y_i - y_{i-1}) \dfrac{\pi R}{180°}\right]^2 = \left(\dfrac{V_0}{6}\right)^2 \\ \dfrac{y_i - y_{o_1}}{x_i - x_{o_1}} = \dfrac{y_{o_2} - y_{o_1}}{x_{o_2} - x_{o_1}} \end{cases} \tag{6-11}$$

利用 Rankine 模型，杆塔受到的风速与杆塔到台风眼的距离有关，则不同的时间间隔内的距离可近似表示为：

$$d_i^2 = \left[(x_i - x_{\mathrm{g}}) \frac{\pi R}{180°} \cos y_{\mathrm{g}}\right]^2 + \left[(y_i - y_{\mathrm{g}}) \frac{\pi R}{180°}\right]^2 \tag{6-12}$$

$$d_{i+1}^2 = \left[(x_{i+1} - x_{\mathrm{g}}) \frac{\pi R}{180°} \cos y_{\mathrm{g}}\right]^2 + \left[(y_{i+1} - y_{\mathrm{g}}) \frac{\pi R}{180°}\right]^2 \tag{6-13}$$

$$r_i^{i+1} = \frac{1}{2}(d_i + d_{i+1}) \tag{6-14}$$

式中 d_i——处于第 i 个时间间隔刚开始的台风中心到风险杆塔距离表达式；

$\quad\quad d_{i+1}$——处于第 i 个时间间隔刚结束的台风中心到风险杆塔距离表达式；

$\quad\quad r_i^{i+1}$——第 i 个时间间隔内杆塔到台风眼的近似距离。

将台风移动下台风最大风速半径和最大风速视为线性变化，利用式 (6-14)

可求得不同时间间隔台风预测路径下杆塔受到的台风环流风速。

3. 基于强台风短时预报信息的杆塔风荷预估

台风进入 24h 警戒线后，气象部门根据短时时间间隔预测的台风中心位置逐点外推形成台风折线路径图，如图 6-11 所示。台风风险风圈影响范围随着短时预测发生更新，此时直接通过短期直线路径判断杆塔受台风影响将产生较大误差，需充分结合台风短时折线预测路径的特点。

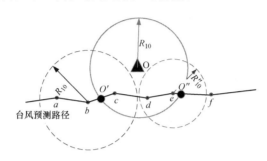

图 6-11　短时预测下杆塔受台风影响示意图

（1）确定每一段短时预测时间间隔内台风对杆塔的影响状态。如图 6-11 所示，台风预测的中心点为 $a \sim f$，杆塔所在圆表达式参考式，其中圆半径随预测点台风风险风圈的变化而不断更新。根据气象部门对台风中心点的短时预测信息，判断其到杆塔的距离 d 与预测点台风风险风圈 R_{risk} 的关系。若两相邻台风中心预测点同时处于圆内或圆外，则认为在此相邻台风中心行进过程中，台风中心对杆塔的影响状态不会出现变化；若两相邻台风中心预测点与圆的相对位置不同，则在这一段路径内台风将会开始或结束对杆塔的影响。

（2）根据（1）确定的台风对杆塔的影响状态，更新计算台风对杆塔的累积作用时间。对于开始和结束影响杆塔的预测路径段，按照直线预测路径中求交点的方法，分别求出在相应折线段满足要求的 O'、O'' 经纬度信息。杆塔开始受到台风影响后的累积作用时间计算公式为：

$$t_{h} = \begin{cases} \left(\dfrac{|O'c|}{|bc|} + \underbrace{1 + \cdots + 1}_{n \uparrow} \right) \Delta T', & \text{预测将第 } n \text{ 次作用杆塔} \\ \left(\dfrac{|O'c|}{|bc|} + m + \dfrac{|eO''|}{|ef|} \right) \Delta T', & \text{预测将结束影响杆塔} \end{cases} \tag{6-15}$$

式中　$|O'c|$、$|eO''|$——开始影响杆塔和结束影响杆塔所在路径段的有效距离；

　　　$|bc|$、$|ef|$——开始影响杆塔和结束影响杆塔所在路径段的总距离；

　　　n——短时预测间隔内台风完整作用杆塔的次数，随短时预测台风中心点的变化更新直至下一预测点将会结束杆

塔影响；

m——结束影响杆塔前台风完整作用杆塔的总次数；

$\Delta T'$——台风路径短时预测时间间隔。

（3）划分台风对风险杆塔的作用时间间隔。由于气象台短时预报的台风中心经纬度具有重要的台风风向指导意义，为减少人为误差，台风中心经纬度应作为作用时间间隔的起点或终点位置。对开始影响杆塔、结束影响杆塔以及完全作用杆塔的台风作用时间段分别按短期划分方法进行划分。

在明确作用时间间隔和每个时间间隔的起始台风中心经纬度信息后，短时预测下不同时间间隔内杆塔受到的台风环流风速与短期预测计算方法类似。

4. 台风影响下杆塔的故障率

强台风登陆后一般会维持两天左右的大风，并且由于其强大的破坏力，登陆前后若干小时内会对杆塔带来低周疲劳损伤，杆塔容易进入塑性状态从而产生疲劳失效问题。根据文献实验结果分析，结构的疲劳损伤与风荷载之间呈现出指数的关系，而风荷载与风速的平方成正比，则强台风下杆塔的疲劳损伤模型可以由杆塔所受风速给出：

$$D_i = \begin{cases} 0 & V_i \in [0, V_0) \\ ae^{bV_i^2} & V_i \in [V_0, V_m) \\ 1 & V_i \in [V_m, \infty] \end{cases} \tag{6-16}$$

式中 a、b——模型系数，与杆塔的材料强度相关，材料不同，同一风速下疲劳损伤值不一样，因而系数大小也有差别，对于具体材质的杆塔则可利用杆塔生产设计时疲劳实验数据确定 a、b 系数；

V_i——第 i 个时间段杆塔受到的台风风速；

V_0——台风开始对杆塔产生低周疲劳损伤的临界风速；

V_m——台风对杆塔达到一次加载破坏的极限风速；

D_i——单位分钟内杆塔的低周疲劳损伤。

根据 Palmgren-Miner 线性疲劳损伤准则，杆件的总疲劳累积损伤 D 可以通过单次疲劳损伤叠加所得。当 D 等于 0 时，认为杆件没有损伤；当 D 等于 1 时，则认为杆件发生疲劳损伤。

强台风天气下输电杆塔的故障率与疲劳损伤累积时间有关，考虑到泊松模型能够有效地预测短时间天气情况下元件的失效率情况，杆塔在前 i 个时间间隔不发生倒塔的概率模型可以修正为：

$$P_{toi} = e^{\sum_{j=1}^{i} \left(-\frac{D_j}{1-D_j} \Delta t\right)} \tag{6-17}$$

则在前 i 个时间间隔发生倒塔的概率为：

$$P_{towerloss i} = 1 - P_{toi} \qquad (6\text{-}18)$$

式中　Δt——每段时间间隔长度。

由式（6-17）和（6-18）可见，当 $D_j = 0$ 时，无论台风对杆塔的作用时间有多长，杆塔倒塔为不可能事件；当 $D_j = 1$ 时，杆塔倒塔为必然事件。

综上，结合短期预测和短时预测方法，可将台风天气下杆塔故障概率计算的步骤归纳如下：

（1）短期预测确定受台风影响的风险杆塔。以台风风险风圈为决策边界，判断杆塔位置是否处于台风路径所在风险风圈内，如果不是，则认为台风的登陆不会对杆塔产生影响。

（2）针对风险杆塔，短期预测下获取开始影响杆塔和结束影响杆塔时台风中心的经纬度信息，并求得杆塔的承受时间；短时预测则确定每一预测间隔内台风对杆塔的影响状态，更新台风对杆塔的累积作用时间；将短期（短时）台风作用时间以十分钟为单位分成 n 个时间间隔。

（3）求出短期（短时）预测下每个时间间隔内杆塔到台风眼的距离，并根据 Rankine 涡风场模型得到杆塔承受的风速。

（4）利用构建的低周疲劳损伤模型求得对应风速下杆塔疲劳损伤，再根据疲劳损伤理论和改进泊松模型计算时间累积效应下的杆塔倒塔概率。

6.2.1.4　杆塔倒塔对电网负荷的影响

1. 输电线故障率预测

台风影响下，在求出受台风影响的每个杆塔的故障率后，可将输电线看成由多个杆塔构成的串联可靠性系统，根据可靠性公式计算出输电线发生故障的概率 $P_{lineloss}$。

$$P_{lineloss} = 1 - \prod_{j=1}^{n} (1 - P_{towerloss_j}) \qquad (6\text{-}19)$$

式中　n——该输电线上杆塔总个数。

2. 最小负荷损失预测

负荷损失作为台风给电网带来的最直接影响后果，能有效的体现台风袭击电网的严重程度。

针对杆塔倒塔引发的线路故障预测概率，设定线路发生故障的阈值，并切除超过该阈值的线路进行负荷损失预测。考虑到负荷的重要性，本节直流最优潮流模型的控制目标为故障情况下负荷损失最小，具体如下：

$$\min \sum_{j \in N} P_{Loss j}$$

$$P_{Gi} - A \times \sum_{k \in M} P_{Line k} + P_{Loss i} = P_{Load i}$$

$$P_{\text{Line}k} = B_k(\theta_m - \theta_n) \tag{6-20}$$

$$P_{Gi\min} \leqslant P_{Gi} \leqslant P_{Gi\max}$$

$$|P_{\text{Line}k}| \leqslant P_{\text{Line}k}^{\lim}$$

$$0 \leqslant P_{\text{Loss}i} \leqslant P_{\text{Load}i}$$

式中　　$P_{\text{Loss}j}$——节点 j 的负荷损失；

　　　　N——负荷节点集合；

　　　　M——线路支路集合；

　　　　$P_{\text{Load}i}$——节点 i 的负荷；

　　　　P_{Gi}——节点 i 的发电机出力；

　　　　$P_{\text{Line}k}$——第 k 条输电线路传输功率；

　　　　A——网络的关联矩阵；

　　　　θ_m——m 节点电压相角；

$P_{Gi\min}$、$P_{Gi\max}$——第 i 台发电机容量上下限；

　　　　$P_{\text{Line}k}^{\lim}$——第 k 条输电线路传输功率极限。

优化目标是调整发电机出力使得台风天气下电网的总负荷损失最小，约束条件分别为节点功率平衡方程，支路潮流方程，发电机出力约束，线路最大容量约束，负荷损失约束和节点相角约束。

6.2.1.5　算例分析

为分析强台风过境对输电杆塔的影响，本节以实际拓扑结构修正的 IEEE30 节点为例进行仿真研究，该系统包含 30 个节点和 41 条输电线路。如图 6-12 所示，网格划分可以直观地体现台风的预测路径和电网元件的地理位置。本算例设定输电塔均为 Q345 钢材质，档距为 1000m，所有基本特征一样，没有明显缺陷，其中 a 取值 1.9249e-7，b 取值 0.0055，V_0 为 20m/s，V_m 为 53m/s，根据低周疲劳损伤临界风速，设定九级风圈为风险风圈。

1. 短期预测的台风基本信息

参考 2016 年台风"莫兰蒂"的基本信息，考虑到台风在近海区域才会影响到陆地杆塔，且为方便算例分析说明，选择台风登陆前 4h 的台风信息为短期预测点，预测点的中心气压 935hPa，最大风速为 50m/s，九级风圈半径 83km，其12h 之后的台风中心（117.1°E，25.4°N）为短期预测位置，中心气压 975hPa，最大风速为 30m/s。

如图 6-12 所示，短期预测下受台风风险风圈影响的线路有 14-15、12-15、15-23、15-18、18-19、12-16、19-20、10-20、17-16 和 23-24，由于档距 1000m 相对于台风风险风圈半径可以忽略，故假设 5km 以内的 5 根杆塔倒塔概率一样，并将其等效看成一根，则受台风影响的线路和杆塔情况如表 6-3 所示。

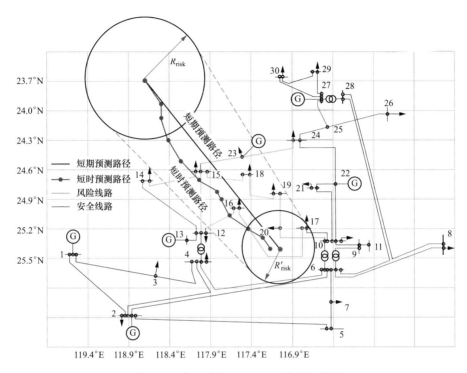

图 6-12 台风路径和 IEEE30 节点拓扑图

表 6-3 受台风影响的线路和杆塔情况

线路	线路长度（km）	杆塔个数	等效杆塔个数
14-15	71.61	70	14
12-15	71.16	70	14
15-23	107.1	106	21
15-18	60.81	59	11
18-19	45.09	44	9
12-16	58.05	57	11
19-20	42.25	41	8
10-20	61.36	60	12
17-16	84.19	83	17
23-24	146.08	146	29

2. 短时预测的台风基本信息

以 1h 为短时预测时间间隔的"莫兰蒂"台风信息见表 6-4。台风登陆后由于受到粗糙不平的地面摩擦影响其强度不断减弱，主要体现为十级风圈和最大

风速明显减小，同时与最大风速半径强相关的中心气压逐渐接近环境大气压。短时预报可根据台风基本信息得知台风每1h的九级风险风圈，从而进行更精准的短时预警。

表 6-4　　　　　　　　　　短时预测台风基本信息

时间 \ 参数	经度（°）	纬度（°）	十级风圈/km	最大风速（m/s）	中心气压（hPa）
1	118.7	23.7	80	50	935
2	118.5	23.9	80	50	935
3	118.5	24.1	80	50	935
4	118.4	24.3	80	50	935
5	118.3	24.5	80	50	935
6	118.1	24.7	80	48	945
7	117.9	24.8	80	45	950
8	117.8	24.9	80	42	955
9	117.7	25	50	40	960
10	117.5	25.2	50	35	970

3. 杆塔故障概率预测

假设等效杆塔均匀分布，受篇幅限制，以线路 12-15、15-18 和 10-20 为例，计算出短期和短时预测下每个等效杆塔受台风影响的时间以及杆塔发生倒塔的故障概率，具体见图 6-13～图 6-15。

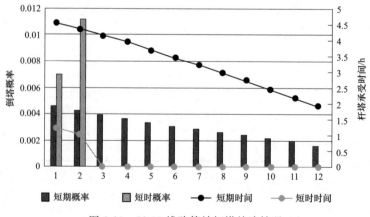

图 6-13　12-15线路等效杆塔故障情况

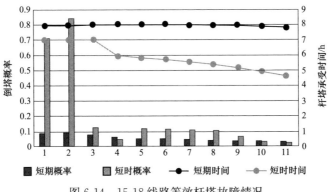

图 6-14　15-18 线路等效杆塔故障情况

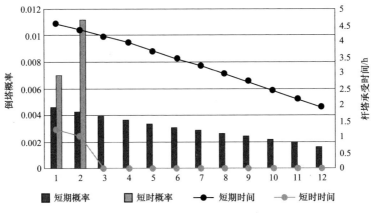

图 6-15　10-20 线路等效杆塔故障情况

　　台风对杆塔的影响随着台风登陆后强度的减弱而逐渐减小，与距离海面较远的 10-20 线路相比，12-15 和 15-18 线路是台风登陆前期经过的重点线路，无论是短时预测还是短期预测下，这两条线路杆塔的倒塔率相对 10-20 线路普遍高一些，特别是短时预测下 12-15 线路的 12 号、13 号和 14 号杆塔和 15-18 线路的 1 号、2 号杆塔，其均处于短时预测路径两侧，台风经过时受到的作用时间较长，且持续承受的风速较大，因而杆塔受到的塑性累积损伤也较大。台风登陆前期，由于受到较大的风速和较长的累积时间作用，台风路径周围的杆塔倒塔概率相对较高，这与实际情况杆塔故障集中于海岸线 20～30km 范围内台风左右两侧的情况相符合。

　　此外，根据较为精准的逐小时短时预报，"莫兰蒂"在登陆点前后的几小时之内最大风速和中心气压一直保持不变，对于不能得知台风具体变化情况而认为其强度逐渐减弱的短期预报，在相同时间内杆塔受到的累积损伤肯定小于短时预测，因此虽然短期预测下台风将经过 15-18 线路，15-18 线路的杆塔倒塔概

率依然低于短时预测下的倒塔概率，短期和短时各自预报的特点决定了杆塔故障概率的预测不可避免具有一定的差异性。

为进一步说明强台风对杆塔的疲劳累积损伤效果，图 6-16 为短时预测下 15-18 线路 5 号杆塔的故障概率分布曲线，台风累积作用期间杆塔受到的风速随着台风中心的移动不断发生变化，在第 10～13 个时间间隔风速陡增，杆塔受到的塑性疲劳损伤急剧增加，此时杆塔发生故障的可能性最大，随着台风中心逐渐远离杆塔且风速减小，杆塔故障概率的增长也变得缓慢。

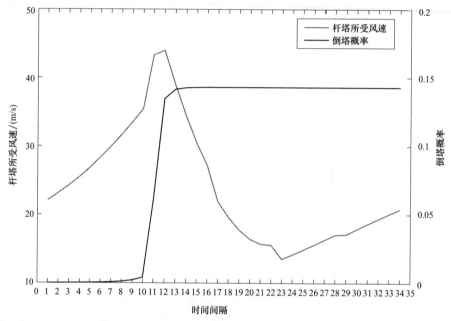

图 6-16　15-18 线路 5 号杆塔的故障概率分布曲线

4. 线路故障概率预测

通过对所有受台风影响的风险杆塔串联可靠性公式，可计算出杆塔支撑的整条线路的故障概率，如表 6-5 所示。

表 6-5　　　　　　　　　短时预测台风基本信息

线路	短期预测故障率	短时预测故障率
14-15	0.69	1
12-15	0.5321	0.9995
15-23	0.5059	0.9832
15-18	0.4850	0.9795
18-19	0.1623	0.1088
12-16	0.2039	0.5076

线路	短期预测故障率	短时预测故障率
19-20	0.0589	0.0103
10-20	0.036	0.0181
17-16	0.1338	0.1552
23-24	0.1510	0.057

对于由多根杆塔支撑的输电线路，只要有一根杆塔倒塔就会引起整条线路的故障，只有当所有杆塔都安全的情况下线路才能够正常工作。"莫兰蒂"作为一个超强台风，其经过线路密集的电网区域时，势必会对电网元件造成巨大的威胁。通过之前杆塔故障概率的分析可知，短时预测路径周围杆塔的倒塔概率较高，因此靠近海岸线的 14-15，12-15，15-23 和 15-18 线路故障概率较高。这4 条线路在短期预测下的故障概率虽然低于短时预测，但与短期预测下其他风险线路相比，其结果相对较高，这对于国家电网有限公司在台风登陆前期缩小灾损关注区域和确定物资调配方向具有一定的引导意义。

5. 电网最小负荷损失

在 14-15，12-15，15-23 和 15-18 线路发生故障的基础上预测台风天气将会给电网带来的最小负荷损失，为更好地体现损失结果，将系统的所有节点负荷大小和发电机最大容量均增至初始值的 2.5 倍。图 6-17 为线路故障后电网仍能正常工作的负荷，图 6-17 为故障后的电网拓扑结构图。

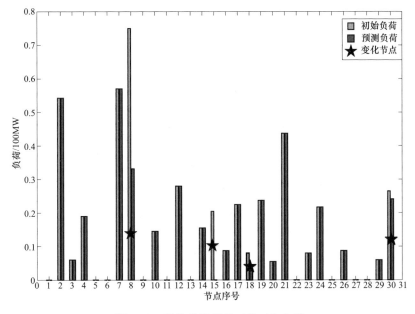

图 6-17　线路故障后的正常工作负荷

根据前述直流最优潮流模型方法预测得出该系统的负荷最小损失为 69.96MW，其中与 15 节点相连的线路均发生故障，15 节点的负荷成为孤立负荷，如图 6-18 所示，在台风灾害天气下这部分负荷损失属于必然损失，人为不可改变，此外多处线路故障使得电网架构发生重大变化，潮流发生明显转移，部分节点则由于线路传输容量的限制发生负荷损失。

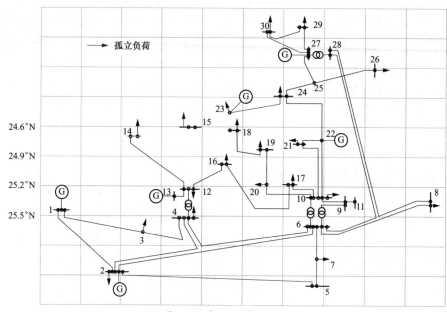

图 6-18　线路故障后的电网拓扑图

6.2.2　杆塔次生灾害损失预测

本节主要从滑坡危险性影响因素和杆塔抗灾性影响因素两方面开展杆塔次生灾害损失预测。滑坡危险性影响因素的辨识与分析，首先要考虑杆塔所处区域的地质条件和影响，并对潜在滑坡体影响范围进行估计，同时对降雨诱发滑坡危险性进行考察。杆塔抗灾性能注重考察杆塔在滑坡灾害下的应对能力。

6.2.2.1　算例分析危险性因素分析

1. 滑坡危险性因素分析

滑坡的形成机制较为复杂，是在多种内外动力因素共同作用下发生的，归纳起来可以分为内在地质因素和外在诱发因素，地质因素包括地形地貌、地质构造、岩土类型、水文及水文地质条件；诱发因素包括降雨、地震等。滑坡影响因素分析如下：

（1）地形地貌。地形地貌与滑坡的发生有很大的密切关系。当有一定坡度、处于特定地貌部位才会发生滑坡。自然斜坡由于其地层岩性、岩土体结构类型、水文条件和地质构造的不同，也会表现出直线、凸形、凹形、台阶状等不同形态。在坡度上大多数滑坡都发生在坡度为 20°～40° 之间的斜坡上。而有一定坡度、上部较陡的坡形最可能产生滑坡。

（2）地质构造。地质构造对滑坡的影响是多方面的。它会造成节理裂隙发育及岩层断裂，为岩体滑坡创造结构条件。由于地下水的作用它也会直接或间接地加剧了滑坡的发生。地质构造常常会造成岩体节理裂隙和断层，客观上为滑坡灾害发生创造条件。许多滑坡均在构造活动比较强烈的部位，节理裂隙、断层越发育的斜坡，滑坡发生可能性越大。

（3）岩土类型。岩土体是滑坡发生的物质基础，岩土体性质对斜坡稳定性具有重要影响。一般而言结构松散、抗剪强度和抗风化能力低的岩土体，或受水影响性质发生变化的岩土体易发生滑坡。对坚硬岩来讲，岩体中的软弱结构面或夹层对边坡稳定性具有最直接影响。同时亲水性土层、软岩组成的斜坡危险性较大，岩质滑坡相对土质滑坡数量较少，但滑坡规模通常较大。因此应注重对岩体结构类型、结构面、土层厚度和岩性差异等方面的考察。

（4）水文及水文地质条件。河流和地下水等水文及水文地质条件对滑坡危害也很大。当坡脚岩体被冲刷，滑坡坡体平衡抗力会减少，同时对于土质河岸，冲刷作用会使得坡度变陡，稳定性降低，最终引发滑坡。当水入渗到岩土体，会提高孔隙水压力，增大容重，降低土体粘聚力，降低滑坡稳定性，导致滑坡发生。除了冲刷效果、动静水压力的影响外，水对岩土体的软化、泥化作用也不可忽视。

（5）人类工程活动。人类工程活动对滑坡也有非常重要的影响，人类的堆载、开挖活动可能会建造土质、岩质的潜滑坡体或者改变滑坡规模，机械设备的振动也可能导致滑坡危险性增大。

（6）不良地质现象。不良地质现象主要是由于岩土体受到地质作用或人类工程影响导致，常见的如泥石流、崩塌、岩溶等。这些变化可能又不断影响地形、地貌和地质条件，造成更多不良地质后果。地震、崩塌等对滑坡的影响效果主要包括 3 个方面：①导致潜在滑动区域的超孔隙水压力增加，导致抗剪强度减少，增加危险性；②发生细砂土振动液化，改变与上覆结构的连接性质；③增大下滑附加力，一般震中区和极震区滑坡灾害最严重。滑坡的发生与地形地貌、地质构造、岩体结构、岩体特征、水文条件、不良地质现象、人类工程活动等因素密切相关。从较小时间尺度来看，这些因素是相对稳定的，但当跨越较大时间尺度来看，这些因素在影响滑坡发生发展的同时，彼此间也有相互

影响和相互作用的关系。因此我们既要把握滑坡危险性因素的空间性特征，也要注重其相互关系影响，增强对滑坡发生发展规律的认识，增强对其危险性评估的水平。

2. 降雨诱发滑坡危险性分析

降雨是诱发滑坡的主要原因之一。降雨会导致岩土的含水量、容重的变化，同时会软化泥土，可能会渗入到基岩面或断水层，导致抗剪强度降低。降雨对滑坡是一个动态的影响过程。降雨对滑坡的影响，主要和降雨量、降雨时间、降雨强度等参数有关。在不同地形地貌以及地质条件下，降雨的影响也不同。在采用降雨因子等因素进行气象滑坡灾害预警预报过程中，应充分考虑滑坡所处地质条件的差异性，有针对性地开展工作。一般认为，对降雨诱发型滑坡而言，滑坡主要受两方面作用的影响：①累积降雨量，很多滑坡发生的前10天内均有降雨；②降雨强度，有三分之一左右的滑坡当天降了暴雨。

同时由于地表径流、水分蒸发等影响，每次降雨只有部分对滑坡有影响，且经历时间越长，影响越弱，因而提出有效降雨量的概念。滑坡的有效降雨量是指对斜坡的稳定性产生影响的雨量。它由两部分组成，即滑坡发生前期的累计降雨量和滑坡发生当天的降雨量。因此，用一段时间的当天降雨量分别乘以有效的降雨系数便可以得到有效降雨量。92%的滑坡发生在降雨结束后的4天以内，滑坡对降雨的滞后时间一般是2~3天。发现在滑坡发生的前10天内，有4天在降雨，且其中两天在连续降雨，这种情况下发生滑坡的可能性很大。因此，滑坡发生的有效降雨量的计算只需考虑之前4天的降雨影响。运用回归分析法对有效降雨量和滑坡发生的关系进行拟合，即可得到有效降雨量条件下滑坡发生的概率。

3. 杆塔抗灾能力因素分析

滑坡发生对杆塔造成的影响主要表现在冲击破坏和杆塔失稳等方面，因而杆塔较强的抗灾性能，既需要杆塔结构完整，有较为良好的抗冲击能力，也需要杆塔稳固，没有倾斜、失稳等现象发生。考虑杆塔抗灾性能主要需要考虑杆塔自身结构、杆塔基础以及杆塔周围环境等因素。杆塔基础要求基础和保护帽无裂纹损伤，表面完整，无物体掩埋，基础和基础周围土壤无突起或沉陷，无取土、掩埋冲刷等现象，无防洪防撞设施坍塌损坏现象。杆塔要求部件齐全，无弯曲、变形、锈蚀、明显变形和倾斜，无异物搭载情况。杆塔周围环境要求杆塔基础附近无钻探、开挖或倾倒酸碱等现象。较高的杆塔抗灾能力并不会避免杆塔周围滑坡灾害的发生，但较低的杆塔抗灾能力可能导致灾害发生后事故后果扩大。

杆塔倾斜度是杆塔自身抗灾性能的重要指标，杆塔地基的不稳定、自身的变形都会在杆塔倾斜度上有所体现，同时影响杆塔的抗灾性能。杆塔倾斜度越大，抵御滑坡冲击能力越低，越会有失稳、倒塔等现象的发生。

异物搭载情况除了影响杆塔绝缘性能，也可能影响杆塔受力荷载的不平衡，在风雪等灾害作用的条件下，这种情况可能会加剧。因而异物搭载也会影响到杆塔抗灾能力。

杆塔锈蚀程度也是杆塔自身抗灾性能的重要指标，其主要表现为杆塔镀锌层失效，小角钢、螺栓、节点板等剥壳。异物掩埋、酸碱腐蚀等因素可能会加速杆塔锈蚀，进而导致杆塔力学性能降低，发生滑坡灾害时抵御能力减弱。

螺栓是连接杆塔各部分的重要部件，螺栓的缺失、松动、破坏可能直接影响杆塔整体结构的完整性，进而增加杆塔失效的风险。螺栓损毁失效越严重，杆塔抗灾性能越低。

塔材是杆塔的主要受力部件，塔材完整、无变形、无裂纹，则杆塔抗灾性能较好，若缺少较多辅材、主材弯曲情况严重或者有较多裂纹，都会直接影响到杆塔自身抗灾性能，降低杆塔抵御灾害的能力。

基础护坡及防洪措施的缺失可能会因暴雨洪水等而导致水土流失，进而影响基础承载性能和稳定性。防撞措施可防护碰撞作用，保护杆塔正常运行。基础护坡及防洪措施是杆塔抗灾性能的重要指标。

基础是杆塔的直接承载部件，其完整性和稳固性是反映杆塔抗灾性能的重要指标，基础完好，无杂物和余土堆积，则杆塔抗灾性能也会较好，基础破损、水泥脱落、钢筋外漏，杂物、易燃易爆物、余土的堆积，都会影响到基础的承载性能，降低杆塔易损性。

保护帽要求工艺良好、无风化裂纹、表面完整，无缺损，起到防堆土锈蚀塔材、保护基础的作用。保护帽质量不合格，可能影响杆塔安全运行，减弱杆塔抗灾性能，降低易损性。

不良环境影响也会导致杆塔抗灾性能的降低，随着地质灾害和人类活动的频繁，这种影响也有越来越多的趋势。不良环境影响主要包括杆塔附近施工、冲刷、坍塌等情况，可能破坏地基内部构造的稳定性，影响杆塔抗灾性能。

输电线路杆塔的日常巡护作为线路巡检的一项重要内容，其工作的好坏直接关系到输电线路的稳定运行。其巡线频率、巡检时间、巡检人员的数量和素质等内容，对线路巡检起重要作用。

6.2.2.2 暴雨次生灾害致杆塔故障的概率预估

1. 暴雨引发滑坡的概率预测

地质灾害的发生是一个多因素共同作用的复杂物理过程，受内因和外因控制，内因包括地形地貌、地质构造、地层岩性、水文地质、植被覆盖等；外因

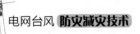

包括自然因素和人为因素，降雨是导致地质灾害发生的主要自然诱因。只有当地质体处于临界稳定状态或接近临界稳定状态时，外因才能诱发地质灾害发生。目前，与滑坡等地质灾害相关的力学参数还是一个灰色系统问题，难以结合监测手段进行定点实体预测。内因决定了一个地区在自然状态下滑坡的易发性和周期性；外因决定了滑坡在空间和时间上的随机性。综合分析研究地质灾害内在与外在因素，提出一种考虑时空特性的滑坡灾害气象预警方法，如图 6-19 所示。

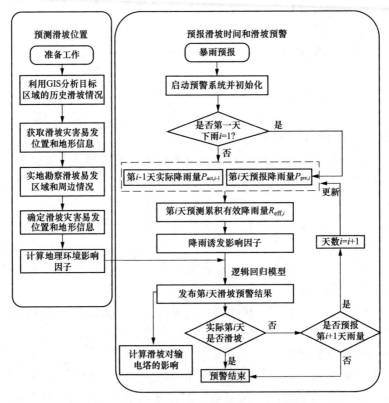

图 6-19　考虑时空特性的滑坡灾害气象预警图

　　考虑到前期有效降雨量大小与距离滑坡预测的时间有关，距离预测的时间越长，前期雨量的影响越小，建立不断修正更新的预测累积有效降雨量的表达式：

$$\begin{cases} R_{\text{eff},i} = P_{\text{pre},i} + \sum_{n=1}^{i-1} k^{i-n} P_{\text{act},n} \\ R_{\text{eff},i+1} = P_{\text{pre},i} + k P_{\text{act},i} + k(R_{\text{eff},i} - P_{\text{pre},i}) \end{cases} \tag{6-21}$$

式中　$R_{\text{eff},i}$——预测的第 i 天累计有效降雨量；

$P_{\text{pre},i}$——预测的第 i 天降雨量；

$P_{\text{act},n}$——第 n 天的实际降雨量；

k——衰减系数，取值为 0.84。

将累计有效降雨量看成降雨诱发影响因子 Y_2，并用逻辑回归模型确定滑坡发生的概率：

$$P_1 = \frac{e^{a_0 + a_1 Y_1 + a_2 Y_2}}{1 + e^{a_0 + a_1 Y_1 + a_2 Y_2}} \tag{6-22}$$

式中　P_1——暴雨引发滑坡的概率。

2. 滑坡引发杆塔故障的概率预测

通过调研多个《电网事故分析报告》和《地质灾害分析报告》等事故资料，发现降雨灾害气象下电网发生线路停运故障多由输电杆塔变形所致。因此，本书也仅考虑岩体失稳下滑对杆塔冲击破坏过程，旨在建立滑坡体导致杆塔变形的数学模型，岩体滑坡致使杆塔变形过程如图 6-20 所示。

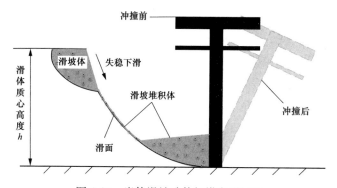

图 6-20　岩体滑坡致使杆塔变形过程

基于高分辨率遥感影像技术和三维数字高程模型（digital elevation model，DEM）建立了岩土滑坡过程中滑坡体参数估算模型。从能量角度看，滑坡体由高势能位置向低势能位置滑动过程中将伴随着巨大能量释放，基于滑坡体运动耗能机理可得滑坡体作用于输电杆塔的等效冲击力 F 如下式所示：

$$F = \sqrt{\frac{6mgh \cdot E_1(1 - \mu \cdot \cot\theta)}{x^3}} \tag{6-23}$$

式中　x——F 作用于输电杆塔时距离塔基的等效高度，m；

　　　m——滑坡体总质量，kg；

　　　h——滑坡体质心离杆塔塔基的垂直高度，m；

　　　E_1——输电杆塔的抗弯刚度，m；

　　　μ——滑面摩擦系数；

θ——斜坡体倾斜角度；

g——重力加速度，常取 9.8N/kg。

结构力学中把立式杆塔等物体轴线在垂直于轴线方向的线位移定义为挠曲度，用来衡量物体的弯曲变形程度。因此，本书采用输电杆塔的挠曲度作为控制指标，并基于悬臂梁简化法求取抗弯刚度为 E_1 的输电杆塔顶端挠曲度为 ω，即：

$$\omega(x) = -\frac{Fx^2}{6E_1}(3H - x) \tag{6-24}$$

式中　H——输电杆塔的整体高度，m。

ω 值为负，ω 值越小，说明杆塔偏移越厉害。

有实验指出，正态分布能够精确表达滑坡体致使输电杆塔变形的概率分布特性。通常用弹性悬臂梁中点挠曲度 ω_c 和变异系数 δ 表示，即：

$$f(\omega) = \frac{1}{\sqrt{2\pi}\sigma}\exp\left[-\frac{(\omega-\mu)^2}{2\sigma^2}\right] \tag{6-25}$$

式中　ω——实际挠曲度，mm；

σ——标准差，常取 $\delta\omega_{\max}$。

由于输电杆塔地处不同环境和不同降雨气象条件下其分散性的不同，变异系数 δ 取 $0.02\sim0.12$ 不等。

3. 暴雨引发杆塔故障的概率预测

综上，杆塔损毁是由降雨灾害气象发生后引起岩土滑坡所致，降雨灾害导致输电杆塔损毁的概率密度函数为一个条件概率密度函数，引发岩土滑坡事件与滑坡体致使杆塔变形事件之间是相互独立的，因此，输电杆塔损毁概率是滑坡与杆塔变形概率的乘积。

$$P = P_1 \times \int f(\omega)\mathrm{d}\omega \tag{6-26}$$

式中　P——暴雨引发的输电杆塔故障概率。

6.2.3　输电线路风偏跳闸损失预测

6.2.3.1　输电线路风偏放电预警原理分析

1. 输电线路风偏放电过程

架空输电线路发生风偏放电的根本原因是一些自然条件（如强风、降雨等）在大气环境中的发生，特别是当风的方向与导线轴向之间角度大于 $45°$ 时，线路与杆塔间的空气间隙减小，如果空气间隙的绝缘强度不能承受系统工频运行电压，就会导致击穿放电的发生。风偏跳闸发生后，如果风力不减弱，放电会反反复复发生阻碍重合闸的完成。空气间隙的绝缘强度可以采用最小允许的空气间隙距离 L 衡量，L 依据线路杆塔结构和悬垂绝缘子串在风偏状态下风偏角计算得到。

在悬垂绝缘子串建模中，如果风的方向和线路走向之间的夹角越接近于90°，风的速度越大，那么风偏角就越大，因此越有可能放电，线路至塔身的最小距离也就越小，即最小空气间隙与其所受的侧向风速负相关。因此，可以利用气象预报的风参数，依据模型确定悬垂绝缘子串的风偏角，进而确定最小空气间隙，并与允许的最小间隙距离进行校核，据此建立输电线路风偏放电预警的判据，发布预警结果。

2. 输电线路风偏放电影响因素

根据以上对于风偏放电机理的探讨可知，方方面面因素都会影响到风偏跳闸是否发生，具体可将其归纳为以下 5 种：

（1）输电线路设计风速。输电线路设计风速的取值决定着其承受高强度风的能力，我国对于架空输电线路的设计风速有着严格的规定，一般而言，设计风速越高，实际中投运后发生故障的概率越低。

（2）台风强度。台风登陆后对于输电线路的影响主要表现为风速和风向，风速大小是关系到是否会发生风偏放电的主要因素，原因在于如果风速很大或者变化迅速，线路容易不同期摇摆发生风偏放电，从而使得其与周围建筑物、绝缘子和金具、树木的距离减小而发生放电。目前，气象台主要测量和使用的是 10min 平均最大风速，不细致到全过程的瞬时风速的大小和方向。2016 年两次台风期间福建地区某条输电线路的两基杆塔，即使加了悬垂绝缘子和重锤，也发生对横担放电，说明当时的气象状况确实恶劣，500kV 引流线风偏主要为风速过大引起，已经超出了一般措施下的防风偏能力。

（3）线路杆塔类型。杆塔可以按照用途、形状、位置、回路数等的不同划分成多个类型，其类型对风灾故障率有着举足轻重的影响。例如针对直线塔与耐张塔，他们的风偏故障区别很大，引流线风偏多发生在耐张塔上，其次转角塔多为耐张塔，若转角较小，那么中相跳线距离塔身比较近，台风来临后距离进一步减小，易发生风偏闪络现象。其次，因为杆塔的形状各不相同，其线路与杆塔自身的距离关系和受台风影响程度也各不相同，需要具体情况具体分析。

（4）微地形。微地形对于风偏跳闸故障概率的影响主要体现在风速上，当大风通过峡谷、山脊、隘口等地时，由于气流的改变发生例如狭管效应、翻越现象，导致风速大幅度增加，线路更易发生故障；而大风通过繁密的森林和拥挤的建筑物群时，地形可能屏蔽部分风速从而减弱风速。本书在第 2.4 节中，也具体考虑了微地形对风速的影响。

（5）气象条件。空气间隙的击穿不仅同间隙距离密切相关，还与间隙处的其他条件有关。例如，间隙间的击穿电压会随着空气密度的增加而升高，湿度

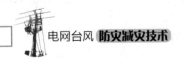

会影响绝缘子表面的电导并且改变电场分布的均匀度，从而改变击穿电压。而台风登陆后，伴随而来的还有暴雨、雷电等，气象条件的改变复杂多样，不仅仅局限于风力的增强，温度、气压、湿度都会发生改变。其中温度和气压对间隙击穿电压的综合影响可以体现在空气密度上，影响相对较小。

而暴雨环境中，大量的雨水在大风的作用下形成与放电方向相同的雨线，雨水的介电常数约为空气的 80 倍，造成间隙中雨珠周围的电场强度显著增加，这一过程可以类比于尖—板极不均匀电场。有研究显示，若降雨产生的雨珠直径为 1mm，在仿真过程中，雨珠会使电场畸变并使其附近电场强度增大 4 倍，进而促使初始电子崩的产生，闪络放电更容易发生，从而造成闪络电压降低。实际情况中，台风带来的暴雨使得间隙中的雨滴更密集且数量更多，它们之间会相互作用，进一步加快放电进程，其带来的影响远远大于由湿度的增加导致的工频闪络电压增大。

为了提高对输电线路风偏跳闸预警结果的准确性，需要尽可能地考虑上述种种重要因素。其中，在第 2 章中已经对微地形、台风登陆后的风力大小进行了讨论，而本章中在风偏跳闸和预警模型中也会考虑其余因素的影响。

3. 输电线路风偏放电预警基本思路

输电线路风偏放电预警主要流程如图 6-21 所示，主要分为 5 步：①收集与处理数据，具体包括收集台风、输电导线、引流线、杆塔、绝缘子串和环境等相关参数，将风速值折合至线路所在高度，在此基础上对模型中风压不均系数、脉动增大系数等所需参数进行函数拟合，并考虑微地形的影响引入微地形风速修正系数对风速修正。②结合线路杆塔设计参数、地理信息、台风天气预报数据（风向、风速等），计算悬垂绝缘子串的风偏角。③通过杆塔的结构推导出悬垂绝缘子串与最小空气间隙之间的关系，计算得台风登陆后该杆塔的最小空气

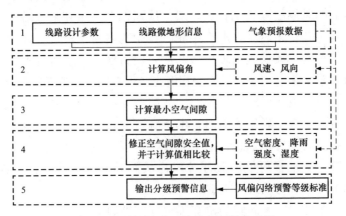

图 6-21　输电线路风偏放电预警流程图

间隙。④考虑空气密度、降雨强度、湿度等影响，修正规程中最小空气间隙距离安全值。⑤预警信息的判定和发布，比较第 3、4 步的计算结果，依据风险等级判定表，发布预警信息。

6.2.3.2 输电线路风偏放电模型

1. 悬垂绝缘子串计算模型

目前对悬垂绝缘子串的建模多采用刚体直杆法和弦多边形法。前者的计算过程简便许多，但无法计及到分裂导线间的屏蔽和脉动风的因素影响，因此误差相比于后者计算得到的大。而文献采用有限元仿真技术分析刚体直杆法误差的原因，对棒形绝缘子串的模型进行系统修正，从而给出基于刚性直棒法的具体修正方法，可以作为线路设计的参考依据。本书采用修正后的刚体直杆模型，并假设导线单位长度上的荷载沿档距均匀分布，如图 6-22 所示。

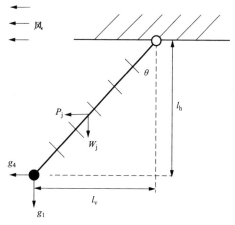

图 6-22　悬垂绝缘子串—刚体直杆模型

风偏角的计算过程为：

（1）导线的自重比载 g_1。

$$g_1 = \frac{W_0 \cdot g \times 10^{-3}}{S} \tag{6-27}$$

式中　g_1——导线的自重比载，N/g（m/mm^2）；

　　W_0——导线的自重，kg/km；

　　g——重力加速度，取 9.80N/kg；

　　S——输电导线的截面积，mm^2。

（2）导线的风比载 g_2。

$$g_2 = \frac{\alpha \cdot K \cdot g \cdot d \cdot (v_y \cdot \sin\gamma)^2 \times 10^{-3}}{16S} \tag{6-28}$$

式中　g_2——导线的自重比载，为垂直于导线方向的导线风比，N/(m·mm^2)；

　　A——风压不均匀系数；

　　K——导线体型系数；

　　d——导线外径，mm；

　　γ——预测风向与导线走向之间的夹角，(°)；

　　v_y——预测风速，m/s，需要按照下式换算到导线高度处。

$$v_y = v_g \cdot \left(\frac{H}{10}\right)^\mu \tag{6-29}$$

式中　v_g——气象局提供的离地 10m 高处的线路预测风速；

　　　H——导线高度；

　　　μ——地面粗糙度指数，按类别海上、乡村、城市和大城市中心 4 类的地面粗糙度指数分别为 0.12、0.15、0.22 和 0.30。

（3）悬垂绝缘子串风压 P_j。

$$P_j = \frac{n \cdot g \cdot A \cdot v_y}{16} \tag{6-30}$$

式中　P_j——绝缘子串风压，N；

　　　n——由绝缘子串数决定的系数，单联绝缘子串取 $n=1$，双联绝缘子串取 $n=2$，以此类推；

　　　A——绝缘子串承受自然风面积，m^2。

（4）悬垂绝缘子串的风偏角。

$$\theta = \arctan \frac{P_j/2 + S \cdot g_2 \cdot l_h}{W_j/2 + S \cdot g_1 \cdot l_v + W_z} \tag{6-31}$$

式中　W_j——绝缘子串总重量，N；

　　　W_z——重锤重量，N；

　　　l_h——水平档距，m；

　　　l_v——垂直档距，m。

表 6-6 列出了计算杆塔悬垂绝缘子串风偏角所需的线路参数，再结合气象预报数据可计算出悬垂绝缘子串的风偏角 θ，以供输电线路风偏放电预警校核。

表 6-6　　　　　　　　　　计算杆塔悬垂绝缘子串风偏角所需的参数

导线			悬垂绝缘子串				计算档距	
截面积 S（mm^2）	外径 d（mm）	单位重量 W_0（kg/km）	串数 n（个）	受风面积 A（m^2）	自身重量 W_j（N）	重锤重量 W_z（N）	垂直 l_v（m）	水平 l_h（m）

2. 风偏状态下线路至塔身的最小间隙距离

在进行间隙距离校验环节中最关键的一步是建立绝缘子串风偏角与最小空气间隙的距离的动态关系模型。目前，工程上常常采用间隙圆作图法来建立，即建立以导线的轴心作为圆心，以导线半径、允许间隙、裕度半径 3 者之和为半径的圆，间隙圆移动过程中形成"切塔线"。这种方法优点在于可以快速校验导线对于众多不同类型的杆塔元件的很多间隙是否达到标准，但是其缺点是必须 CAD 软件中按比例画图校验，不能在线编程计算，作图繁琐速度慢，不适宜台风到来的紧急情况下使用。因此，本章考虑在作图法的基础上提出基于二维坐标系的计算方法，针对典型的酒杯型直线塔以及干字型耐张塔，通过建立杆塔、导线或跳线与待求间隙之间的几何关系，推导出了对应的最小空气间隙距离 x 的计算表达式。

根据杆塔受损分析报告，在台风灾害中，干字型杆塔的引流线在受到较高风速的大风时，对塔身放电这一现象发生频率较高，具体多发生在塔身的横担处和耐张绝缘子串的悬挂点。下面将分别针对两种现象分析机理和计算空气间隙。

（1）发生在耐张串悬挂点处的风偏闪络。结合现场放电痕迹和杆塔结构来看，这类闪络的发生原因在于中相的引流线的设计中多用线夹来缩短其与塔身的距离，往往靠的是单点连接，侧向的大风到来后产生的转动惯量造成托架随风旋转，若引流线有一定张力，即使因重力作用有轻微的弧垂也可以抑制其旋转趋势，若弧垂过大，则张力无法抑制旋转趋势，造成引流线与挂点处间隙减小，产生放电现象。

接下来推导对应的最小空气间隙距离 x 的表达式，为了简化计算，忽略了杆塔塔头的倾角，引流线支撑管的长度。图 6-23 为干字型塔中相引流线俯视图，各参数的实际含义见表 6-7。

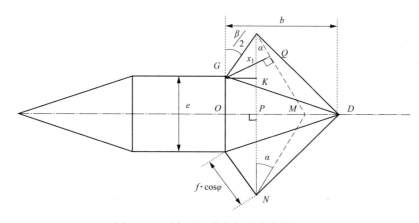

图 6-23　干字型杆塔中相引流线俯视图

表 6-7　　　　　　　　计算干字型杆塔空气间隙 x 所需参数表

参数	实际含义
f	绝缘子串的总长度
β	导线转角
θ	风偏角
φ	绝缘子串的倾角

续表

参数	实际含义
a	中相引流线悬挂绝缘子串的总长度
b	横担长度
c	塔身断面的宽度

图 6-23 是关于中轴线上下对称的，在右半边图中，过 N 作 OD 的垂线交 OD 于点 P，过 G 作 GK 交 NP 于点 K，推导出中相引流线到耐张绝缘子串的悬挂点的最小空气间隙 x_1 表达式为：

$$\angle\alpha = \arctan\frac{b - \left(a + \dfrac{d}{2}\right) \cdot \sin\theta - f \cdot \cos\varphi \cdot \sin\left(\dfrac{\beta}{2}\right)}{f \cdot \cos\varphi \cdot \cos\left(\dfrac{\beta}{2}\right) + \dfrac{c}{2}} \quad (6\text{-}32)$$

$$x_1 = f \cdot \cos\varphi \cdot \sin\left(\alpha + \frac{\beta}{2}\right) - \frac{d}{2} \quad (6\text{-}33)$$

在作图过程中，由于忽略引流线支管的长度，所以计算得到的 x_1' 应该比实际中的 x_1 略小一些，如图 6-24(a) 所示。此外，在作图中认为引流线一直在支撑管连接处与绝缘子串的连接点所构成的垂直平面中，但实际上在台风的作用下会使其离开垂直平面，距离杆塔更近，如图 6-24(b)，因此计算得到的 x_1'' 应该比实际中的 x_1 略大，因此两者所造成的结果相反的影响互相抵消，从而可以既简化作图和推导过程，又能保持精度。

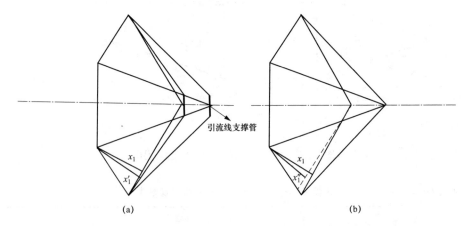

图 6-24　考虑引流线支撑管和侧向风作用影响下的示意图

（2）发生在杆塔塔头横担附近的风偏闪络。由于受到侧向风的作用，悬挂着绝缘子串围绕挂点会向塔身靠近，其与横担部分的间隙会随着风力的增大而减小，其中边相和中相引流线距离横担的间隙距离有所不同，图 6-25 和图 6-26

分别为中相引流线和边相引流线的正视图，计算干字型杆塔横担处空气间隙 x 所需参数如表 6-8 所示。

表 6-8　　　　　　　　计算干字型杆塔横担处空气间隙 x 所需参数表

参数	实际含义
Z	横担边缘长度
δ	横担边缘钢材倾角
d	导线直径

情况 1：引流线位于中相时，如图 6-25 所示。

由几何图形推导，可得中相引流线到杆塔塔头横担附近距离的计算公式为：

$$x_2 = z \cdot \sin\delta + \left(\alpha + \frac{d}{2}\right) \cdot \sin(90° - \theta - \delta) - \frac{d}{2} \tag{6-34}$$

决定引流线是否发生对塔身风偏闪络的最小空气间隙应为两者的最小值，因此可得：

$$x = \min\{x_1, x_2\} \tag{6-35}$$

情况 2：当引流线位于边相位置时，如图 6-26 所示。

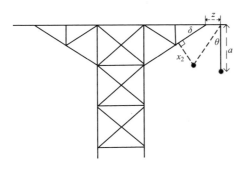

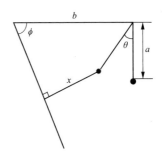

图 6-25　干字型杆塔中相引流线正视图　　　图 6-26　干字型杆塔边相引流线正视图

值得注意的是，以上的作图模型都默认引流线是非分裂式导线，但在实际工程应用中常常采用分裂式导线，按照排列方式还分为垂直排列、水平排列。由于引流线的直径相对于最小空气间隙来说并不算小，因此必须要具体考虑引流线是否采用分裂形式和排列方式所引起的间隙距离的改变，具体计算方式如下。

1）引流线为非分裂形式：

$$s = a + \frac{d}{2} \tag{6-36}$$

$$x = \left[(b - s \cdot \sin\theta) \cdot \tan\phi - s \cdot \cos\theta\right] \cdot \cos\phi - \frac{d}{2} \tag{6-37}$$

2）引流线为双分裂垂直排列形式：

$$s = a + \frac{d}{2} + e \tag{6-38}$$

$$x = \left[(b - s \cdot \sin\theta) \cdot \tan\phi - s \cdot \cos\theta\right] \cdot \cos\phi - \frac{d}{2} \tag{6-39}$$

3）引流线为双分裂水平排列形式：

若 $\theta \leqslant \phi$，

$$x = \left[\left(b - a \cdot \sin\theta - \frac{e}{2} \cdot \cos\theta\right) \cdot \tan\phi - a \cdot \cos\theta + \frac{e}{2} \cdot \sin\theta\right] \cdot \cos\phi - \frac{d}{2} \tag{6-40}$$

若 $\theta > \phi$，

$$x = \left[\left(b - a \cdot \sin\theta + \frac{e}{2} \cdot \cos\theta\right) \cdot \tan\phi - a \cdot \cos\theta - \frac{e}{2} \cdot \sin\theta\right] \cdot \cos\phi - \frac{d}{2} \tag{6-41}$$

4）引流线为四分裂形式：

若 $\theta \leqslant \phi$，

$$x = \left[\left(b - (a + e) \cdot \sin\theta - \frac{e}{2} \cdot \cos\theta\right) \cdot \tan\phi - (a + e) \cdot \cos\theta + \frac{e}{2} \cdot \sin\theta\right]$$
$$\cdot \cos\phi - \frac{d}{2} \tag{6-42}$$

若 $\theta > \phi$，

$$x = \left[\left(b - (a + e) \cdot \sin\theta + \frac{e}{2} \cdot \cos\theta\right) \cdot \tan\phi - (a + e) \cdot \cos\theta - \frac{e}{2} \cdot \sin\theta\right]$$
$$\cdot \cos\phi - \frac{d}{2} \tag{6-43}$$

6.2.3.3 带电体与杆塔部件的最小允许间隙

依据我国《110kV～750kV 架空输电线路设计规范》（GB 50545—2010）中规定，在海拔低于 1km 的地区，风偏状况下带电体与杆塔部件的间隙应小于表 6-9 所规定的数值。

表 6-9   各电压等级带电体与杆塔部件的最小允许间隙

标称电压（kV）	110	220	500	
工频电压下规定的最小允许间隙	0.25	0.55	1.2	1.3

注 在 500kV 一列中，当海拔高度小于 500km 时取 1.2，在大于或等于 500km 时取 1.3。

6.2.3.4 考虑雨水因素对最小允许间隙修正

如输电线路风偏放电影响因素中所阐述，热带气旋带来的暴雨使得杆塔间隙中产生与放电方向相一致的雨线串，如图 6-27 所示。考虑到水的介电常数约为空气的 80 倍，导致放电间隙中雨珠附近场强的增强和闪络电压的显著降低。

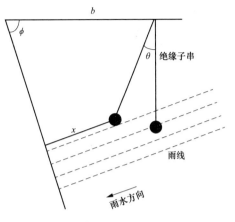

有电力试验研究院对雨中的导线—杆塔空气间隙进行同比例的实际模拟，试验中发现，雨水的电阻率对于间隙的闪络放电进程影响比较大，具体表现为特大暴雨情况下的闪络电压比晴朗干燥条件下降低了 16% 左右，而雨滴的移动轨迹、雨滴与放电

图 6-27　降雨时杆塔间隙中的雨线串示意图

方向的夹角对闪络电压的影响微乎其微。因此，本节主要考虑雨水电阻率对于风偏闪络的影响，提出使用系数 k 来修正规程中的最小允许间隙：

$$L_m = k \cdot L \tag{6-44}$$

试验中以 0.2m 为间隔，击穿间隙距离保持在 0.6～1.2m 之间，测得的干燥条件下的击穿电压分别为 252.6、301.5、243.6、399.2kV。观察在不同的降雨强度下击穿电压的变化幅度，如表 6-10 所示。

表 6-10　　　　　　　　不同的降雨强度下击穿电压的变化幅度

间隙长度（m）	降雨强度				
	0 （干燥条件）	2.4 (mm·min^{-1})	4.8 (mm·min^{-1})	9.6 (mm·min^{-1})	14.4 (mm·min^{-1})
0.6	0	−18.5%	−21.5%	−24.4%	−25.7%
0.8	0	−10.6%	−13.4%	−15.6%	−16.9%
1.0	0	−8.4%	−10.8%	−13.1%	−14.1%
1.2	0	−12.0%	−13.9%	−15.5%	−16.3%

在进行数据拟合时发现，采用幂函数的拟合度最佳，得到固定降雨强度下的不同电压等级发生击穿的临界间隙长度如表 6-11 所示。

进一步拟合得到固定电压等级下不同降雨强度相比于干燥情况的击穿间隙距离的增长比率，即大雨修正系数 k，如表 6-12 所示。

表 6-11 不同电压等级和降雨强度下的击穿间隙长度 （m）

电压等级（kV）	降雨强度				
	0 （干燥条件）	2.4 (mm·min⁻¹)	4.8 (mm·min⁻¹)	9.6 (mm·min⁻¹)	14.4 (mm·min⁻¹)
110	0.142	0.444	0.445	0.447	0.448
220	0.442	0.637	0.660	0.682	0.695
330	0.931	1.079	1.122	1.189	1.177
550	1.566	2.420	2.445	2.471	2.467
SSE	3.56e-04	3.30e-08	1.09e-06	3.83e-05	2.46e-05
R^2	0.9982	1.0000	1.0000	0.9998	0.9999

注 SSE 为和方差，其值越靠近零，说明拟合效果越佳，预测效果也越准确。R^2 为"确定系数"，其越靠近 1，说明拟合函数对变量的解释程度越强，进而拟合效果也越佳。

表 6-12 大雨修正系数 k

电压等级 （kV）	降雨强度				
	0 （干燥条件）	2.4 (mm·min⁻¹)	4.8 (mm·min⁻¹)	9.6 (mm·min⁻¹)	14.4 (mm·min⁻¹)
110	1	1.009	1.011	1.016	1.018
220	1	1.441	1.493	1.543	1.572
330	1	1.159	1.205	1.277	1.264
550	1	1.545	1.561	1.578	1.575

根据不同电压等级和降雨强度下的击穿间隙增长比，k 的计算公式如下：

$$k = a \cdot p^b + c \tag{6-45}$$

式中 p——降雨强度；

a、b、c——各电压等级下拟合得到的特征系数，具体数值见表 6-13。

表 6-13 k-p 函数的相关参数

电压等级 （kV）	降雨强度				
	a	b	c	SSE	R^2
110	−0.0873	0.5199	1.0030	8.18e-07	0.9846
220	−1.8370	−0.0429	3.2100	5.68e-08	1.0000
330	−0.3070	−0.5428	1.3470	6.433e-04	0.9283
550	−0.0874	−0.7984	1.5880	3.01e-05	0.9560

可以发现，随着降雨强度的增大，4 种电压等级下的降雨修正系数均呈现出

饱和趋势。

综上所述，降雨对风偏闪络最小空气间隙的影响可归结为降雨强度的影响，在预警模型中可以依据线路的电压等级和公式（6-45）得到 k，再利用公式（6-44）进行修正工作。

6.2.3.5 预警结果的判断

将降雨修正后的最小允许间隙和由风偏角计算的实际最小间隙距离进行比较可以得到输电线路预警结果。在制定预警结果中的风险等级时，本书参考实际案例中的数据，将 D 作为 Ⅰ 级风险等级，按照每层 0.05 的间隔逐级递增，共有 Ⅰ、Ⅱ、Ⅲ、Ⅳ 4 个等级。风偏预警等级判定表如表 6-14 所示。

表 6-14 风偏预警等级判定表

比较结果	风险等级
$x \leqslant 0.9 L_m$	Ⅰ 级
$0.9 L_m < x \leqslant 0.95 L_m$	Ⅱ 级
$0.95 L_m < x \leqslant 1.0 L_m$	Ⅲ 级
$1.0 L_m < x \leqslant 1.05 L_m$	Ⅳ 级

6.2.3.6 实例验证

本节以福建省福州地区和近年来对该地电网造成重大损失的台风"玛莉亚"为例，根据其登陆过程，将部分杆塔和线路故障情况进行重现。2018 年 7 月最强台风"玛莉亚"于福建登陆，当时靠近台风中心处的风力最大值高达 42m/s，对福建宁德、福州地区造成重大损失。

该台风以约 30km/h 的速度从福州市的东南方向行进，在此过程中福州某公司某 220kV 输电线路 15 号杆塔于 7 月 11 日 9 时 24 分 B 相引流线对杆塔自身发生风偏跳闸。气象部门对于此次台风提供了详细的预报信息，时间间隔为 1h，由于台风对杆塔和线路的破坏主要集中在登陆后的 6h 内，所以表 6-15 列出 15 号杆塔发生事故的 12h 内台风预测的相关信息，包括时间、最大风速、经纬度坐标、七级和十级风圈半径等。

表 6-15 12h 内台风预测相关数据表

时间	台风中心经纬度坐标	最大风速（m/s）	r_7	r_{10}
7/11 12：00	(26.3°N, 118.9°E)	28	400	200
7/11 11：00	(26.3°N, 119.1°E)	30	400	200
7/11 10：00	(26.3°N, 119.5°E)	35	400	200
7/11 9：00	(26.3°N, 119.9°E)	42	400	200

时间	台风中心经纬度坐标	最大风速（m/s）	r_7	r_{10}
7/11 8：00	(26.4°N，120.6°E)	48	400	200
7/11 7：00	(26.3°N，120.8°E)	48	400	200
7/11 6：00	(26.3°N，121.0°E)	48	400	200
7/11 5：00	(26.3°N，121.4°E)	48	350	200
7/11 4：00	(26.3°N，121.9°E)	48	350	200
7/11 3：00	(26.3°N，122.0°E)	48	350	200
7/11 2：00	(26.1°N，122.3°E)	48	350	200
7/11 1：00	(25.9°N，122.7°E)	48	350	200
7/11 0：00	(25.8°N，123.1°E)	48	350	200

该 220kV 输电线路主要穿过的是盆地、平地、丘陵 3 种地形，选取线路上 24 基杆塔，各杆塔位置如图 6-28 所示。

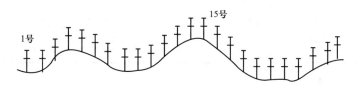

图 6-28　各杆塔位置示意图

依据台风风场预测模型中的风速计算公式得到预测风速值 V_1，然后考虑 3 种微地形的影响得到修正后的预测风速 V_2，整理于表 6-16。（由于无法获得全部准确的计算参数，对其中的部分参数做了近似处理。）

由结果不难看出，24 基杆塔由于所处微地形不同，最终风速的预测结果有很大差异。具体表现为当线路处于平地时，地形对风速影响可以忽略；当线路位于丘陵地区，坡面的起伏对气流造成影响，且影响随高程的增加而增大，两部分丘陵地区的预测风速增强了约 18% 和 24%；当线路位于盆地区域时，由于盆地对风速的屏蔽作用，风速降低了约 20%。

表 6-16　　　　　　　各档距风速预测值

序号	微地形	V_1(m/s)	V_2(m/s)	序号	微地形	V_1(m/s)	V_2(m/s)
1	平地	36.9	36.9	7	丘陵	36.9	43.2
2	平地	36.9	36.9	8	丘陵	36.8	43.0
3	丘陵	36.9	43.2	9	平地	36.7	36.7
4	丘陵	37.1	44.2	10	平地	36.7	36.7
5	丘陵	37.1	44.3	11	平地	36.7	36.7
6	丘陵	37.3	44.5	12	平地	36.8	36.8

序号	微地形	V_1(m/s)	V_2(m/s)	序号	微地形	V_1(m/s)	V_2(m/s)
13	丘陵	37.4	46.6	19	盆地	37.0	29.6
14	丘陵	37.4	46.7	20	盆地	37.0	29.6
15	丘陵	37.5	46.7	21	盆地	37.0	29.6
16	丘陵	37.6	46.6	22	盆地	37.0	29.7
17	丘陵	37.3	46.7	23	平地	37.1	37.1
18	丘陵	37.2	46.6	24	平地	37.0	37.0

各档距风速预测值对比情况如图 6-29 所示。

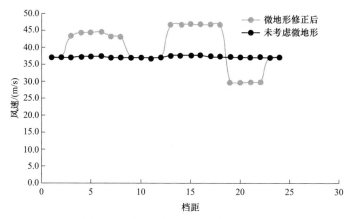

图 6-29 各档距风速预测值对比情况

因此，微地形对台风风场计算的影响不容小视，在对输电线路进行预警时需要将微地形对风速的影响加以考虑，从而利于预警结果准确度的提高。

针对发生风偏放电的上述 220kV 线路干字型耐张塔 15 号塔，结合气象部门获得的和风场模型预测的相关数据进行案例反演，从而验证提出模型的有效性。

15 号塔中相引流绝缘子串计算所需参数如表 6-17 所示。

表 6-17　　　　　　15 号塔中相引流线绝缘子串计算所需参数表

导线			悬垂绝缘子串				计算档距	
截面积 S (mm²)	外径 d (mm)	单位重量 W_0 (kg/km)	串数 n (个)	受风面积 A (m²)	自身重量 W_j (N)	重锤重量 W_z (N)	垂直 l_v (m)	水平 l_h (m)
338.99	23.76	1058	1	0.24	116.91	0	6.8	4.6

(1) 计算引流线的自重比载：

$$g_1 = \frac{W_0 \cdot g \times 10^{-3}}{S} = \frac{1058 \times 9.80665}{338.99} \times 10^{-3} = 30.61 \text{N}/(\text{m} \cdot \text{mm}^2) \quad (6\text{-}46)$$

（2）计算引流线风比载：

$$g_1 = \frac{\alpha \cdot K \cdot d \cdot (v_y \cdot \sin\gamma)^2 \times 10^{-3}}{16S}$$

$$= \frac{1 \times 1.1 \times (46.7 \times \sin90°)^2 \times 23.76 \times 10^{-3}}{16 \times 338.99}$$

$$= 102.99 \times 10^{-3} \text{N}/(\text{m} \cdot \text{mm}^2) \tag{6-47}$$

（3）计算悬垂绝缘子串风压 P_j：

$$P_j = \frac{n \cdot g \cdot A \cdot v_y}{16} = \frac{1 \times 0.24 \times 9.80665 \times 46.7^2}{16} = 320.59 \text{N} \tag{6-48}$$

（4）计算悬垂绝缘子串的风偏角：

$$\theta = \arctan \frac{P_j/2 + S \cdot g_2 \cdot l_h}{W_j/2 + S \cdot g_1 \cdot l_v + W_z}$$

$$= \arctan \frac{320.59/2 + 338.99 \times 102.99 \times 10^{-3} \times 4.6}{116.91/2 + 338.99 \times 6.8 \times 30.61 \times 10^{-3}}$$

$$= 68.10° \tag{6-49}$$

（5）根据表 6-18 中的参数，计算 15 号塔中相引流线到塔身绝缘子串挂点距离 x_1：

$$\angle\alpha = \arctan \frac{b - \left(a + \dfrac{d}{2}\right)\sin\theta - f\cos\varphi\sin\left(\dfrac{\beta}{2}\right)}{f\cos\varphi\cos\left(\dfrac{\beta}{2}\right) + \dfrac{c}{2}}$$

$$= \frac{4.2 - \left(2.23 + \dfrac{0.024}{2}\right)\sin68.1° - 2.23 \times \cos8° \times \sin5°}{2.23 \times \cos8° \times \cos5° + 0.7}$$

$$= 31.67° \tag{6-50}$$

$$x_1 = f \cdot \cos\varphi \cdot \sin\left(\alpha + \frac{\beta}{2}\right) = 2.23\cos8° \times \sin(31.67° + 5°)$$

$$= 1.319 \text{m} \tag{6-51}$$

表 6-18　　15 号塔中相引流线到塔身最小空气间隙距离计算参数表

参数	单位	计算数值
f	m	2.23
β	度	10
φ	度	8
a	m	2.23
b	m	4.2
c	m	1.4

（6）计算 15 号塔中相引流线到横担串挂点距离 x_2：

$$x_2 = z\sin\delta + \left(\alpha + \frac{d}{2}\right)\sin(90° - \theta - \delta) - \frac{d}{2}$$

$$= 0.8\sin21.2° + 2.242\sin(0.7) - 0.012 = 0.305\text{m} \tag{6-52}$$

$$x = \min\{x_1, x_2\} = 0.305\text{m} \tag{6-53}$$

（7）结合降雨强度情况，对最小允许间隙距离的距离修正：

根据章程中规定的最小间隙为 0.55m，当日降雨约为 2mm/min，可得：

$$L_m = k \cdot L = 1.42 \times 0.55 = 0.781\text{m} \tag{6-54}$$

（8）$x < 0.9 L_m$，因此 15 号塔中相引流线对塔身放电的预警等级为 Ⅰ 级，表示实际中极有可能发生，根据计算结果，多发生为对横担处，而实际结果了验证该结论。

⏩ 6.2.4　基于区域自然灾害系统论的配电杆塔损失预测

本节提出了一种基于格点化和支持向量机的 10kV 杆塔受损量预测方法。首先，从区域自然灾害系统论出发，构建包含致灾因子、孕灾环境和承灾体的 10kV 杆塔受损影响因子特征集，以 3km×3km 格点为基本单元提取各特征因子，作为支持向量机回归模型的输入量；然后，以格点单元内 10kV 杆塔受损量作为支持向量机回归模型的输出量，建立强台风环境下 10kV 杆塔受损量预测模型；最后，采用该模型对 1614 号超强台风"莫兰蒂"期间某地区电网的 10kV 杆塔受损量进行预测，并与实际受损量进行对比，以验证所提出方法的有效性。

6.2.4.1　特征集提取

1. 强台风环境下 10kV 杆塔受损特征集

根据区域自然灾害系统论，对于台风环境下 10kV 杆塔的受损问题，可用图 6-30 对其影响因素进行描述。其基本过程是台风带来的风、雨或引发的山洪、泥石流等次生灾害，通过特殊的地形和下垫面环境作用于 10kV 杆塔上，因杆塔抗灾能力不足导致受损，进而造成线路停运。因此，致灾因子危险性、孕灾环境敏感性、承灾体脆弱性是 10kV 杆塔因台风受损的 3 个基本要素。

（1）致灾因子。断裂和倒伏是强台风环境下 10kV 杆塔的两种主要破坏形式。在强风作用下，当杆身所受可变荷载和永久荷载合力超过杆身承载力时，杆身会发生断杆；当电杆基础所受荷载合力超过电杆基础承载力时，会发生电杆倒杆。10kV 杆塔承受的荷载从空间上可分为 3 类：①垂直荷载（垂直于地面方向）；②横向水平荷载（垂直于线路走廊方向）；③纵向水平荷载（平行于线路走廊方向）。风速是水平荷载最主要的影响因素。根据《66kV 及以下架空电

力线路设计规范》（GB 50061—2010），风向与杆塔面垂直情况下，杆塔塔身或横担风荷载的标准值应按式（6-55）计算：

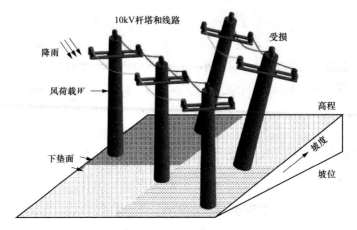

图 6-30　考虑时空特性的滑坡灾害气象预警图

$$W_S = bm_s m_z A W_O \tag{6-55}$$

式中　　W_S——杆塔塔身或横担风荷载的标准值，kN；

　　　　β——风振系数；

　　　　μ_s——风载体型系数；

　　　　μ_z——风压高度变化系数；

　　　　A——杆塔结构构件迎风面的投影面积，m^2；

　　　　W_O——基本风压，kN/m^2。$W_O = v^2/1600$，其中 v 为基准高度为 10m 处的风速，m/s，故 $W_S \propto v^2$。

对于同一基 10kV 杆塔，β、μ_s、μ_z、A 均为确定值；杆塔所受风荷载作用方向平行于地面，属于水平荷载。除特殊情况外，如直线型杆塔导线发生断线或断股产生横向不平衡拉力，或者转角杆塔导线不平衡拉力外，杆塔断裂和倒伏主要由横向水平风荷载过载引起，而杆塔所受风荷载是水平荷载最主要的组成部分。因此，本书将风速作为台风环境下 10kV 杆塔受损的致灾因子之一。

强台风过境时往往伴随着强降雨，并形成山体滑坡、洪涝、泥石流等次生灾害。在暴雨及其次生灾害带来的可变荷载和永久荷载综合作用下，杆塔基础将出现松动、位移变形，导致杆塔倾斜，严重时出现整体性倾覆的现象。降雨量和杆塔周围的地表信息（包括地貌、岩土性质等）是此类灾损的主要影响因素。为此，除了强风外，本书将降雨量作为 10kV 杆塔受损的另一个主要致灾因子。

（2）孕灾环境。台风风场属于典型的流体，其生成、移动、消亡过程中所处的地理环境不同时，受到的摩擦耗散也存在极大差异。10kV 配电线路所处的地形和地貌对台风过境时局部区域的风速有明显的影响，例如在垭口地形下，气流从开阔区进入狭窄区，由于流区压缩产生"狭管效应"，导致风速大幅增加，从而导致杆塔损坏。因此，地形信息是预测台风环境下 10kV 杆塔受损须考虑的孕灾环境属性之一。本书考虑的地形因素包括高程、坡度和坡位，其中，坡位 0~6 分别代表山脊、上坡、中坡、下坡、谷地、平地和全坡。

10kV 架空线路途经水田、河滩、河谷和低洼洪涝区时，杆塔基础、拉线基础易出现埋深不足，加上土质软化，在洪水及携带的石头、泥土、树木等作用下，易出现倒伏现象。此外，山脉地形在一定条件下形成的地形辐合往往是台风低压内部制造中尺度对流系统的源，开阔的湖面和水库会加剧台风暴雨，台风强降雨区饱和的土壤层和积水对台风会产生水汽反馈，反过来加剧该地区的暴雨。因此，下垫面是本书考虑的另一个孕灾环境属性，取值为 1~16，取值对应的环境属性分别为 1，城市；2~6，农田；7~10，草地；11~15，森林；16，水体。

（3）承灾体。配电线路的杆塔、基础、架空导线和横担金具等是强台风的主要承灾体，本书主要研究杆塔和基础两种承灾体。对杆塔而言，材质是影响其抗风性能的主要影响因素，我国配电杆塔主要采用钢筋混凝土电杆、钢管杆和窄基塔。对杆塔基础而言，钢筋混凝土电杆基础主要包括典型套筒无筋式、套筒式和台阶式；钢管杆基础主要包括台阶式、灌注桩和钢管桩；窄基塔基础主要包括台阶式和灌注桩。此外，我国沿海省份针对 10kV 杆塔已开展了一些差异化设计和工程应用，因此，抗风等级设计值是 10kV 杆塔的一个重要承载体特征量。

（4）灾情。强台风环境下 10kV 杆塔受损量是本书研究的灾情，包括杆塔自身和基础损坏。综上所述，将强台风环境下 10kV 杆塔受损特征集归纳于表 6-19，同时给出了各特征量的数据来源。

表 6-19   10kV 杆塔受损特征集和数据源

灾害链环节	特征量	单位	数据源
致灾因子	2 分钟平均风速	m/s	气象部门 3km×3km 数值预报结果
	逐小时降雨量	mm/h	
孕灾环境	高程	m	来源于地理国情监测云平台，制成 DEM，分辨率为 90m。来源于地理国情监测云平台，分辨率为 1km×1km
	坡度	°	
	坡位		
	下垫面属性		

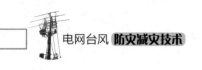

灾害链环节	特征量	单位	数据源
承灾体	杆塔数量	基	电力生产管理系统（power production management system，PMS）电网台账信息
	经纬度	°	
	抗风等级	m/s	
	杆塔类型		
	基础类型		
灾情	受损量	基	电网公司实际灾损统计数据

2. 特征量格点化提取

电网台账信息、地理信息和下垫面属性可认为是相对静态的，因此未来预测功能的时间尺度、空间尺度主要由数值天气预报尺度决定。格点化是数值天气预报技术的基础。数值天气预报模式主要可分为全球尺度、中尺度和微尺度 3 种模式，常见的格点分辨率包括 27km×27km、9km×9km、3km×3km 等。其中，3km×3km 是目前数值天气预报业务上常用的一种分辨率。因此，为实现台风环境下 10kV 杆塔受损量预测，需要将气象信息以外的其他特征量进行 3km×3km 格点化提取，以达到各特征量在时间和空间尺度上的匹配。具体为：

（1）对于高程、坡度和坡位，以分辨率为 90m 的 DEM 数据为基础，利用 GIS 技术，处理得到 3km×3km 格点的综合地形数据。

（2）对于下垫面，以分辨率为 1km×1km 的地表类型和下垫面类型数据为基础，利用 GIS 技术，处理得到 3km×3km 格点的综合下垫面属性数据。

（3）对于承灾体，以 PMS 台账数据为基础，利用 GIS 技术，统计得到 3km×3km 格点的 10kV 杆塔数量；采用加权平均，得到 3km×3km 格点的 10kV 杆塔综合抗风等级、杆塔和基础类型数据。

（4）对于灾情，以国家电网有限公司实际灾损统计数据为基础，利用 GIS 技术，统计得到 3km×3km 格点的 10kV 杆塔受损量。

图 6-31 为某地区的 3km×3km 格点图。

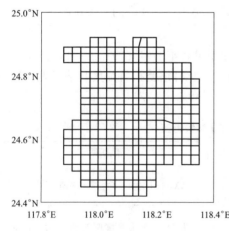

图 6-31　某地区的 3km×3km 格点图

6.2.4.2 预测方法原理

强台风环境下基于格点化和支持向量机的 10kV 杆塔受损量预测方法流程如

图 6-32 所示。

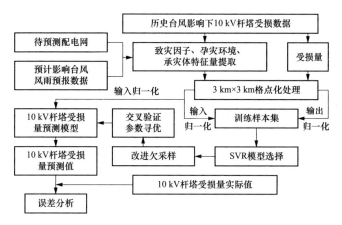

图 6-32　预测方法流程图

预测方法的基本步骤为：①基于历史台风影响下 10kV 杆塔受损统计数据，进行表 6-17 中的特征量提取，并进行 3km×3km 格点化处理，以致灾因子、孕灾环境、承灾体特征量作为输入量，以灾损量作为输出量，构建训练样本集。②选择合适的支持向量机回归（support vector machine regression，SVR）模型，采用改进前采样方法进行测试样本处理，通过交叉验证和参数寻优，建立优化后的 10kV 杆塔灾损量预测模型。③对未来某台风可能影响的配电网区域，根据气象部分提供的格点化风雨预报数据（致灾因子），结合孕灾环境和承灾体数据，进行特征量提取并输入至预测模型，得到该台风可能导致的 10kV 杆塔受损量，并与灾后实际灾损量进行对比，进行误差分析。

6.2.4.3　方法的应用和验证

不同样本选择方法训练得到的 SVR 模型预测值和实际值的对比如图 6-33 所示。

采用式（6-56）分析 10kV 杆塔受损量与各特征量的相关系数，此时 $f(x_i)$ 与 y_i 分别为第 i 个格点单元的特征量与实际受损量；$\overline{X}$ 和 $\overline{Y}$ 分别为特征量和实际受损量的平均值。

$$r = \frac{\sum_{i=1}^{n}\left[f(x_i) - \overline{X}\right](y_i - \overline{Y})}{\sqrt{\sum_{i=1}^{n}\left[f(x_i) - \overline{X}\right]^2}\sqrt{\sum_{i=1}^{n}(y_i - \overline{Y})^2}} \tag{6-56}$$

从图 6-33 所示的预测值和实际值对比来看，两者在总体分布上大体一致，但灾损集中区的受损量预测值与实际值还存在一定差异。分析其可能原因主要包括：

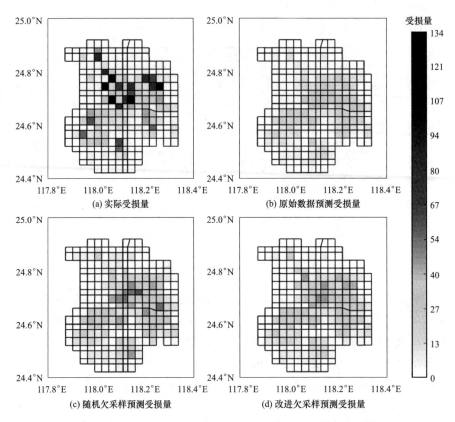

(a) 实际受损量 (b) 原始数据预测受损量

(c) 随机欠采样预测受损量 (d) 改进欠采样预测受损量

图 6-33 不同样本选择方法训练得到的 SVR 模型预测值和实际值的对比

（1）3km×3km 格点对 10kV 杆塔来说精细度仍然不够，格点单元内最大的杆塔数达到数百基，一个综合参数难以准确反映杆塔的真实情况。

（2）有部分敏感因子可能还没有考虑到，如施工工艺等。下一步工作应主要从上述两方面展开。然而，《电力气象灾害预警系统技术规范》对台风编号、中心位置、风圈半径及风速、风向和降水量等本书主要考虑致灾因子的实时性要求是 1h。采用本书方法对某省电网 10kV 杆塔受损量进行预测耗时（包括参数导入、计算和生成结果）约 30min（双核 2.8GHz CPU、8 G 内存），基本能够满足实时性要求。若进一步增加格点精细度（如 1km×1km），所花费的时间成本是巨大的，难以满足台风灾害预测预警的实时性要求。因此，分析挖掘更多的敏感因子并加入至预测模型中，应是下一步的工作重点。

在得到某地区将受台风影响的 10kV 杆塔受损量预测值后，可指导该地区电网公司采取相关的防台减灾措施。例如，针对预测受损量较大的区域，灾前增加巡视次数或重点特巡，对可能受损的杆塔采取加固、清理树障等防灾措施。与此同时，提前预置抢修物资、车辆和队伍（尤其是跨区队伍）到可能发生严重灾损的区域。

6.3　电网台风灾害风险评估

电网台风灾害的风险评估是为了指出台风灾害可能给电网运行带来的风险，分析引起这些风险的原因和致灾条件，并提出防御和降低电网台风灾害风险的措施，即将电网的灾损控制在最低限度的具体有效对策。如果电网已处于台风灾害的高风险区或难以避开高风险区，应当采取相关的工程性措施预防风险的发生，并为电网防台风工程的设计标准提供科学依据。因此，电网台风灾害的风险评估是电网防台减灾的一个非常重要的环节。

现实情况中，重大自然灾害通常会引发一系列次生灾害，形成一条严重威胁电网安全的极端灾害链，如强台风登陆带来暴雨，暴雨继而诱发滑坡、泥石流等地质灾害。复合灾害通过直接损毁电网元件造成输电线路故障，线路故障产生潮流转移后引发新的线路过载，从而导致电网大范围的停电，甚至整个系统的崩溃。相比于单一自然灾害，复合自然灾害之间相互影响并推波助澜，其持续时间更长、地域性更广、破坏性更强，对电网的考验更为严峻。

自然灾害通常会给电网运行带来诸多不确定问题，概率性预警关注重点在于大概率事件，容易遗漏"一旦发生就会产生巨大损失"的灾害性事件，风险评估则在概率评估的基础上进一步量化事故的严重程度，可以为电网调度人员做出调度控制决策前提供具有足够参考性的风险评估结果，进而达到规避风险保障电网安全稳定运行的目的。此外，随着气象预报技术和计算机技术的发展，实时在线的风险评估以其较高的结果可信度将逐渐取代传统中长期离线的风险评估技术，因此，需要对复合灾害下的电网在线风险评估进行研究。

6.3.1　风险评估理论基础

自然灾害下电网安全稳定水平的评估通常涉及风险的概念，风险通过量化未来故障事件的危险程度从而给电网防御提供决策支持，其同时考虑了故障发生的可能性和严重性，风险大小具体表示为概率和后果的乘积，即：

$$R = f(P, S) = P \times S \tag{6-57}$$

式中　R——该故障的风险值；

P——该故障发生的概率；

S——该故障带来的后果。

一般来说，风险评估包括故障模型的构建、故障状态的选取、故障后果的分析和风险指标的计算 4 个步骤，如图 6-34 所示。故障模型的构建是风险评估的基础，系统失效源于元件失效，元件故障概率的预测应充分考虑影响元件失

效的多种因素，从而保证风险评估结果的可靠性和准确度。故障状态的选取和故障后果的分析是风险评估的核心，系统中元件故障组合较多，有目的性地对故障状态进行筛选能提高风险评估的速度和风险评估结果的精度，停电损失、控制代价、稳定裕度等均为故障后果的表达形式，选择哪种故障后果进行风险评估取决于决策者在系统运行可靠性、经济性、稳定性等方面的重视程度。风险指标的计算是风险评估的目标，针对不同的故障后果形成相应的风险指标，可为电网调度决策提供一定的技术支持。

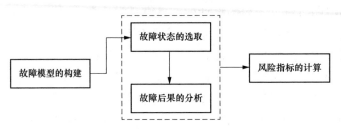

图 6-34　风险评估基本步骤

众所周知，在故障后果的选择方面，保证负荷的持续可靠供应是电力系统的根本任务。当系统正常运行时，系统功率能够实时保持供需平衡，同时线路传输容量留有一定裕度以满足系统可靠性要求；当系统遭遇极端自然灾害时，系统内大量电力设备短时间内可能出现故障，导致电网结构发生变化并引发潮流转移、潮流越限等一系列问题，电力系统难以继续保持安全稳定的运行，电网出现大面积停电现象，此时负荷损失不可避免地成为此类事故的最直接影响后果。在这种紧急情况下，利用主动调控下的最优切负荷措施重新调整发电机出力，其在消除系统约束的同时还可以尽量减少负荷的被动损失。此外，相比于短时间内难以估算的停电损失、控制代价等故障后果，最小负荷损失更能够直观有效的反映灾害袭击电网的严重程度。

●●● 6.3.2　输电线路台风灾害风险评估

基于台风、暴雨单种灾害的研究，本节对台风暴雨联合作用下的输电线路故障率进行了分析计算，建立了以最小失负荷量为优化目标的直流潮流模型。针对风险评估中故障状态数目会耗费大量计算时间的问题，本节充分利用短时临近预报时效长短不同的特点，提出一种自适应故障筛选方法，该方法能够紧密跟踪气象环境信息，在短时预报下生成的基础故障集和预想故障集信息以及当前临近预报相对于历史预报的变化信息的基础上，不断更新预选故障集，从而保证短时间内故障集的筛选效率与筛选准确性。本节所提方法充分体现了在线风险评估的实时性、有效性和快速性要求。

6.3.2.1 风险评估模型与方法

1. 台风暴雨联合作用下输电线路故障概率计算

分析复合自然灾害对电网元件故障率的影响，需在单一自然灾害的基础上计及不同灾害之间的相互作用，而单一灾害形成过程本身就较为复杂，涉及气象环境、地质地形、电网设备状态等多种因素，因此复合灾害致灾机理的研究就显得极为棘手。由于不同自然灾害在演变过程中都需要通过改变自然环境来影响电网设备，如果在研究单一灾害时能够准确计入相关环境因数，复合灾害下设备的故障率即可通过对单一灾害下的故障率以独立事件原则整合得到。

在前面单独台风和单独暴雨灾害的研究基础上，本节台风暴雨联合作用时输电杆塔的故障概率可表示为：

$$P_{\text{tower}} = 1 - (1 - P_{\text{typhoon,tower}})(1 - P_{\text{rain,tower}}) \tag{6-58}$$

式中　$P_{\text{typhoon,tower}}$——单独台风造成的输电杆塔故障概率；

　　　$P_{\text{rain,tower}}$——单独暴雨造成的输电杆塔故障概率。

一条输电线路可看成由多个杆塔支撑形成的串联结构，如图 6-35 所示，当其中一个杆塔倒塔时，整条线路均不能正常运行，只有所有杆塔都正常可靠时，线路才可靠工作，设支撑线路的每个杆塔的故障概率为 P_{tower1}、P_{tower2}、……、$P_{\text{tower}n}$，则根据串联可靠性公式得出输电线路的失效概率为：

$$P_{\text{line}} = 1 - \prod_{i=1}^{n} (1 - P_{\text{tower}i}) \tag{6-59}$$

图 6-35　多个杆塔支撑的输电线路示意图

2. 输电线路故障集的构建

故障集由多种可能出现的系统故障状态组合而成，系统故障状态与故障元件的选择有关，在某个时间段内，系统可能出现单个或多个元件同时发生故障，故障状态发生概率的计算公式为：

$$P(z) = \prod_{i=1}^{m} P_i \prod_{j=1}^{N-m} Q_j \tag{6-60}$$

式中　m——故障元件个数；

　　　P_i——第 i 个元件的故障概率；

　　　Q_j——第 j 个元件不发生故障的概率；

　　　N——状态 z 中可能发生故障的元件总个数。

台风暴雨天气下电网发生大停电的主要原因在于输电线路出现故障，而灾

前不同输电线路的故障概率预测结果不同，且同一输电线路的故障概率还会随着外部环境的演化不断发生变化，因此故障集也需要不断更新，传统指定故障后固定不变的故障集显然不能用于自然灾害下的风险评估。短时临近气象预报下的输电线路故障概率预测结果准确率较高，但留给调度员评估系统风险的时间有限，为保证风险评估结果的有效性和评估时间的快速性，应紧密跟踪台风暴雨天气变化情况，利用短时临近预报时效长短不同的特点，将短时预报下的故障概率预测结果生成预想故障集，继而再根据动态更新的临近预测结果自适应调整预想故障集，形成用于风险状态评估的预选故障集。

3. 短时预报下预想故障集的生成

相对于临近预报，短时预报距离电网事故发生的时间较长，其预报结果下生成的故障集除了给未来一段时间内电网安全稳定水平的初次评估提供故障场景外，还将作为后续临近预报下预选故障集修正和更新的基础。由于系统故障状态的数目将直接影响风险评估的计算速度，应提前过滤掉对系统稳定性威胁不大的故障，尽可能地减少短时预报下预想故障集中需要分析的故障状态数。

如图 6-36 所示，在得到短时预报台风暴雨联合作用下的输电线路故障概率后，对输电线路进行故障组合形成多种系统故障状态，由于电网前期规划建设时必须满足 N-1 通过率准则，故清除故障状态中对系统无害的单一故障后形成

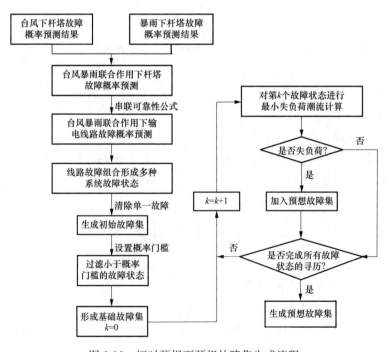

图 6-36　短时预报下预想故障集生成流程

初始故障集，考虑到紧急情况下电力公司首先关心的是系统最有可能出现何种故障，通过设定概率门槛过滤掉初始故障集中发生概率小于该门槛的故障状态，把重点放在发生可能性相对较大的故障上，将保留下来的系统故障状态纳入基础故障集，然后对基础故障集中故障状态进行最小负荷损失计算，判断故障后果，若需要切负荷系统才能正常运行，则将该故障状态加入预想故障集。初始故障集是除去单一故障后短临预报下系统所有可能出现的故障状态集合；基础故障集是短时预报下需要进一步计算分析的对象；预想故障集是对系统会造成最小失负荷后果的故障状态集合，可直接用于风险评估。其中，基础故障集和预想故障集可为后续临近预报下预选故障集的快速确定提供参照。

4. 临近预报下预选故障集的自适应筛选

临近预报的更新周期较短，一般当前临近预报下的故障输电线路和前一次临近预报结果相差不大，在这种情况下如果对每一次临近预报结果均采用短时预报下预想故障集的生成方法来处理，会带来大量的冗余计算从而耽误在线风险评估的实时性。充分利用短时预报下的基础故障集和预想故障集，将临近预报下超过概率门槛的系统故障状态与基础故障集中的状态进行对比，若该状态已存在于基础故障集，则继续判断是否存在于预想故障集，否则将此新状态加入基础故障集，并对该状态进行潮流计算判断其是否有最小负荷损失，如果有则纳入当前临近预报下的预选故障集，同时更新预想故障集以便下次临近预报预选故障集的快速确定，直至当前临近预报中所有故障状态寻历完毕，如图 6-37 所示。

5. 最优负荷削减模型

考虑到灾害来临前风险评估的紧迫性，为减少计算量，采用直流潮流的最优化模型计算最小负荷损失。模型已在 6.2.1.4 节详细论述。

6.3.2.2 在线风险评估流程

灾害期间，输电线路故障概率随着气象预报信息的更新而不断变化，风险评估应是一个实时更新的过程。本节提出的台风暴雨联合作用下电网在线风险评估流程如图 6-38 所示。利用气象台发布的短时临近预报信息预测输电线路故障概率，得到系统可能出现的多种故障状态，根据短时预报下各故障状态的最小负荷损失情况，对故障状态进行筛选并生成预想故障集，同时将临近预报下不断更新的故障状态与预想故障集进行比较分析后自适应生成预选故障集；在此基础上，逐一计算预想/预选故障集中各故障状态的风险大小，并按风险大小进行排序。短时预报可为电网调度决策提供初始风险结果，临近预报则提供实时风险评估结果。

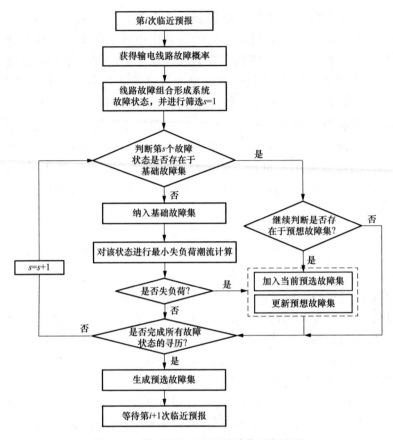

图 6-37　临近预报下预选故障集更新流程

6.3.2.3　算例分析

基于单独台风灾害和单独暴雨灾害下输电杆塔故障概率预测模型的研究，本节以台风"玛莉亚"和暴雨共同袭击 IEEE30 节点系统为例来分析复合自然灾害对电网的影响，该系统共有 6 台发电机，20 个负荷节点，系统总装机容量为 335MW，基础总负荷为 189.2MW。如图 6-39 所示，在前面算例的基础上，假设伴随台风而来的暴雨只覆盖微地形区域 15-23 部分线路，其实际降雨信息参考中国气象数据网台风"玛莉亚"期间某地区的逐小时降雨数据。

1. 基本信息

（1）降雨信息。由前面算例可知，台风预警启动位置选在（121°E，26.3°N），其对应的时间为 2018 年 7 月 11 日 5 时，根据气象数据网信息，在此之前该地区的累积降雨量基本为 0，在此之后的 12h 短时预报降雨量为 112.3mm，逐小时临近预报数据和实际数据如表 6-20 所示。

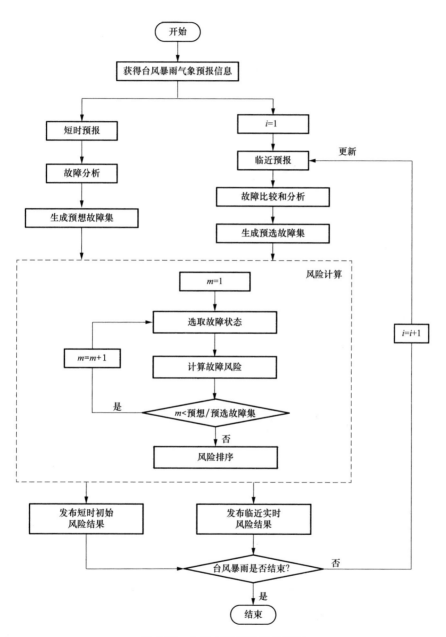

图 6-38 电网在线风险评估流程

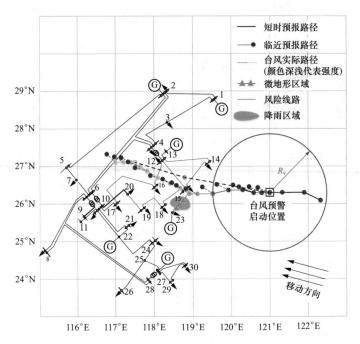

图 6-39　台风暴雨灾害共同袭击下的 IEEE30 节点系统

表 6-20 逐小时降雨信息

时间	5 时	6 时	7 时	8 时	9 时	10 时
预报雨量（mm）	0.34	0.62	0.75	1.57	10.34	47.66
实际雨量（mm）	0.57	0.42	0.79	1.94	12.86	49.29
时间	11 时	12 时	13 时	14 时	15 时	16 时
预报雨量（mm）	10.56	8.14	4.24	2.55	0.17	0.36
实际雨量（mm）	11.78	7.27	3.58	2.69	0.17	0.28

（2）输电杆塔的结构参数和对应滑坡体信息。如图 6-40 所示，假设 15-23 线路的 5～10 号杆塔处于降雨区域，5～10 号杆塔的结构参数和对应的滑坡体信息分别如表 6-21 和表 6-22 所示。

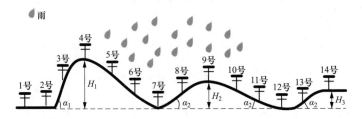

图 6-40　15-23 线路上同时受台风和暴雨影响的输电杆塔

表 6-21 输电杆塔的结构参数

杆塔塔号	弹性模量（kN·mm^{-2}）	挠度限值（m）	宽度（m）	截面积（m^2）	塔高（m）
5～7 号	200	0.144	3.5	10	48
8～10 号	206	0.135	3	9	45

表 6-22 输电杆塔周围滑坡基本信息

杆塔塔号	滑坡体密度（kg·m^{-3}）	高程差（m）	滑面摩擦系数	坡体厚度（m）	坡角（°）
5 号	2720	34.54	0.241	2.88	14.8
6 号	2720	18.27	0.241	2.52	14.8
7 号	2720	10.64	0.241	3.06	14.8
8 号	2720	21.53	0.241	2.61	5.71
10 号	2720	26.21	0.241	2.52	5.71

2. 台风暴雨联合作用下的输电线路故障率

根据前面所提方法分别计算台风、暴雨单独作用下的输电杆塔短时临近故障率，考虑到 12h 之内土壤中雨水蒸发较少，此处衰减系数 k 取值为 1，然后计算得出台风暴雨联合作用下的输电杆塔总故障率，如表 6-23 和表 6-24 所示，其值明显大于单种灾害下的结果。由于 9 号杆塔位于峰顶周围没有滑坡，8 号和 10 号杆塔对应的滑坡体坡角较小，坡体重力势能不大，在下滑过程中能量已经全部释放，无法对 8 号和 10 号杆塔构成威胁，故此表中没有罗列 8 号、9 号和 10 号杆塔的故障率情况。

表 6-23 输电杆塔短时预报故障率结果

杆塔	故障率	总故障率	
5 号	0.2625	0.0166	0.2747425
6 号	0.0074	0.0059	0.01325634
7 号	0.0022	0.0061	0.00828658

在输电杆塔故障率基础上，利用串联可靠性公式分别来计算短时临近预报下风险输电线路的故障概率，如表 6-25 和表 6-26 所示。对于由多根杆塔支撑的输电线路，只要有一根杆塔倒塔就会引起整条线路的故障，只有当所有杆塔都安全的情况下线路才能够正常工作，根据前面算例分析可知，靠近海岸线且分布在台风路径左右两侧输电线路上的杆塔承受的风速较大，台风作用时间也较长，故线路 14-15、12-14、12-15、15-23、15-18 的短时临近预测故障率相对于线路 18-19、12-16、19-20 和 17-16 均较高。

表 6-24   输电杆塔逐小时临近预报故障率结果

时间	杆塔	台风故障率	暴雨故障率	总故障率	时间	杆塔	台风故障率	暴雨故障率	总故障率
5时	5号	0	0.0108	0.0108	11时	5号	1	0.0128	1
	6号	0	0.0038	0.0038		6号	0.0289	0.0046	0.033367
	7号	0	0.004	0.004		7号	0.0041	0.0047	0.008780
6时	5号	0	0.0108	0.0108	12时	5号	1	0.0135	1
	6号	0	0.0038	0.0038		6号	0.0289	0.0048	0.033561
	7号	0	0.004	0.004		7号	0.0041	0.005	0.009079
7时	5号	0	0.0108	0.0108	13时	5号	1	0.0138	1
	6号	0	0.0038	0.0038		6号	0.0289	0.0049	0.033658
	7号	0	0.004	0.004		7号	0.0041	0.0051	0.009179
8时	5号	0.000342	0.0108	0.011138	14时	5号	1	0.0139	1
	6号	0.0000429	0.0038	0.003842		6号	0.0289	0.005	0.033755
	7号	0	0.004	0.004		7号	0.0041	0.0051	0.009179
9时	5号	0.0069	0.0109	0.01772	15时	5号	1	0.014	1
	6号	0.000471	0.0039	0.004369		6号	0.0289	0.005	0.033755
	7号	0.000157	0.004	0.004156		7号	0.0041	0.0051	0.009179
10时	5号	1	0.0122	1	16时	5号	1	0.014	1
	6号	0.0286	0.0043	0.032777		6号	0.0289	0.005	0.033755
	7号	0.004	0.0045	0.008482		7号	0.0041	0.0052	0.009278

表 6-25   输电线路短时预报故障率

线路	14-15	12-14	12-15	15-23	15-18	18-19	12-16	19-20	17-16
故障率	0.35498	0.21082	0.11807	1	0.10193	0.01043	0.03793	0.01253	0.02614

表 6-26   输电线路逐小时临近预报故障率

线路	14-15	12-14	12-15	15-23 (未考虑暴雨)	15-23 (考虑暴雨)	15-18	18-19	12-16	19-20	17-16
5时	0.00121	0.00024	0	0	0.01850	0	0	0	0	0
6时	0.00507	0.00110	6.4E-05	0.00013	0.01863	4.3E-05	0	0	0	0
7时	0.01674	0.00367	0.00055	0.00410	0.02213	0.00045	0	0	0	0
8时	0.21926	0.02733	0.00420	0.07361	0.08791	0.00316	0	0	0	0
9时	0.69737	0.37769	0.14663	1	1	0.09243	0.00026	0.00151	0	9.0E-05
10时	0.73216	0.30589	0.24823	1	1	0.23817	0.00217	0.00606	4.24E-05	0.00100
11时	0.73403	0.33179	0.25215	1	1	0.23733	0.00931	0.01949	0.00071	0.00519
12时	0.73487	0.34088	0.25447	1	1	0.23746	0.01220	0.02358	0.00351	0.00901
13时	0.73487	0.34076	0.25450	1	1	0.2375	0.01284	0.02406	0.00375	0.00943

续表

线路	14-15	12-14	12-15	15-23（未考虑暴雨）	15-23（考虑暴雨）	15-18	18-19	12-16	19-20	17-16
14 时	0.73487	0.34074	0.25450	1	1	0.2375	0.01284	0.02404	0.00356	0.00926
15 时	0.73487	0.34074	0.25450	1	1	0.2375	0.01284	0.02404	0.00356	0.00926
16 时	0.73487	0.34074	0.25450	1	1	0.2375	0.01284	0.02404	0.00356	0.00926

此外，无论是否考虑暴雨，短时预报下 15-23 线路的故障概率均预测为 1，临近预报下则显示 9 时该线路发生故障的可能性增幅最为明显。由前面算例分析可知，2018 年 7 月 11 日 9 时 15-23 线路正处于距离台风预警启动点 5～6 时的关键时段，线路上有杆塔受到急剧增大的塑性损伤，影响该线路的正常运行。此外，从 5～9 时之间 15-23 线路的故障概率可以看出，台风天气中暴雨的影响不可忽视，考虑暴雨前后线路故障率可能存在 10 倍甚至 100 倍的差距。

3. 短时预报下预想故障集和风险评估结果

在得到输电线路短时预报故障率后，计算系统的故障状态概率，由于 15-23 线路的故障概率预测为 1，则所有故障状态中的故障线路必包含 15-23 线路，去除 $N-1$ 故障后生成初始故障集，将概率门槛设为 0.001，在此算例中 $N-4$ 以上的故障状态概率均低于 0.001，故只需关注到 $N-4$ 故障，此时初始故障集中的故障状态可降至 92 个。进入基础故障集的故障状态共有 32 个，其中采取措施后系统仍然需要切除部分负荷才能正常运行的故障状态有 8 个，风险评估结果如表 6-27 所示。

表 6-27　　　　　　短时预报下风险评估结果

故障类型	基础故障集	预想故障集	故障率	最小失负荷量（MW）	风险	风险排序
$N-2$	1 2 3 4 5 6 7	无	无	无	无	无
$N-3$	1 2 3 4 5 6 7 8 9 10 11 12 13 14 16 18 20 22	1	0.0543	6.2	0.33666	1
		8	0.0132	1.6	0.02112	6
$N-4$	1 2 4 6 7 9 22	1	0.0073	6.2	0.04526	2
		2	0.0062	6.2	0.03844	3
		4	0.0021	6.2	0.01302	7
		6	0.0015	6.2	0.0093	8
		7	0.0031	8.2	0.02542	4
		22	0.0015	14.4	0.0216	5

可以看出，该系统在 N-2 状态下通过调整发电机出力仍然能够保持正常运行并满足所有负荷用电需求。在基础故障集中，满足要求的 N-3 状态最多，但纳入预想故障集的只有两个，相比之下，N-4 中除了编号为 9 的状态，其他均纳入了预想故障集，故障线路越多，系统需要切除部分负荷才能维持正常运行的可能性越大。N-3 状态下系统的故障概率均高于 N-4，但由于 N-3 状态中编号为 8 的负荷损失较少，其带来的风险较低，导致短时预报下风险排名较为靠后，从风险角度来说，对编号为 8 的 N-3 故障的重视程度应低于某些 N-4 故障状态。

4. 临近预报下预选故障集和风险评估结果

临近预报下 5、6、7、8 时 15-23 线路的故障概率预测不为 1，则这四个时间段的故障状态不需要一定包含 15-23 线路，但由于概率门槛的限制，初始故障集保持不变。临近预报下系统各故障状态概率会随着气象预报信息的更新而不断变化，不同时刻概率超过 0.001 的故障状态不同，如表 6-28 所示，11 时满足要求的故障状态中有 2 个不存在于基础故障集，将其纳入基础故障集后对这两个新状态进行潮流计算，结果显示只有 N-4 状态中编号为 3 的故障状态会给系统带来负荷损失，则更新预想故障集为下一次临近预报提前做好准备，并确定该时刻下具有风险的预选故障集，以此类推从而得到各个时刻的预选故障集。可以看出，根据本书所提方法，每次临近预报只需要对新增的故障状态进行分析，减轻了分析负担，有效提高了预选故障集的生成和分析效率，保证了风险评估结果的快速性和时效性，为电力公司节省了宝贵时间。

临近预报下各时段的风险评估结果如表 6-29 所示，9 时之前预选故障集中无故障状态，即不存在失负荷风险，12 时之后风险结果相差不大，限于篇幅，此处不一一罗列。结合表 6-28 和表 6-29 可以看出，该系统无论是短时还是临近预报各时刻下，状态（15-23，14-15，12-14）的故障风险最高。

表 6-28　　　　　　临近预报下各故障集的变化情况

时间	满足要求的故障状态	基础故障集的更新	预想故障集的更新	预选故障集
5 时 6 时 7 时	无	无变化	无变化	无
8 时	N-2：12	无变化	无变化	无
9 时	N-2：1234 N-3：1238 N-4：12	无变化	无变化	N-3：18 N-4：12

续表

时间	满足要求的故障状态	基础故障集的更新	预想故障集的更新	预选故障集
10时	N-2: 1 2 3 4 N-3: 1 2 3 5 8 9 14 N-4: 1 2 7 22	无变化	无变化	N-3: 1 8 N-4: 1 2 7 22
11时	N-2: 1 2 3 4 6 N-3: 1 2 3 4 5 7 8 9 14 N-4: 1 2 3 4 7 9 13 22	N-4 中加入 编号 3 和 13	N-4 中加入 编号 3	N-3: 1 8 N-4: 1 2 3 4 7 22
12时 13时 14时 15时 16时	N-2: 1 2 3 4 5 6 N-3: 1 2 3 4 5 7 8 9 11 14 N-4: 1 2 3 4 6 7 8 9 12 13 22	N-4 中加入 编号 8 和 12	N-4 中加入 编号 12	N-3: 1 8 N-4: 1 2 3 4 6 7 8 12 22

表 6-29 　　　　　　临近预报下各时段风险评估结果

时间	故障类型	预选故障集	故障率	最小失负荷量（MW）	风险	风险排序
9时	N-3	1	0.2223	6.2	1.37826	1
		8	0.0166	1.6	0.02656	3
	N-4	1	0.0382	6.2	0.23684	2
		2	0.0021	6.2	0.01302	4
10时	N-3	1	0.1271	6.2	0.78802	1
		8	0.0154	1.6	0.02464	6
	N-4	1	0.042	6.2	0.2604	2
		2	0.0397	6.2	0.24614	3
		7	0.0298	8.2	0.24436	4
		22	0.0048	14.4	0.06912	5
11时	N-3	1	0.1341	6.2	0.83142	1
		8	0.0164	1.6	0.02624	6
	N-4	1	0.0452	6.2	0.28024	2
		2	0.0417	6.2	0.25854	3
		3	0.0013	6.2	0.00806	8
		4	0.0027	6.2	0.01674	7
		7	0.0283	8.2	0.23206	4
		22	0.0051	14.4	0.07344	5

续表

时间	故障类型	预选故障集	故障率	最小失负荷量（MW）	风险	风险排序
12时	N-3	1	0.1356	6.2	0.84072	1
		8	0.0895	1.6	0.1432	5
	N-4	1	0.0463	6.2	0.28706	2
		2	0.0422	6.2	0.26164	3
		3	0.0017	6.2	0.01054	9
		4	0.0033	6.2	0.02046	7
		6	0.0012	6.2	0.00744	10
		7	0.0279	8.2	0.22878	4
		8	0.0011	11.4	0.01254	8
		12	0.001	3.2	0.0032	11
		22	0.0052	14.4	0.07488	6

本节提出一种台风暴雨联合作用下输电线路故障的在线风险评估方法，将充分考虑环境因素的单种灾害视为独立事件来计算复合灾害下的故障率，以负荷损失量衡量故障后果来避免灾害天气下短时间内停电损失、控制代价等难以估算的困难。为保证风险评估结果的快速性和实时性，该方法充分利用短时临近预报时效长短不同的特点，在短时预报时生成需要潮流计算的基础故障集和会产生最小负荷损失后果的预想故障集，并将这两种故障集作为参照来快速筛选后续临近预报下的故障状态，有效提高了预选故障集的生成和分析效率。算例客观形象的展示了所提方法的思想，并指出台风天气下分析线路故障率时不可忽视暴雨的作用，其可能会对结果会产生 10 倍甚至 100 倍的影响。

6.3.3 配电线路台风灾害风险评估

本节提出了强台风环境下配电网线路抗风涝能力评估方法。强台风环境下配电网线路抗风涝能力评估方法需要对配电网杆塔应灾能力曲线建模，描述台风对杆塔的破坏程度。首先建立台风静态模型来描述台风情况，基于灾损情况拟合故障概率曲线。模拟台风环境下考虑微地形的配电网区域风场，采用流体力学仿真得到各杆塔处的实际风速，提高配电线路故障概率的准确性。最后根据气象数据，由可靠性公式得到台风环境下配电线路故障概率。

6.3.3.1 配电网杆塔应灾能力评估曲线模型

（1）基于气象网格数据的台风静态模型。西北太平洋地区台风的静态模型可以描述为一个逆时针旋转涡旋，如图 6-41 所示。

由图 6-41 可见，在北半球台风逆时针旋转。台风在风眼半径处达到最大风速 V_{eye}，考虑到近地面风眼内可能出现的湍流与涡旋，可以合理假设风眼内风速等于 V_{eye}。眼墙外环流风速 V_R 则随台风半径增大而逐渐衰减。考虑到台风因自身移动而产生的移行风速 V_T，台风的实际风速 V_G 等于环流风速 V_R 与移行风速 V_T 两个矢量的合成。一般而言，V_T 数值明显小于 V_R，因此 V_R 可以视为对配电网杆塔

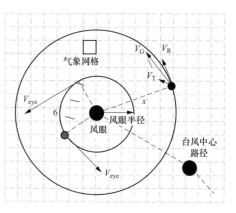

图 6-41　台风静态模型

破坏起主要作用。由以上分析可知，风眼风速最大，因此对配电网具有决定性的破坏作用。基于经典 Rankine 模型的台风风场可描述为：

$$V_p = \begin{cases} V_{eye} & L_p \in [0, R_{eye}] \\ \dfrac{V_{eye} R_{eye}}{L_p} & L_p \in (R_{eye}, \infty) \end{cases} \tag{6-61}$$

式中　V_{eye}——风眼风速；

　　　R_{eye}——风眼半径；

　　　L_p——p 点到台风中心的直线距离。

（2）基于灾损统计的配电网杆塔故障概率曲线拟合。配电网中 10kV 电杆的故障率与台风风速关系可采用指数型曲线函数拟合：

$$\lambda_s = \begin{cases} 0 & V \in [0, V_{min}] \\ e^{K(V - V_{ex})} & V \in [V_{min}, V_{ex}] \\ 1 & V \in [V_{ex}, \infty] \end{cases} \tag{6-62}$$

式中　λ_s——电杆的故障率；

　　　V——台风风速；

　　　V_{min}——电杆设计风速；

　　　V_{ex}——杆塔的极限风速，可根据实际或根据破坏性试验确定（本书取 $2V_{min}$）；

　　　K——待确定模型系数。

参照可靠性评估理论中元件失效概率计算，单个杆塔发生故障概率为：

$$P_s = 1 - e^{-\frac{\lambda_s}{1 - \lambda_s}} \tag{6-63}$$

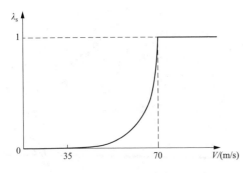

图 6-42 单个杆塔故障率与所受
风速值的近似关系

由式（6-63）可得，当 $\lambda_s = 1$ 时，单个杆塔线路必然发生故障，$P_s = 1$。

将单个杆应灾能力以故障概率形式表示，则故障率与风速关系如图 6-42 所示。

由式（6-62）、式（6-63）可见，参数 K 对倒断杆概率计算具有决定性作用。K 值可根据历史台风来评估。设某历史台风经过某配电网所在区域，则其不同风速所对应的风圈随台风中心前行会在某地区扫出一个特定的受灾带。这样一来，即可根据气象台所提供的台风数据及经典 Rankine 模型，推算不同风速所对应的风圈，并结合地理 GIS 系统确定受灾带。

对于环流风速 V_i 所对应受灾区域带，该区域内倒断杆概率可表述为：

$$P_{\text{outage}}^{(V_i)} = \frac{N_{\text{outage}}^{(V_i)}}{N_{\text{total}}^{(V_i)}} \tag{6-64}$$

式中　$N_{\text{total}}^{(V_i)}$——区域中所有杆塔总数；

$N_{\text{outage}}^{(V_i)}$——区域内倒塔总数。

由式（6-64），针对多个不同受灾带可以得到不同风速 V_i 所对应的 $P_{\text{outage}}^{(V_i)}$。定义单个杆塔发生故障概率拟合指标为：

$$F_{\text{appro}} = \sum_i (P_{\text{outage}}^{(V_i)} - P_s^{(V_i)})^2 \tag{6-65}$$

由式（6-65），F_{appro} 越小则曲线拟合效果越好。

杆塔应灾能力曲线最佳拟合问题本质而言是一个求取最优 K 值的问题，可通过建立优化模型求解非线性方程得到。但由于式（6-62）只含一个待求变量 K，因此可直接通过以下简单计算最优 K 值。

最优 K 值计算流程：①对 K 值可能区间 $[0.05，0.2]$ 进行 50 等分；②根据式（6-62）计算不同 K 值所对应的 P_s 值；③计算各 K 值所对应的拟合指标 F_{appro}；④取 F_{appro} 最小值所对应的 K 作为最优 K 值。

6.3.3.2　台风环境下考虑网格化微地形的配电网区域风场模拟

微地形对配电网区域微气象特征有较为关键的影响，为较为合理地模拟还原台风环境下配电网所在地区的近地面风场，采用流体力学软件对配电网区域进行建模，并计算不同风速风向下的配电网近地面风场特征是一种较为合理的模拟方式，具体流程如下：

（1）基于 NASA 地理高程数据对配电网所在地区地貌高程建模；

（2）以 5m/s 为单位，对风速范围 35～70m/s 进行离散化处理，生成 8 个风速挡；

（3）以 45°为单位，将入射风向离散为 8 个入流方向；

（4）基于步骤（2）与步骤（3）的 64 种组合，对配电网所在区域进行近地面风场模拟。

某配电网所在区域近地面风场模拟效果见图 6-43。

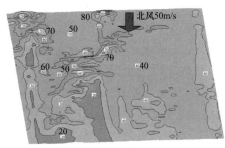

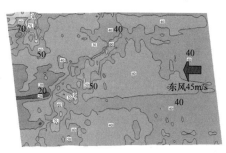

(a) 北风50m/s入流   (b) 东风45m/s入流

图 6-43 配电网所在区域近地面风场模拟效果

图 6-43 表明，考虑微地形特征后，在不同入流风速下会产生不同的近地面风场。气体首先受到山体阻碍作用，气流会因过流面积的急剧减小而造成挤压作用，在伯努利效应的影响下使山顶风速增加，而在背风坡由于流动分离产生了回流区，山体背风坡风速明显降低并出现尾涡。

6.3.3.3 洪涝区划分

汇水区划分是分析暴雨积涝的重要步骤，通过汇水区划分可使用更丰富的数据来解释降水及汇水过程在空间上的异质性。每个子汇水区是独立的水力学单元，在这些单元中，地形和排水系统因子使得地表径流直接汇入到一个排出点。城市天然汇水区的划分，包括洼地填充、流域水流方向提取、子流域划分、汇水区生成等，而这些处理过程利用地理高程信息，因有必要对高程信息的处理进行一定介绍。

（1）高程数据处理。现阶段常用 ASTER GDEM 的地理网格上的精度为 30m×30m，对于配网一般档距在 50～70m，因此网格精度满足要求，但由于高程数据在竖直方向存在一定误差，因此需要进行预处理。

可以通过利用 D8 算法，利用表面高程作为输入，定义每个像元的流向。此时流向由来自每个像元的最陡下降方向，最大下降方向计算方式如下：

$$d_{\max} = \frac{\Delta z}{d_s} \times 100 \tag{6-66}$$

其中　Δz——像元高程差；

　　　d_s——计算像元中心之间的距离。

如果像元大小为1，则两个正交像元之间的距离为1，两个对角线像元之间的距离为$\sqrt{2}$。如果多个像元的最大下降方向都相同，则会扩大相邻像元范围，直到找到最陡下降方向为止。找到最陡下降方向后，将使用表示该方向的值对输出像元进行编码。

（2）变压器故障概率计算。变压器是电网的核心设备之一，是配电网络的重要节点，其安全可靠运行是电力系统向负荷可靠供电的必要前提。变压器故障一直是危及电网安全的主要因素之一。变压器故障率最大的部位是变压器的内绝缘，主要故障特点是变压器的绝缘材料受潮。电力变压器由于进水受潮而引起的绝缘事故在变压器故障中占有较大比例，是变压器发生故障的主要原因。近年来，电力变压器由于进水受潮引起的绝缘事故时有发生。在洪涝灾害下，造成变压器故障的原因主要有以下3点：①对于较严重的洪涝灾害，积涝深度超过变压器的安装高度，使得变压器被淹没后失效。②洪涝环境下，空气湿度极大，而变压器套管顶部连接帽密封不良造成空气中的水分沿引线进入绕组绝缘内，引起击穿事故。③在变压器运行时，若呼吸器内充填的干燥剂失效，防爆管密封不严或潜水泵吸入侧渗漏时，洪涝情况下外界降雨或潮湿空气就会通过这些途径进入变压器，致使绝缘材料受潮，造成绝缘事故。

对于第一种情况，可通过前述积涝水平的计算结合变压器的安装高度来评估变压器的故障概率。假定变压器的安装高度为h_0，当积涝深度h_w超过变压器安装高度时，变压器失效。当积涝深度小于变压器安装高度时，随着积涝深度的增加，变压器的故障概率也会有所增加，因此变压器故障概率与积涝深度的关系可用下式来建模：

$$P_w = \begin{cases} 1 & h_w > h_0 \\ K_w e^{\frac{h_w - h_0}{T_w}} & h_w \leqslant h_0 \end{cases} \tag{6-67}$$

式中　K_w——常数，可通过历史数据来设置；

　　　T_w——积涝时间常数。

6.3.3.4　基于地理网格的台风环境下配电线路应灾能力评估方法

对于某一特定配电网，可根据线路类型分为架空线区域（工厂区、郊区）与电缆区域（主要集中在城区）。由于电缆区域基本不受台风影响，因此配电网架空线区域为分析重点。

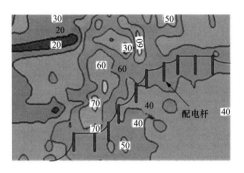

图6-44 配电线路承受风荷载

对某架空线配电线路，根据近地面模拟风场，即可与线路地理位置匹配并进一步得到线路风荷载，如图6-44所示。

得到各杆塔模拟风荷载后，即可计算各杆塔倒断杆故障概率曲线。根据串联系统可靠性公式，得到配电网整条配电线路发生故障的概率 P 为：

$$P = 1 - \prod_{i=1}^{n}(1 - P_{s(i)}) \quad (6\text{-}68)$$

配电线路应灾能力评估方法流程见图6-45。

6.3.3.5 算例分析

（1）基于实际台风"威马逊"灾损的最优 K 值计算。算例选取2014年台风"威马逊"（编号1409）作为灾损场景来计算配电网杆塔故障概率曲线参数。台风"威马逊"对H省WC市电网的破坏是研究配电网倒断杆的良好场景。此次台风中H省220kV以上输电网没有发生倒塔，但台风所过的WC市配电网却发生了大范围倒断杆。

此次事件中，台风风眼半径为20km，设其在WC市境内扫过区域为区域A，区域内线路承受风速为60m/s。50km半径所扫过区域为区域B，得该区域内线路承受平均风速为42m/s。在某特定区域内，由于台风对该区域所有杆塔的风荷载作用较为相近。因此，根据"威尔逊"实际灾损结果——某地区配电网倒塔232基，得到60m/s所对应的区域A内某杆的倒断杆概率 $P_{\text{outage}}^{(60)}$ 约为0.75，以及42m/s所对应的区域B内某杆的倒断杆概率 $P_{\text{outage}}^{(48)}$ 为0.3，最终得到式（6-62）中 K 值为0.08。

（2）真实台风环境下的配电网线路灾损评估。选取2017年台风"海棠"（编号1710）作为算例。

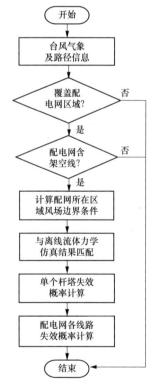

图6-45 配电线路应灾能力评估方法流程图

台风"海棠"过境F省FQ市并对该市配电网造成严重影响。选取FQ市地形并根据NASA高程数据建模。以IEEE33节点配电系统验证本书方法的有效性。

随"海棠"台风中心前移，不同时刻对配电网的影响也有所不同。本书选

取了台风中心距离配电网最近的两个时刻进行故障概率评估，分别为 2017 年 7 月 31 日 5 时和 6 时，其中 6 时台风中心更靠近配电网。

表 6-30 为 2017 年 7 月 31 日 5 时 IEEE33 节点配电系统线路的故障概率。

表 6-30　　2017 年 7 月 31 日 5 时 IEEE33 节点配电网系统线路的故障概率

线路编号	0-1	1-2	2-3	3-4	4-5	5-6
故障概率	0	0	0	0.0987	0.1410	0.1495
线路编号	6-7	7-8	8-9	9-10	10-11	11-12
故障概率	0.1782	0.3321	0.2295	0.1993	0.2200	0.2597
线路编号	12-13	13-14	14-15	15-16	16-17	1-18
故障概率	0.3066	0.2882	0.2751	0.2263	0.0083	0
线路编号	18-19	19-20	20-21	2-22	22-23	23-24
故障概率	0.2536	0.3916	0.3589	0	0	0
线路编号	5-25	25-26	26-27	27-28	28-29	29-30
故障概率	0.1340	0	0	0	0	0
线路编号	30-31	31-32				
故障概率	0	0				

由表 6-30 可见，当线路距离台风中心较远，风速低于设计风速时，线路故障概率接近或等于 0。

6.4　电网台风灾害监测预警与风险评估系统

6.4.1　系统整体需求分析

在电网台风灾害损失预测与应急处置领域，灾害现场信息采集的终端日趋丰富，多种现场信息采集终端在带来更为丰富的现场信息、更为及时的现场报告的同时，也带来了一系列问题。问题主要体现在以下方面：①多种终端产生了大量的视频、图片、文字、语言等各种数据结构的信息，如何从这些呈现出典型大数据特征的数据集中挖掘出有价值的信息，使电力应急工作更好地适应类型多样化、数据体量巨大、数据时效性要求高的大数据时代，是目前电力应急领域数据价值研究中亟待解决的一项难题。②在数据分析处理的基础上，如何利用人工智能、仿真模拟等技术对台风灾害损失进行进一步的预测，对可能存在的各类次生衍生灾害和灾难风险进行有效、及时的评估，为应急指挥决策提供技术支持。

作为台风灾害应对处置和应急指挥辅助决策的重要技术支撑，电网台风灾害损失预测与应急处置系统的主要应用场景是台风灾害来临时，在应急指挥中心对灾害现场天气情况、环境情况、相关电网设备设施基础情况、电网受损及恢复情况等信息进行及时、准确、全面地收集展示，并为指挥决策提供损失预测和风险评估结果。鉴于上述需求，电网台风灾害损失预测与应急处置系统应完成多源数据融合、数据处理与存储、数据可视化、最优处置方案生成 4 项基础工作。

（1）多源数据融合。基于多种台风灾害现场信息采集终端采集的海量信息，将包括电网负荷、电力设备设施台账、供电用户台账、电网受损及恢复情况、用户停复电情况、应急物资储备情况、抢修力量投入情况、气象预报、实时气象、灾情等各种不同数据源的数据信息进行集成融合，实现多源数据间的交互和共享，是电网台风灾害损失预测与应急处置系统一切工作的基础，也是未来智能信息应用分析处理的核心所在和重要发展方向。

（2）数据处理与存储。电网台风灾害损失预测与应急处置系统应完成台风灾害相关数据挖掘、数据处理工作，形成有价值的、准确的、有效的、可供展示的信息。台风灾害大数据对计算处理和数据存储要求很高，面对类型多样的海量数据，需要找到合适的方法和技术手段实现数据的存储和处理，要求算法具有实时性、并行性。目前，分布式存储和计算是解决该问题的一条有效途径，利用 Hadoop 技术以及内存计算技术解决电力数据的处理和存储。

（3）数据可视化。在台风灾害应急方面，数据可视化主要包括空间信息可视化（应急资源分布可视化等）、数据可视化（电网受损及恢复情况可视化、电网受损预测可视化、应急资源需求可视化、气象灾害可视化等）、现场图像可视化（现场视频监控、台风灾害现场录像等），3 方面可视化技术相辅相成，借助图形、图表等手段，直观、清晰地表达有价值的信息，使人们能够更加清晰、直观地理解和洞察数据所要表达的意思，深入挖掘数据背后的深层次含义，进而有效帮助工作人员直观了解电网不同区域状态、应急资源分布、现场情况等信息。可视化技术在电力应急领域的优势十分明显，它能够指导应急处置和辅助应急指挥，能够及时、全面地反映各类数据动态，保证应急指挥高效进行。

（4）最优处置方案生成。在上述多源数据融合、数据处理与存储、数据可视化等工作基础上，电网台风灾害损失预测与应急处置系统应实现在台风灾害来临前，预测电网受损及恢复情况，预测应急物资、应急装备、应急队伍等应急资源的需求情况，综合利用电网灾损预测结果，应急资源需求预测结果，采用重要性分析、历史台风灾害应急处置分析等多种选取方式，提出最优应急处置方案。

6.4.2 系统总体架构设计

6.4.2.1 总体设计原则

电网台风灾害损失预测与应急处置系统严格遵守国家电网有限公司相关标

准和规范,使用成熟的技术进行设计和定制,为确保能有效支撑电网台风灾害损失预测与应急处置系统的建设、实施和运行,应遵循以下设计原则:"规范性"原则、"先进实用性"原则、"安全可靠性"原则、"统一规划、分步实施"原则、"可扩展性"原则。

6.4.2.2 业务架构

1. 业务分析

电网台风灾害损失预测与应急处置系统融合输变配、营销、调度等专业基础数据,提供统一的数据交互服务,提升各业务故障抢修进度,其中设备、气象、应急资源数据以电网 GIS 平台为依托,以应急指挥为视角、电网 GIS 为数据展示载体,多口径集成电网环境、故障及抢修进展、抢修资源、设备隐患等资源,完成应急指挥基础数据、业务数据集中工作。

电网台风灾害损失预测与应急处置系统集输电线路、杆塔、抢修信息、应急物资、应急仓库、应急车辆、天气、台风、云图、雷达、降雨等基础信息,通过数据转换、数据解析导入等方式融合到 GIS 地图中。通过对电网基础信息与外部环境信息及气象信息的融合为防台信息展示提供了基础的展示数据。

电网台风灾害损失预测与应急处置系统包括 GIS 可视化、信息维护大屏展示 3 大业务场景。不同场景,提供不同的系统界面,解决不同应用场景关注的核心问题,系统业务架构如图 6-46 所示。

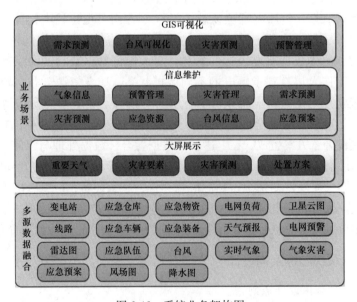

图 6-46 系统业务架构图

2. 业务模型

电网台风灾害损失预测与应急处置系统通过集成各类应急专业信息，进行可视化展示，为应急指挥、应急处置提供支持。通过该平台查看 GIS 可视化、重要天气、综合显示、电网受损统计、电网受损预测、电网抢修投入等模块。其中，GIS 可视化模块包括台风监测、预测分析、灾损信息、资源调配、抢修恢复等数据的显示；重要天气模块包括降水、气象预警、风场图、卫星云图、雷达图等数据的显示；综合显示模块包括实况天气、电网运行环境气象、一周天气预报、电网负荷等数据的显示；电网受损统计模块包括变电站、线路、台区、用户、重要用户等数据的显示；电网受损预测模块包括线路和杆塔等数据的显示；电网抢修投入模块包括大型抢修器械、应急照明设备、抢修队伍、抢修车辆、发电车/机等数据的显示。

通过以上模块的整合运用实现对电网台风灾害应急处置的科学决策支撑。系统业务模型如图 6-47 所示。

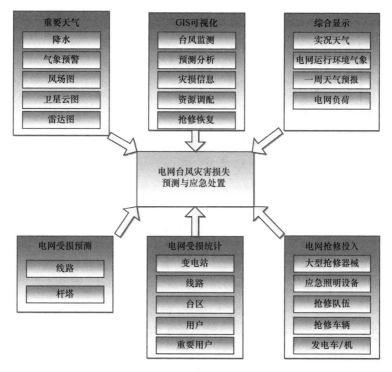

图 6-47　系统业务模型图

6.4.2.3　数据架构

从企业数据资产管理的角度，制定整个数据生命周期中数据的采集、存储、

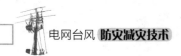

移动和访问环节中的策略、模型、流程，基于服务总线技术，采用数据复制、中间库/ETL、WebService 服务、外网数据抓取、资源穿透调用等数据共享与交换方式，实现与内、外部系统集成完成专业基础数据、业务数据集中，作为在应急指挥过程中主要的数据支撑，提高数据存储和共享的效率。系统数据架构如图 6-48 所示。

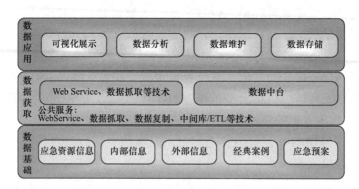

图 6-48　系统数据架构图

6.4.2.4　技术架构

采用多层架构的电力应急大数据可视化业务应用技术，支持系统采用组件技术将界面控制、业务逻辑和数据映射分离，实现系统内部的松耦合，以灵活、快速地响应业务变化对系统的需求。系统层次结构总体上划分为展现层、集成服务层、业务逻辑层、数据资源层（包含数据映射层和数据源）和基础设施层，通过各层次系统组件间服务的承载关系，实现系统功能。系统技术架构如图 6-49 所示。

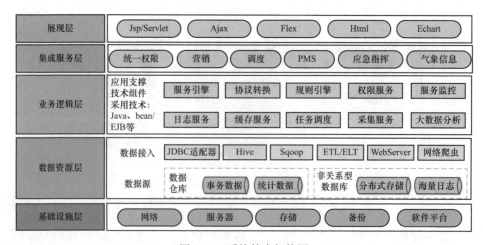

图 6-49　系统技术架构图

6.4.2.5　应用架构

融合不同专业基础数据，为应急指挥提供统一的数据交互服务，开展灾损和各类需求预测，提供空间信息分析与处理服务，以应急指挥视角展示各类信息，提升各业务故障抢修进度，系统应用架构如图 6-50 所示。

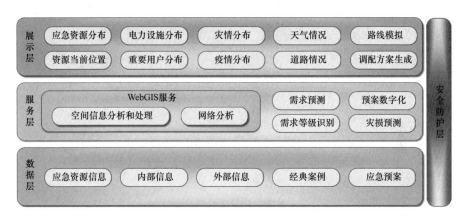

图 6-50　系统应用架构图

6.4.3　系统部署设计

6.4.3.1　软件部署设计

电网台风灾害损失预测与应急处置系统主要由数据获取与存储配置项和灾害损失预测与应急处置可视化配置项构成。系统软件部署如图 6-51 所示。

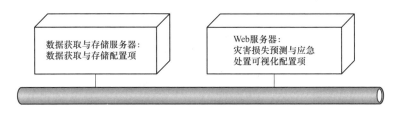

图 6-51　系统软件部署视图

根据系统的应用要求和部署环境，各配置项的软件逻辑部署说明如下：

1. 数据获取与存储配置项

数据获取与存储配置项部署在数据获取与存储服务器上，负责通过 Http、Ftp 等各种协议下载方式，以及 Web Service、数据获取 API、数据接口目录等数据接口，定时从多种数据源收集、更新电力应急大数据气象服务平台所需电网基础数据、配电设备受损及恢复数据、气象信息等数据。与数据库软件结合，根据数据存储管理策略，对需要入库的各种数据进行分类存储，并对存储数据进行数据备份恢复和过期数据清除管理。同时实现气象观测、预报数据、预警数据、电网受损统计及预测数据、电网抢修投入统计数据等各种数据的统一查询和访问。数据获取及存储配置项与电力应急大数据可视化配置项有信息交换关系。

2. 灾害损失预测与应急处置可视化配置项

灾害损失预测与应急处置可视化配置项部署在 Web 服务器上，主要包括 GIS 可视化、重要天气、综合显示、灾害专题、电网受损、电网预测、电网抢修投入以及地图服务几大部件，实时更新显示应急资源、电网预警、实况天气、灾害情况、电网受损情况以及电网抢修投入等相关信息，供业务人员查看。

6.4.3.2　物理部署设计

电网台风灾害损失预测与应急处置服务平台系统主程序部署于信息内网，气象数据采集服务部署于信息外网，通过信息安全隔离装置平台实现气象数据的传输。系统物理部署如图 6-52 所示。

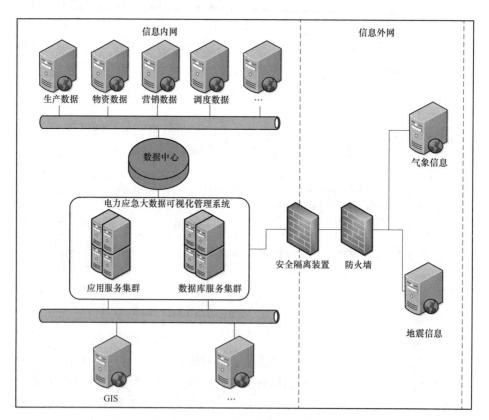

图 6-52　系统物理部署视图

⟶ 6.4.4 台风推演系统应用示范

本节以国网强台风环境抗风减灾科技攻关团队开发的"电网台风灾害损失预测与应急处置系统"为例，对 2018 年第 8 号台风"玛利亚"开展推演示范应用。

2018 年第 8 号台风"玛利亚"在福建省连江县黄岐半岛沿海登陆，对福建电网设备造成的影响，以示范台风灾害损失预测与应急处置系统的功能。总共分为 4 个阶段进行推演示范：准备阶段，指从台风生成到抵达 24h 警戒线之前的时间段，主要展示台风"玛利亚"形成，并通过气象实时监测台风的发展态势；第 1 阶段为实时监测台风"玛利亚"登录前 24h 内台风的发展态势及周边的气象信息；第 2 阶段采用台风灾害损失预测模型，结合当前台风的发展预测该台风对电网的影响；第 3 阶段展示台风对电网设备的影响结果，并对按照台风应急处置流程生成应急处置方案，为防台抗台提供应急辅助支撑。

（1）准备阶段。2018 年 7 月 4 日太平洋某处生成热带气旋，该热带气旋增强为热带风暴后，被命名为"玛利亚"，编号 201808。

本系统 2018 年 7 月 8 日开始对该台风进行持续监测。实时监测当前活跃台风信息、福建省的卫星云图、风场图、雷达图、天气预报等信息。查看应急仓库、队伍、车辆等资源的分布情况。通过系统的历史台风功能实现与历史台风进行对比，为当前台风的应对提供参考。

（2）第 1 阶段。2018 年 7 月 10 日 9 时，"玛利亚"中心已抵达 24h 警戒线，台风等级为超强台风级，中央气象台发布台风橙色预警，预计台风将于 2018 年 7 月 11 日 9 时 10 分在福建霞浦至福清一带沿海登陆。

此时系统可实时监测台风中心位置、预测台风路径。停靠在温州苍南珠山变电站的移动台风观测车开始进行 24h 监测，监测对象为不同高度的风速、风向数据。

（3）第 2 阶段。为有效支撑国网福建省电力有限公司防台抗台工作，结合上面的气象及观测数据，基于台风灾害损失预测模型算法，本系统进行电网设备受损情况的预测。根据本项目研究成果，预测福建福州、宁德受台风影响较大，预计倒塔概率超过 70% 的杆塔共有 9 基、风偏概率超过 70% 的杆塔共有 21 基、基于以上结果，预测有 4 条 220kV 线路、2 条 110kV 线路、3 条 35kV 线路出现停运。

基于地理信息系统，将不同受损类型的杆塔按不同颜色标注在地图上，并鼠标悬浮显示杆塔名称、抢修所需要时间、预计投入的抢修人员、车辆、发电机、发电车。点击不同的单位名称，展示相应的处置建议。点击杆塔数量，显

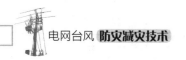

示杆塔详细信息列表。点击导出方案，可以将预测生成的方案导出。

（4）第3阶段。采用GIS地图和图表可视化的方式对台风的监测、应对、处置等方面进行多维度、多层次的展示。

通过综合分析，显示国家电网有限公司发布的电网预警信息、中央气象台发布的气象预警信息、气象站分布情况、福建省的天气现象、卫星图、雷达图、风场图信息。显示内容包括国家电网有限公司下发的区域预警和台风的登陆时间、地点、风速、影响范围；不同电压等级的受损线路、不同受损类型的杆塔数量情况；不同电压等级下，倒塔概率超过70%杆塔、风偏概率超过70%的杆塔、滑坡概率超过70%杆塔的杆塔数量。

杆塔受损分析如图6-53所示。左侧饼状图展示各单位、各电压等级受损的杆塔数量；右侧柱状图展示不同单位、不同电压等级倒塔、风偏、滑坡影响的杆塔数量。

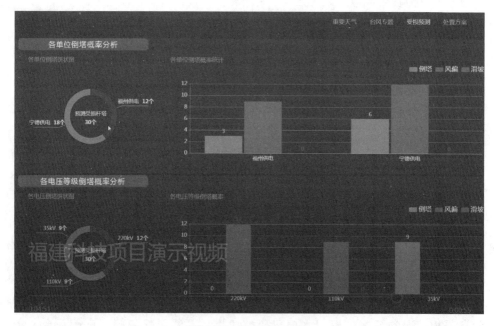

图6-53　杆塔受损分析

依据本系统预测结果，生成预测方案建议，并支持点击方案导出，可以生成doc格式的处置方案，方便下发给相关人员。处置如图6-54所示。

图 6-54　处置方案

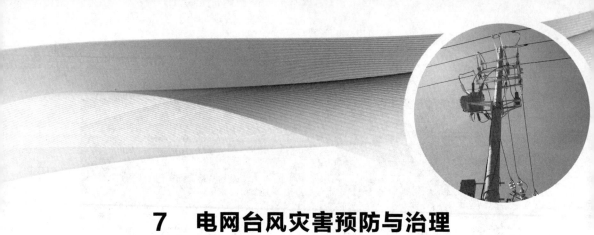

7　电网台风灾害预防与治理

如何提高电网抵御台风的能力，确保电网可靠、安全供电，是当前电网建设和发展必须首先解决的问题。本章总结了国内电网在防台风预案方面的经验教训，并结合作者长期抗风减灾经验，分别针对输电线路、变电设备、配电线路提出了台风防治要求和防治措施。

7.1　总体要求

2019 年 7 月，国家能源局印发《关于电力系统防范应对台风灾害的指导意见》（国能发安全〔2019〕62 号），意见要求以防为主，综合减灾，最大限度降低电力系统受台风灾害的影响。国家能源局南方监管局印发《进一步提高南方区域发电企业防风抗台能力指导意见》，要求电力企业不断完善防风抗台应急措施，最大程度降低台风天气对发电厂安全运行和电网可靠供应的不利影响，全力保障电力能源的安全供应和电力人身安全。为贯彻国家能源局《关于电力系统防范应对台风灾害的指导意见》精神，推进《国家电网公司电网防台抗台工作指导意见》（国家电网安质〔2016〕433 号）落地实施，最大程度降低台风灾害影响，国家电网有限公司组织制定了《加强电网防台抗台工作二十五项措施》（国家电网设备〔2020〕65 号）。本节主要摘选了关于输电、变电、配用电方面的共性要求，后面 3 节将分别摘选输电、变电、配用电方面的针对性要求，并论述具体的防治技术措施。

（1）电网可研和设计应满足防台抗台的要求，应充分考虑历年台风影响、地形地貌及地质情况进行电网设施选址，避开易发生泥石流、滑坡、崩塌、受淹等地质、水文灾害地带；避开相对高耸、突出地貌或山区风道、垭口、抬升气流的迎风坡等微地形区域。当无法避开以上地段时，应采取必要的加强措施。

（2）台风来临前应全面开展电网设备设施隐患排查整治，及时消除、整治各类隐患，并落实防台抗台措施。

排查施工现场临时工棚（含项目部活动房）、线路跨越架、脚手架、井字架、塔吊、围墙以及施工驻地等隐患，根据实际情况采取加固或拆除措施。做好高边坡和低洼地带临时生活区、项目部、加工区以及施工现场的防涝排水措施，施工人员、设备、机具应转移到安全位置，防止滑坡、塌方等次生灾害所引发的人身事故及财产损失。

（3）加强防台抗台组织体系建设，落实各级防台抗台岗位责任制。强化以企业主要行政负责人为第一责任人，以部门责任制、岗位责任制为重点的防台抗台责任体系。及时调整防台抗台领导小组、各专业组联系人，明确职责任务，杜绝因人事变动、岗位调整造成工作脱节。

（4）强化日常防台抗台应急抢修队伍建设，及时修订并完善电网防台抗台应急预案，编制可操作性较强的现场处置方案以及应急处置卡，定期组织防台抗台应急演练，并做好总结。建立并完善应急队伍跨区支援制度，确保台风来临时，应急队伍能迅速支援灾区。

（5）按照"分级储备、差异配置、满足急需"的原则，做好防台抗台物资和装备储备，防台抗台物资定额应充分考虑不同层级、设备规模、人员数量、地理环境、气候特点的差异，以及必要的生活物资和医药储备。建立防台抗台物资及设备专项台账，加强保管及维护，确保随时处于完好可用状态。

（6）启动台风应急响应后，应第一时间按要求逐级汇报上级应急指挥中心，加强与省、市、县等各级防汛办、气象台沟通，详细收集当地水位、风速、雨量等实时气象监测数据及预报预警信息，掌握台风信息、分洪信息、受淹区域和受淹道路信息，及时采取应对措施。

（7）台风影响期间，应严格执行应急值班和信息报送制度，及时上报突发事件。重要变电站应恢复有人值守，加强设备状态监视，并做好人员撤离的保障措施。

（8）按照"风停、水退、人进、电通"的策略，安全、科学组织电网抢修工作，并积极参与政府应急救援电力保障工作。台风影响期间，在不具备作业条件的天气下不得安排外出巡视、抢修。抗台抢修要围绕"八不发生"（不触电、不倒杆、不高坠、不砸伤、不短路、不滑跌、不车祸、不中毒），落实人身安全防护措施，强化抢修时的安全管理和监督。

（9）电网抢修工作要遵循"先主后次、先急后缓、先易后难"的原则有序开展，主网抢修应优先保证重要电厂厂用电源、主干网架、重要输变电设备等；配网抢修应优先考虑重点地区、重要客户、救灾指挥部、灾民安置点等。

（10）防台抗台应急处置结束后，要深入分析电网设备故障的具体原因，形成包含故障信息、故障原因、气象监测信息、暴露问题、整改措施等内容的历史灾害库，为日后进一步提高电网的防台抗台设计、建设标准，提升日常运维以及应急处置能力提供依据。

（11）依靠现代科技手段和技术创新，提高电网防台抗台科技水平。开展气象研究、大数据分析等，提升台风灾情预判能力；运用空中巡视、在线监测等手段，提升灾情勘察能力；建立健全应急指挥决策平台，提高应急处置能力；利用新技术、新装备加快受损设施设备的抢修速度，保障交通运输，提升电网抢修复电能力。

7.2　输电线路台风灾害防治

7.2.1　防治要求

7.2.1.1　设计阶段

（1）易受台风影响地区，应明确重要保电线路，采用差异化设计，适当提高抗风、抗洪设防水平。保证重要输电线路与一般线路之间的安全距离，防止临近线路倒塔影响重要线路安全运行。在发生超过一般线路设防标准的严重自然灾害情况下，优先保证重要输电线路、重要负荷供电线路等安全稳定运行。

（2）易受台风影响地区，应按现行设计规范气象重现期标准复核沿海线路设计风速，风区图未考虑沿海山区风速加强作用的地区，除特高压线路外，位于沿海 10km 以内高山分水岭、垭口、峡谷风道、地形抬升等微地形、微气象的塔位在设计风速基础上可增加 10%，大于 10km 的高山分水岭、垭口、峡谷风道、地形抬升等微地形、微气象的塔位在设计风速基础上可增加 5%。

（3）沿海易受台风影响地区重要输电线路宜单回架设；走廊拥挤确需同塔多回架设时，优先考虑重要输电线路与一般线路同塔架设。不应采用紧凑型线路和拉线塔。适当缩短耐张段长度，耐张段内连续直线杆塔不宜超过 7 基。连续直线杆塔超过 7 基的，应采取防串倒措施。

（4）沿海易受台风影响地区除特高压以外输电线路，跳线宜按最大设计风速的 1.3 倍校核风偏间隙。110～220kV 输电线路跳线串宜采用防风偏复合绝缘子。110kV 线路和位于 31m/s 及以上风区的 220kV 及以上线路：大于 40°转角塔的外侧跳线宜采用双跳线串；20°～40°转角塔的外侧宜采用单跳线串；小于 20°转角塔，两侧均应加挂单串跳线串。对于单回路干字型塔中相应采用双绝缘子串加支撑管方式固定。

（5）位于易内涝区、蓄滞洪区、跨越河流、易发生水土流失、山洪冲刷地段的杆塔基础，应收集水文、地质资料，考虑浸泡、冲刷作用和漂浮物的撞击影响，并应采取相应的排水、加固、防腐、防撞等防护措施。

7.2.1.2　运维阶段

排查线路防风隐患，重点针对沿海强风区、历年受灾线路、重要线路走廊周边易漂浮物及超高树木（特别是风偏树木）、杆塔及拉线（含基础）隐患，针对可能发生的灾害开展线路走廊清理及加固等工作；检查跨越江河处导线的弧垂，应满足最高洪水位安全要求；检查电缆隧道渗漏水情况及排水设施。

在异物清除方面。传统的异物消除法需要工作人员停电登塔或采用带电作业形式进行消缺，不仅会增大区域停电风险，降低电网供电可靠性，而且人身安全风险极高。相较于传统的异物消除法，使用"激光炮"（见图7-1）不仅安全性高、效率更快，且不会对电力线路造成伤害。"激光炮"的原理是发射可控激光到远处的电网异物上，通过远程加热对异物进行烧蚀、熔断，让其自然掉落。使用"激光炮"，不仅降低了人员作业风险，还提升了输电线路精益化运维水平，对保障线路安全稳定运行具有重要意义。

7.2.2 防治措施

7.2.2.1 防风偏

1. 导线对杆塔构件放电治理措施

（1）直线塔导线风偏治理措施。

1）导线悬垂串加挂重锤。对于不满足风偏校验条件的直线塔，为便于施工，可考虑采用加装重锤的方式以抑制导线风偏，提高间隙裕度，如图7-2所示。对于一般不满足条件的直线塔，可直接在原单联悬垂串上加挂重锤，最多每串可加挂12片重锤。

图7-1 激光去除输电线路的异物　　　　图7-2 悬垂串加挂重锤

加挂重锤治理方法施工方便、成本低，但阻止风偏效果较小。

2）单串改双串或V串。对于情况较严重的直线塔，可将原单联悬垂串改为双联悬垂串，并分别在每串上再加挂重锤，效果可以达到单串加挂重锤方案的两倍。对于只有一个导线挂点直线塔，可将原导线横担改造成双挂点。

对于直线塔绝缘子风偏故障，可以将单串改为V型绝缘子串；处于大风区段的输电线路直线塔中相绝缘子，可采取"V＋I串"设计，如图7-3所示。

3）加装导线防风拉线。通过在导线线夹处加装平行挂板，连接绝缘子后用钢绞线侧拉至地面，起到在大风时固定杆塔导线风偏的作用，如图7-4所示。

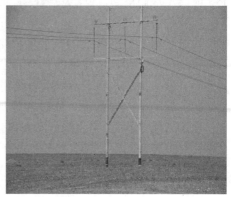

图7-3　750kV线路铁塔中相
"V＋Ⅰ串"设计及风偏情况

图7-4　导线防风拉线实物图

针对水泥单杆，在迎风侧中相导线采用对横担侧拉、边相导线采取八字对地侧拉，即将拉线下把固定在电杆四方拉线上；对于水泥双杆，在迎风侧中相导线采取横向对电杆侧拉，边相导线采取加长横担侧拉方式；对于直线塔，在中相一般采取侧拉至铁塔横担处，如遇拉V塔，则固定至地面；同塔双回直线塔可在设计阶段采取增加底相横担方式固定拉线。

此类控制导线风偏的方法普遍适用于无人大风区，并且安装维护方便简洁，防范措施较好，但是在加装地面导线防风拉线不适用于城镇居民集聚区和车辆行驶较为频繁的区域，还应注意采取防风拉线的防盗、防松措施。

4）支柱式防风偏绝缘子。支柱式防风偏绝缘子与悬挂的导线绝缘子呈30°角安装，是防风偏线路改造重要措施之一。支柱式防风偏绝缘子与悬挂的导线绝缘子呈30°角安装，虽然能防止风偏，抑制舞动，且不会对塔头有影响。然而，在风力特大的时候，会对悬挂导线的绝缘子与防风偏绝缘子连接端产生硬碰硬的损伤，所以需在支柱式防风偏绝缘子上端加装反相位缓冲阻尼器。当风力向塔型内侧迎面吹时，反相位缓冲阻尼器弹性阻尼原理会吸收和释放一部分风力。当风力达到高潮时反相位缓冲阻尼器产生反弹力，当风力向塔型外侧迎面吹时，反相位缓冲阻尼器弹性阻尼原理会吸收和释放一部分风力。当风力达到高潮时反相位缓冲阻尼器产生反相位拉力，抑制风摆，消振抑振，吸收和释放能量，能有效防止风偏和舞动现象。所以支柱式防风偏绝缘子与反相位缓冲阻尼器组合应用，能有效的抑制风摆，消振吸振，确保线路安全运行。

该产品在福建、浙江、广东等地区运行良好，有效地抑制了风偏和舞动现象，如图 7-5 所示，是目前防风偏防舞动重要的措施之一。

5）斜拉式防风偏绝缘拉索。本方案的拉索包括绝缘棒体和两端连接金具。棒体包括伞裙和棒芯，棒体表层是绝缘伞裙，伞裙为硅橡胶复合材料。棒芯位于伞裙内，棒芯为环氧树脂玻璃引拔棒。高压端金具用于和塔身连接，连接安装时，只需在塔身上打孔，安装常用配套连接金具即可，操作方便。

6）直拉式防风偏绝缘拉索。本方案仅适用于双回路Ⅰ串塔型，且须增加横担，对横担受力有较小影响。本方案的拉索包括棒体，棒体的上下两端分别连接有高压端金具，棒体包括伞裙和棒芯，棒体表层是绝缘伞裙，伞裙为硅橡胶复合材料。棒芯位于伞裙内，棒芯为环氧树脂玻璃引拔棒。

对于上相和中相，上端金具用于和悬垂绝缘子垂直相连，下端和塔身连接。对于下相，须在原双回路杆塔下横担下方增加一层横担，用于下段拉索连接。

7）外延横担侧拉导线。外延横担侧拉导线的技术手段替代传统的侧拉线，主要方法是在电杆上加长迎风侧横担，使导线绝缘子与侧拉绝缘子形成三角形，受力均匀，如图 7-6 所示，这种新技术极大地提高了导线防风能力。

图 7-5　支柱式防风偏绝缘子实物挂网图　　图 7-6　外延横担侧拉导线设计

8）复合横担改造。本方案将上层的金属横担改造成为复合横担（取消线路绝缘子），并使用悬式绝缘子斜拉复合横担以保证机械强度。

本方案适用于酒杯塔，优点是可以杜绝导线风偏；改造后横担长度不变，横担材质从金属改为复合，电气性能更优越；以耐张段为单位进行改造，不影响未改造部分。

使用时应注意需要校核塔头结构强度；需要校核避雷线的保护角；与中间相相连的绝缘子较多时，需要校核该相的绝缘裕度；改造后需要进行真型塔力学试验。

（2）耐张塔跳引线风偏治理措施。

1）加装跳线重锤。重锤适用于直线杆塔悬垂绝缘子和耐张塔跳线的加重，

防止悬垂绝缘子串风偏上扬和减小跳线的风偏角，如图 7-7 所示。

(a) 悬垂绝缘子　　　　　　　　　　　　　　(b) 耐张塔跳线

图 7-7　加装引流线重锤

2）跳线串单串改双串。对于不满足校验条件的耐张塔跳线串，或单回老旧干字型耐张塔单支绝缘子跳线风偏的治理，可将单串改为双Ⅰ串或八字串，防止跳线或跳线支撑管风摆后放电，治理前后分别如图 7-8 和图 7-9 所示。

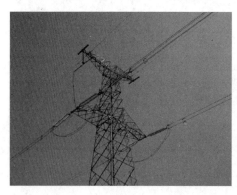

(a) 治理前　　　　　　　　　　　　　　　　(b) 治理后

图 7-8　单串改双Ⅰ串治理前后

图 7-9　单串改八字串

对于 220kV 单回老旧干字型耐张塔单支绝缘子绕跳风偏，可采用双绝缘子串加装支撑管改造，并检查支撑管两侧跳线松弛度，给以收紧。采用中相双跳串＋软跳线或中相双跳串＋支撑管的改造措施，分别如图 7-10 和图 7-11 所示。

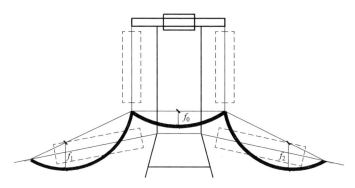

图 7-10 中相双跳串＋软跳线连接示意图

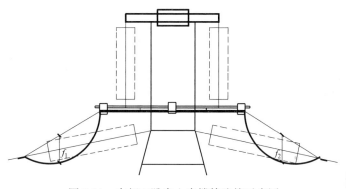

图 7-11 中相双跳串＋支撑管连接示意图

3）采用三线分拉式绝缘子串。此方案适用于单回路老旧干字型耐张塔单支绝缘子绕跳风偏治理。

采用三线分拉式治理后的绕跳线串与杆塔、绝缘子、金具、导线各部件的最小距离及对杆塔和对导线的最小组合间隙符合规程要求，且连接情况牢固，可有效解决支撑管与杆塔单点连接受侧向风作用时引起支撑管前后旋转的问题，如图 7-12 所示。

4）耐张塔引流线加装防风小 T 接。如图 7-13 所示，通过在引流线两端加装附属引流线，降低原引流线的摆动范围，同时增加了引流线接头的通流能力，防止在线路大负荷运行时接头发热。此外，加装防风小 T 接还能分解耐张塔引流线长期风偏摆动与压

图 7-12 采用三线分拉式治理后的绕跳线串与杆塔

图 7-13　耐张塔引流线加装防风小 T 接

接管接口处的受力，解决了引流线与压接管接口处出现的断股情况。

5）加装固定式垂直防风偏绝缘子。防风偏绝缘子适用于高压输电线路耐张塔硬跳线使用，能有效地防止跳线风偏和导线随风舞动，保证了引流线与地电位之间的绝缘距离，有效降低了线路风偏故障率。但是此措施需要线路巡视人员定期对绝缘子连接金具进行检查，防止松动脱落。

这种新型跳线防风偏复合绝缘子将传统产品的安装方式由铰链式改为悬臂式，由摆动变为硬支撑，使跳线串由"动"改为"静"，因此有效地限制了跳线的摆动，从而保证了跳线对塔身的电气间隙，有效解决了跳线绝缘子风偏闪络的难题，如图 7-14 所示。与常规防风偏绝缘子相比，优化了端部连接金具，增强芯棒强度，连接方便、产品偏转小。但使用时应注意此防风偏绝缘子应用于 500kV 线路时，由于产品长，应考虑增加芯棒内径并进行整塔强度核算；必要时可考虑采用导线相间间隔棒辅助此方案。

图 7-14　耐张塔引流线加装防风偏绝缘子

6）加装耐张塔引流线绝缘护套。绝缘防护套主要适用于 220kV 及以下电压等级耐张塔引流线的安装使用，采用交联聚氯乙烯或复合硅橡胶为材料制成绝缘护套，原理是使用部分固体绝缘替代完全空气绝缘。耐张塔引流线加装绝缘护套后对防鸟粪闪络效果很显著，对风偏闪络也有一定的防治作用。此种方法同样适用于直线塔导线防风偏。

2. 导地线间放电治理措施

（1）对同杆架设双回线大档距不同风摆整治措施。对同杆架设双回线档距大于 850m 的，进行实测弧垂并校核风偏相间安全距离，对导线型号规格不一的进行更换成同一导线整治。

（2）对线路终端塔导线由垂直转水平排列相间安全距离整治措施。对松弛的导线收紧，对垂直转水平交差处相间净空距离进行校核，不满足要求的采取相间安装合成绝缘相间隔棒固定防止风偏，或原双分裂导线更换为单根大截面导线，以增加相间距离。

（3）导线跨越下方地线和耦合地线（防雷设施）防止风吹上扬整治措施。对沿海地区用于防雷的耦合地线进行拆除；对大挡距有交跨的挡位进行安全距离校核，必要时进行压低改造。

3．导线对周围物体放电

（1）对于导线对周围物体放电的治理，应校核导线或跳线的风偏角和对周围物体的间隙距离，不满足校验条件的应对周围物体（树木等）进行清理，保证导线与周围物体的安全距离。

（2）若周围物体无法清理（如房屋、边坡等），可参照直线塔导线和耐张塔跳线的风偏治理措施，根据风偏故障塔型采取相应的治理方案。

7.2.2.2 防绝缘子和金具故障

1．金具磨损和断裂治理措施

（1）改变金具结构。对地线及光缆挂点金具"环—环"连接方式改为直角挂板连接方式，并使用高强度耐磨金具。

（2）磨损的间隔棒更换为阻尼式加厚型间隔棒。更换前后的间隔棒如图7-15所示。

(a) 更换前　　　　　　　　　　　　　(b) 更换后

图 7-15　大风区线路导线间隔棒更换前后

（3）对磨损的耐张塔引流线进行了更换，并加装小引流处理，安装导线耐磨护套（内层为绝缘材质，外层包裹碳纤维外壳的导线耐磨护套），如图7-16所示。

（4）对断裂的金具进行校核，对于强度不够的单串金具，更换为双串金具，增大金具强度。

2．绝缘子掉串和断串治理措施

（1）V型串掉串故障多发生在球碗连接部位，在大风作用下，迎风侧一相导线的背风侧合成绝缘子受挤压，引起R型销变形、球头受损。对V型串复合

绝缘子可加装碗头防脱抱箍，防止合成绝缘子下端球头与碗头挂板脱开，防止掉串事故。

(a) 加装小引流处理

(b) 安装导线耐磨护套

图 7-16　耐张引流更换并加装小引流处理和护套

（2）对于新建线路中相 V 型串复合绝缘子采用"环—环"连接方式，可有效避免绝缘子掉串问题。

（3）处于大风区段的输电线路直线塔中相复合绝缘子采取"V + I 串"设计，边相采取了加装防风偏闪络三脚架措施。

3. 绝缘子伞裙破损治理措施

采用抗风型或小伞径复合绝缘子，但应兼顾防鸟防冰问题。

7.2.2.3　防振动断股和断线

输电线路导地线断股断线的主要原因是微风振动。长期的振动会造成疲劳破坏与磨损，由其引起的线路事故需要有一个累积时间和过程。对微风振动引起的断股断线事故应安装合适的金具进行治理，例如防振锤、护线条、阻尼线、预绞式金具（增加）等。

1. 加装防振锤

防振锤能够吸收导线微风振动的能量。当输电线发生振动时，防振锤上下运动，重锤的惯性运动使钢绞线产生内摩擦消耗振动能量。在不同的振动频率下，防振锤消耗能量的大小取决于重锤的形状和大小以及防振锤整体的几何形状。

2. 安装阻尼线

阻尼线又称防振线，是用于被保护导、地线相同或接近规格的导、地线，按"花边状"悬挂在悬垂线夹两侧或耐张线夹出口处的被保护导、地线的侧上，"花边"在悬垂线夹处悬挂形式分在线夹处固定和不在线夹处固定两种。阻尼线是通过各节点与导、地线连接，当导、地线受风力作用发生振动时，固定在导、地线上的阻尼线本身也随之振动，此时阻尼线股间产生一定摩擦，消耗了部分的振动能量；另外一些振动能量以振动波形式，通过阻尼线与导、地线连接点发生反复折射，由档距内传到线夹附近的振动波和振动能量，被阻尼线逐步消耗掉。

根据运行经验和模拟试验证明在高频振动情况下（即风速接近上限值时），阻尼线的防振动性能优于防振锤，所以常在大跨越挡和个别振动特别严重地段采用安装阻尼线措施，减少振动的危害；但在低频振动情况下（即风速接近下限值时），防振效果不够理想，出现过阻尼线最外侧节点处发生导、地线断股情况，因此，采用阻尼线和防振锤联合保护的方式，发挥两种消振装置取长补短的作用。

3. 安装护线条

设计规范规定钢芯铝绞线平均运行张力为其拉断力的18%～22%时，导线应采用安装护线条措施，以达到防止或减少振动的危害。护线条采用高强度、弹性好的铝合金制作，为安装方便，护线条与导线规格相配套进行生产。护线条能加强导线在线夹附近的机械强度和刚性，从而抑制导线振动和弯曲，提高导线耐振能力。

4. 安装阻尼间隔棒

在分裂导线中，一般采用安装间隔棒防止导线相互鞭击损伤。间隔棒分阻尼型和非阻尼型两种，通过平原、沼泽地、丘陵及横跨河流、湖泊、海峡等平坦开阔地区的分裂导线的输电线路，应安装阻尼型间隔棒，以增强输电线路自阻尼作用，从而降低振动对导线的危害。为了使各个次档距的振动频率不同，互相干扰，从而达到减弱或消除振动的危害，阻尼型间隔棒应采用不等距安装。

5. 降低导、地线的平均运行张力

实践证明导、地线的平均运行张力增大，会使导、地线阻尼作用下降，致使导、地线发生疲劳断股故障。设计规范对导、地线防振措施作出了相关规定，导、地线平均运行张力对振动影响很大，若运行中出现严重振动时，可根据现场实际情况，采取增加杆塔、减小档距等措施降低导、地线的平均张力，以达到减少振动带来的危害。

7.2.2.4　防倒塔

1. 杆塔整体加固

（1）对于处在大风区的水泥杆，为防止风蚀，可在杆体9m以下迎风侧安装钢板，并且钢板加装双帽，如图7-17所示。铁塔全部关键部位包铁加装防松（盗）螺母，辅材安装弹簧垫片。

（2）采用高强度建筑结构胶粘接钢材补强方案。高强度建筑结构胶粘接钢

材补强主要包括粘钢补强和碳纤维加固两种。高强度建筑结构胶和高强度补强材料必须具有防腐性能，由于粘接剂和清理除锈后的塔材结合紧密，可以做到无隙粘接，和空气隔绝，在补强的同时也具有防腐作用（防止水泥杆抱箍锈蚀后强度降低）。

(a) 水泥杆迎风侧安装钢板　　　　　(b) 铁塔关键部位包铁加装防松(盗)螺母

图 7-17　杆塔整体加固

2. 更换杆塔

更换强度更高的杆塔是输电线路倒塔治理的根本措施。应根据倒塔事故情况和设计资料对杆塔强度进行校核，选择防风水平更强的杆塔型式和结构。

3. 加装杆塔防风拉线

为平衡杆塔受到的外部荷载作用力，提高杆塔强度，可以为强风地区杆塔加装防风拉线，有效保证杆塔不发生倾斜和倒塔。同时，可以减少杆塔材料消耗量，降低线路造价。

拉线宜采用镀锌钢绞线，其截面不应小于 $25mm^2$。拉线棒的直径不应小于 16mm，且应采用热镀锌。

7.3　变电站台风灾害防治

7.3.1　防治要求

7.3.1.1　设计阶段

（1）加强新建变电站周边地形、山体稳定情况评价，适当提高江河附近和易被冲刷地段、沿海易受台风影响地区变电工程设计标准。沿海易受台风影响地区 220kV 及以上变电站应按百年一遇防洪（涝）标准设计，站址标高无法满足时应采取可靠的防洪（涝）措施。其他地区枢纽变电站、低洼变电站、为重要或高危用户（园区）供电的变电站，其防洪标准可提高一个防护等级或保留充分防洪裕度。沿海易受台风影响地区优先考虑建设户内站，尽量避免建设地下或半地下变电站，无法避免时应提高防汛排水标准。

（2）变电站建设时，应确保站内排水设施有效接入周边市政设施，并核实市政设施设计标准是否满足需求；周边无市政设施时应设置可靠的站外排水设施。变电站应至少配备一主一辅两台排水泵（特别重要 500kV 及以上变电站配三台泵）。排水泵控制宜按智能控制系统设计，具备自动强制排水、异常报警功能，同时接入变电站智能辅助监控系统。排水泵控制箱（含地下或半地下电缆层排水泵）应配置两路不同进线电源。排水管道宜采用钢筋混凝土管、HDPE双壁波纹管、增强型 UPVC 管等材料。室外强排的雨水泵集水池盖板应设置可视化盖板或观察窗，便于检查。

（3）优化变电站进站道路走向、标高及坡度，避免站外雨水倒灌。优化电缆通道进站坡度并做好封堵措施，电缆沟出围墙处应建有挡水墙，避免站外雨水倒灌入内。墙体、屋面和门窗应加强拒水、防渗、防漏措施。易受台风影响地区，220kV 及以上变电站屋面防水等级应为 I 级，屋面宜采用坡屋面设计，站内建筑物室内标高应高于室外场地标高不小于 60cm。

（4）对已建低洼变电站可采用多种措施提高变电站的排水、挡水和监控能力。增加站内集水井的容积，增加排水泵的配置、增大排水泵的功率，畅通站内外排水通道。将普通围墙改造为防洪墙，增设防水挡板或防洪闸门。实施电缆沟、电缆层防水防渗漏改造，完善电缆沟防水封堵，从源头控制电缆沟积水隐患。安装变电站自动排水和智能预警装置，可远程控制排水泵；应用电缆沟水浸报警系统，扩大视频监控应用范围，实现变电站防汛隐患监控全覆盖。

7.3.1.2 运维阶段

排查变电站周边临时建筑物、易漂浮物及站内鸟害隐患；检查变电站排水沟排水情况；检查电缆沟渗漏情况及其排水和防倒灌措施；检查变电站建筑物及端子箱、机构箱、汇控箱等设备的防雨、防渗漏、防潮措施；检查地处山坡、低洼地区的变电站的防洪、防涝、防地质灾害措施。

7.3.2 防治措施

从提高变电设备防洪涝和防风能力两个方面提出变电设备台风灾害防治的措施建议。

7.3.2.1 提高变电站防洪涝能力措施

1. 变电站站址选择注意事项

（1）变电站站址选择应避开水库坝体或水库溢洪道下游，若避不开，必须对水库坝体安全性进行分析，当其水库坝体标准低于变电站设计标准时，应考

虑水库溃坝情况下对变电站的影响。

（2）变电站位置尽量避开冲沟，若实在无法避开，需同时考虑将冲沟进行改道。建议在冲沟改道前，设置合理的消能措施，提前将流速降低，避免暴雨季节冲沟发生冲刷破坏，影响变电站安全。

（3）变电站站址位于冲沟下游，建议需对位于站址上游冲沟进行校验是否满足变电站设计洪峰流量及洪峰期冲刷流速要求，若无法满足，需采取相应措施以保障变电站安全。

（4）变电站未占用冲沟，但局部段冲沟安全会对变电站安全造成影响。例如，变电站位于冲沟凹岸侧。建议需对此冲沟地质构造及冲沟洪水走向进行分析，必要时需对冲沟进行局部加固或改道处理。

2. 变电站场平标高的确定

变电站的场地标高应满足《变电站总布置设计技术规程》（DL/T 5056—2007）中的规定。在满足当前规范要求的同时，还需要考虑到，近年来大中型城市（北京部分地区、安庆、武汉等）在雨季出现因为强降雨导致的城市内涝水位超出历史最高内涝水位的情况，甚至出现内涝水位年年刷新历史的情况。在城市整体排涝设施不完善的情况下，根据设计规范中城市变电站场地设计标高应高出内涝水位的要求，场地设计标高是一定值，因此场地设计标高不能满足部分城市历史最高内涝水位年年变化的情况。对这一情况，有必要对这一特殊情况下的变电站进行防涝排水设计，以免变电站受到年年刷新的历史最高内涝水位的挑战，或者年年根据新历史内涝水位无限制抬高场地设计标高带来的不经济问题。

另外，在一些新兴城市建设变电站，例如，根据上海市松江区车墩站经验，除了满足场地设计标高百年一遇的洪水位或历史最高内涝水位以外，场地标高还应高出规划道路设计标高要求，以最大程度避免若干年后周边建设完成时变电站再次沦为洼地的可能性。这也是一些大中型城市老变电站在旧城改造后面临城市道路高出老变电站场地设计标高的情况，导致变电站内涝严重的原因。

针对此种情况，建议在新兴城市市内建设变电站时，对站址区域的城市远景规划进行详细调查，对周边规划道路的设计标高进行了解，以免陷入场地设计标高单纯高出百年一遇内涝水位的要求而不高出站外设计道路标高的情况，导致变电站内涝，当周边没有规划道路详细资料时，建议场地设计标高在高出内涝水位的情况下，再高出一定数值，根据道路设计标高亦需考虑内涝水位的情况，建议此数值取 200～300mm。例如，在上海，通常场地设计标高取高于历史最高内涝水位及站外市政道路 300mm；新疆阿克苏 220kV 开关站的最低场地标高仍高于百年一遇的洪水位 1.625m；江苏秦淮 220kV 开关站将原场地标高填筑提高至百年一遇洪水位 9.54m 后，并将设备放置在标高为 9.98m 的二层平台上，由此减小洪水侵犯的可能性。

3. 变电站场地防洪排水方案

对于场地的防洪问题，需了解城市的防洪设防标准、洪水多发日期以及持续时间；还应了解所在地区的防洪工程规划与所采取的工程措施等。必要时也需了解当地的暴雨计算公式。

（1）在通常情况下，站内雨水经雨水口收集后，通过站内雨水窨井重力排至市政雨水管网。接入点标高需高于市政管网标高，以防止雨水倒灌入站内。

（2）当重力流无法满足要求时，雨水需先在站内经提升后再排入站外市政管网，一般通过在独立窨井内设置潜水泵的方式提升。潜水泵采用浮球阀控制，实现自动起停功能，并上传水池高水位报警信号和故障信号至站内控制中心，在变电站的日常运行维护中显得便捷、可靠。

（3）当变电站处于偏远地区或市政条件有限的郊区时，在征得当地卫生部门同意的前提下，变电站雨水可考虑就近接至附近水域。在西北部降雨量小、河流较少的城市，可考虑将站内雨水管引接至站址附近地势低洼处。

（4）通常建筑物屋顶在降雨情况下的积水通过有组织排水经落水管排入站内管、沟中，对于位于城市市区占地面积较小的变电站，可将屋面上的积水直接通过延长落水管的长度排至站外，将大大减轻站内给排水管道的排水压力，从而使站内积水降至最低，如图 7-18 所示。该方法还没有实际应用的案例，但是由于其简单、高效的特点，值得在各地区变电站中推广使用。

图 7-18　雨水管将屋面雨水直接排至变电站外

4. 变电站围墙防洪方案

当山区型、沿江型、盆地型等城市变电站所在城市外围未设置防洪堤坝或防洪堤坝作用不大，而降雨导致的洪水较大且经计算对变电站会产生较大影响，若通过抬高站址场地标高不经济时，可以考虑采用围墙防洪的措施，对变电站围墙进行设计，使其能够阻挡洪水的冲击，保证变电站本体不直接承受洪水的压力。

需要指出的是，当各种地貌类型的城市变电站不存在防洪压力时，围墙仅需按照常规设计，即使城市发生内涝，常规围墙对于内涝水压力的承受能力也是满足要求的。另外，对于老变电站，由于城市化等原因导致站外市政道路中心标高抬高，使得雨水倒灌进站区影响变电站运行时，需要对老站进行防洪涝改造设计，此时对站址标高进行抬高已不实际，而对站区外围围墙进行防洪改

造设计则不失为一种较好的方案。

防洪墙达到的目标是用可靠的防洪措施（钢筋混凝土防洪墙）及相关构造，使变电站在能可靠抵御1%的高洪水位前提下，降低填土高度，加快施工进度，降低工程造价，提高工程质量。

在变电站出入口配备防洪闸门或临时防洪沙袋等装置，以辅助防洪围墙共同实现防洪任务。

5. 变电站地下电缆层及电缆沟防洪排涝措施

电缆沟与电缆层的防水问题不是变电站防洪涝的核心内容，但是长期浸水存在事故隐患，有碍正常的运营管理，需要得到更多的重视。

建筑内电缆层的少量雨水通过电缆层的潜水泵，排入站区内雨水管网，再排出站外。场地电缆沟或工井以一定的坡度排水至雨水窨井内。变电站电缆层排水泵的排水效率应按照结构渗漏水量与消防排水量的总和进行设计。

户内变电站可将电缆层架空板与地下筏板基础地梁之间的空隙作为缓冲池，当内涝产生的积水通过电缆沟或通风口等进入地下电缆层时，可以将倒灌进电缆层的积水排进缓冲池，在缓冲池中设置集水井，待水位达到一定高度时，使用水泵强排至站外管网中。

6. 变电站建筑物出入口和进排风口的防洪措施

在建筑物出入口设置防水挡板替代防小动物挡板，防水挡板宜采用电动挡板，即将建筑物出入口处、地下室设备房间设置的需要人工安装的防涝挡板进行配电设计，以便在极端天气下，可在第一时间远程控制防涝挡板的自动到位，降低暴雨对运行所产生的突发性危害。

目前变电站大多设有半地下电缆层，电缆层的通风通过设在室内外高差之间的通风百叶和风机解决。在变电站场地大量积水的情况下，有可能发生雨水从通风口处倒灌进入电缆层，进而引发事故的危险。针对进排风口的防洪方案有以下几种：取消电缆层通风百叶和风机，采用机械通风，风管引至一层以上；进排风口处设置防水通风窗井；进排风口外侧设置防雨罩；改变进排风口的结构构造。

如天津某110kV变电站主体结构墙四周的通风窗口都安装了防水板，该措施并未改变目前电缆层的通风设计方式，而是在外墙轴流风机和通风百叶口外侧设置封堵用防水板，防水板通过卡槽方式可拆卸安装。平时正常通风时钢板不安装，仅在有雨水倒灌危险时将其插入卡槽并在外侧用沙袋封堵，可作为临时防汛措施。

7. 老变电站防洪涝改造施工原则

由于洪涝涉及面尚窄，发生洪涝灾害地主要集中在南方城市及山区型城市，对于还未制定成熟的老站改造原则的地区，在老站改造顺序上，建议展开实地调研检查，以确定改造次序。

（1）按实际受灾的频率排序，对直接易受灾的变电站改造予以优先考虑。

（2）按变电站等级排序，对于重要枢纽型变电站的改造应予以优先考虑。

（3）按场地防涝条件排序，对电站场地标高明显低于 100 年（50 年）一遇洪水位、历史最高内涝水位的或明显低于周边场地标高的予以优先改造考虑。

（4）按变电站投运年限排序，对于存在类似隐患的老站予以优先改造考虑。

（5）按改造的难易度排序，对易于防涝改造的变电站予以优先考虑。

改造应充分调研当地水文地质条件、结合实际运行情况，选择相对应的措施与方法，可采取的主要措施有以下几点：

（1）加强场地排水，增加强排移动备用泵。

（2）在重要建筑物出入口或薄弱处增设挡水设施。

（3）改造围墙为防洪围墙，大门为防洪门。防洪围墙应同步考虑地面以下的防渗水问题。

（4）整体改造。下面以上海某 110kV 变电站为老变电站防洪改造的代表，阐述其防洪涝改造施工的具体措施。该变电站于 1989 年投运，为半户外式，变电站内主变压器、电容器均为户外布置，站外公路路面标高为高程 4.22m。站址标高为按 50 年一遇洪水位设置，变电站站址高出站外道路 30cm，经过 20 多年发展，变电站周围填土建道路、新开周边地区建设等使得周边地势抬高，目前变电站场地标高为 3.50m，建筑室内外高差为 0.3m，因此目前建筑室内地坪已低于站外公路路面标高约 0.4m，场地地坪低于站外公路路面标高约 0.7m。根据上述情况，对该站从以下方面进行改造：

1）将变电站围墙改造为防汛墙，围墙大门处加装简易挡水装置。

2）原户外排水泵型号升级，并新增地下式防汛泵站，排水接入市政管道。

3）原变电站户外排水井及新增防汛排水泵站装设水位报警系统，并通过电站通信系统或无线方式传输至公司或运行人员手机上，水位越限自动触发报警。

对变电站围墙的防洪处理具体做法为拆除原变电站围墙及基础，除站区北侧部分围墙由原 10kV 配电装置及 35kV 电容器室外墙兼作围墙外，其余围墙均改造为防汛围墙。

防汛围墙基础为钢筋混凝土条形基础，目前场地标高＋0.8m 以下墙身拟采用钢筋混凝土板墙，其上采用混凝土小型砌块墙身。由于站址范围内还需实施新变电站改造项目，场地地坪设计标高将较原场地地坪设计标高增加 0.8m，因此新建防汛围墙高度应为在原场地设计地坪标高 2.3m 的基础上增加 0.8m，即

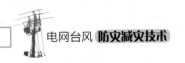

总高度为 3.1m。新建围墙长度约为 377m。

7.3.2.2　提高变电站防台风能力措施

（1）变电站设计风压取值：建议建构筑物设计风压取值严格按规范选用，屋外配电装置及屋外电气设备设计风压值同建构筑物风压值选用。即 35～750kV 变电站建构筑物、屋外配电装置导线及屋外电气设备均采用基本风压重现期按 50 年考虑，1000kV 特高压变电所结构设计采用的基本风压重现期应按 100 年考虑。

（2）合理设计解决跳线风偏问题：针对台风下超设计风速现象，提高跳线风偏的校核风速，选用正三角形构架梁，适当加大悬垂绝缘子自重。

（3）减小体型系数，加强门窗水密性、抗风压性。

（4）合理设计减小受风面积：独立避雷针、围墙等构筑物可合理采用格构式结构、镂空式设计来减小受风面积，减小台风灾害影响。

7.4　配电网台风灾害防治

▶▶▶ 7.4.1　防治要求

7.4.1.1　设计阶段

（1）位于设计风速超过 35m/s 的大风速区的 10kV 架空线路，档距应控制在 80m 以内；原则上直线水泥杆至少每 5 挡应采用 1 基钢管杆或窄基塔，转角、耐张和 T 接处等关键节点位置，宜采用铁塔（钢管杆）；电杆应采用 N 级及以上大弯矩杆，且应根据地质情况配置基础；连续 3 基直线杆应设置防风拉线或采用铁塔（钢管杆）；对于海岛等大风速、污秽腐蚀严重的区域，不宜采取防风拉线、窄基塔等抗台措施的区域，宜采用电缆敷设。

（2）位于洪涝地质灾害地带的 10kV 架空线路，杆塔应采用自立式杆塔（无拉线杆塔），应采用 N 级及以上非预应力钢筋混凝土杆或复合材料电杆，且应根据地质情况配置基础；转角、耐张和 T 接处等关键节点位置，宜采用钢管杆（铁塔）。河道冲沟地区、河道拐弯处、滑坡等易发生灾害的地带，宜采用浆砌挡土墙等形式加强杆塔基础；杆塔和线路应与危险体（树木）边缘保持足够距离；易成为河道的河漫滩，杆塔采用围墩，电杆埋深应在水位冲刷线以下；受现场条件限制无法保证安全距离时，应采用跨越或电缆敷设的方式。

（3）易受台风影响地区，配电站房及户外箱式变压器、环网柜、配电台区变压器等配电设施应满足当地防涝用地高程的要求，在城市防洪堤内时，配电设施防涝用地高程取城市内涝防治水位；在城市防洪堤外时，配电设施防涝用地高程取当地洪涝防治水位和当地历史最高洪水位的大者。

（4）易受台风影响地区，重要用户、标高低于当地防涝用地高程的新建住宅小区的配电站房，以及开关站、配电室、环网室（箱）等公共网络干线节点设备，应设置在地面一层及以上且移动发电机组容易接入的位置，其中重要电力用户应在地面一层设置应急电源接口。

（5）位于地下一层及以下的易涝配电站房所属的建筑物，其地下室出入口、通风口、排水管道、电缆管沟、室内电梯井、楼梯间等，应增设防止雨水倒灌的设施。地下室出入口应设置闭合挡水槛或防水闸；地下室出入口截水沟不应与地下室排水系统连通，应设置独立排水系统。易涝配电站房的门应设置挡水槛，电缆沟、电缆夹层和电缆室应采取防水和排水措施；站房内部宜设置集水坑，宜配置一主一辅的潜水泵，排水控制宜按智能控制系统设计，具备自动强制排水、异常报警功能。

7.4.1.2 运维阶段

（1）排查配电线路防台抗台隐患，主要包括巡视检查辖区的天气情况、地形地貌、植被变化等基本信息，有无可能被风刮起危及线路安全的物体（如金属薄膜、广告牌、风筝等）；防护区内栽植的树竹情况及导线与树竹的距离是否符合规定，有无蔓藤类植物附生；线路附近有无射击、放风筝、抛扔杂物、飘洒金属和在杆塔、拉线上拴牲畜；杆塔是否倾斜、位移；基础有无损坏、下沉、上拔，周围土壤有无挖掘或沉陷，杆塔埋深是否符合要求；导线连接部位是否良好，有无过热变色和严重腐蚀，连接线夹是否缺失等。

（2）排查配电站房防台抗台隐患，重点对地下配电站、低洼处的配电设施、易受水淹区域的设备设施进行检查，及时消除缺陷、隐患。与社区街道、小区物业、业委会协同检查防台抗台情况，对小区或区域内防台抗台准备不足而影响电网设备设施的，立即通知整改，在台风期间重点跟踪。

7.4.2 防治措施

7.4.2.1 配电线路防治措施

1. 改造管理

在改造和加强台风影响易受灾地区在运 10kV 架空线路时，宜在精益管理理念的基础上，结合线路所处风区大小、微地形、微气候、走廊环境、地方特色以及上一次施工、技改大修、运维等情况，对易受灾地区的 10kV 架空线路进行仔细核查。经核查后，对线路能否达到所处风区抗风能力进行评价，可以通过以下 3 个方面进行评价：①设计及建设是否满足对应风区标准规范，是否存在早期线路设计风速低、建设标准低于风区风速或未按图纸施工等问题；②运行期间是否存在因市政施工、社会生产活动或相关环境变迁等，造成线路走廊处

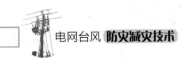

于易受灾区域等问题；③线路运行中是否因遭受过历史灾害或其他影响因素等，导致存在杆塔倾斜、基础塌方、树线矛盾等防风隐患。

根据评价结果，对不满足防风标准要求的线路进行改造分类，建议按线路重要性、防台隐患大小、线路运行年限、所处位置地方特色等进行划分，按时间顺序排列改造项目，合理安排改造时间期限，制定合理可行的中长期线路改造方案，调配资源完成实施改造。对于不能够抵抗对应风速区规定最大风速的线路进行合理改造，改造的目标可以耐张段为单位，针对路径、杆体、基础等进行防风改造，最大实现 45m/s 以内不会产生问题。

2. 路径优化

架空线路路径优化主要根据在运线路所处区域灾损情况、风区大小、线路走廊环境等，可通过路径改造、优化杆塔排列、回路分割及缆化改造等手段，完成易受灾线路路径整体优化。

（1）路径改造。由于最新风速测算和风区图修订、自然灾害或社会生产活动等，造成现有线路路径处于或部分经过区域风速超原设计和建设风速、台风影响易发灾损区等，且难以通过部分杆塔补强等措施对整体进行加固的情况，宜优先考虑路径改造。改造时，应首先考虑避开易受台风影响发生灾损的微地形区域及灾损多发区，对高差大、档距大的线路建议作专题计算和校核。在无法避开的情况下则建议按照高一级风速区规定执行改造，D2 区可适当加大窄基塔使用比率或选用电缆敷设。

（2）杆塔排列优化。由于早期防风设计标准低等因素造成线路部分段无法满足该区域风荷载时，可通过杆塔选用及排列优化改造达到防风标准。其中应注意：

1）在城市道路受限窄基塔无法落地时，或者洪涝多发区域可采用钢管杆替代窄基塔。

2）线路走廊附近有化工厂、粉石场等污染源的 C4 和 C5 的重腐蚀地区优先采用水泥杆。

3）防风措施宜首先考虑防风拉线，由于外部原因现场防风拉线无法安装的情况下，按优先次序选取撑杆和围墩，其中围墩是在拉线和撑杆均不能做的情况下采用。

4）相关标准规定了对应风速区设计的最低标准，实际执行中建议不低于该标准。

（3）线路回路分割。同一线路路径上杆塔最大回路数应根据所处风速区、采用的杆塔类型等进行计算，建议当设计风速超过 30m/s 时，回路数不宜超过双回。针对存量线路超过设计回路建设，且遭受了台风影响导致灾损后，建议新增走廊，进行线路回路分割。

（4）线路缆化。当线路路径处于易受台风影响发生灾损的微地形区域及灾损多发区，且所在风速区大于 30m/s，又受各类条件所限无法进行路径改造、杆塔排列优化或回路分割时，建议采取电缆敷设实现防风路径优化。

3. 杆体加固

依据线路杆体所处区域最新风区图、线路近年受风灾灾损情况、环境变迁及生产因素等导致的现有杆体无法满足抗弯强度，建议通过杆塔选型优化、水泥杆局部加固、窄基塔局部加固等措施进行防风改造。

（1）杆塔选型优化。复核架空线路杆塔抗弯强度选型，针对不同风速区情况，对一个耐张段内杆塔选型可参考《国家电网公司配电网工程典型设计（2016 年版）》、地方差异化设计等规定，判断是否满足要求，对因抗弯强度不匹配、水泥杆选择不当等（如在沿海易腐蚀地区选用法兰组装杆、大风速区选用预应力杆等）进行杆塔更换。在此简要归纳杆塔选型：对于水泥杆单杆使用时，D2、D1 风速区宜采用 Z-N-12、Z-N-15、2Z-N-15 等型号，A 风速区宜采用 Z-M-12、Z-M-15、2Z-N-15、2Z-N-18 等型号，B 风速区则可采用 Z-M-12 等大部分型号杆型；对于窄基塔使用时，D2 风速区宜采用 ZJTD2-Z-13/15/18 等型号，D1 风速区宜采用 ZJTD1-Z-13/15/18 等型号，A、B 风速区宜采用 ZJT-Z-13/15/18 等型号。

（2）水泥杆加固。对于部分无法满足抗弯强度的水泥杆，如杆型选用不当、沿海腐蚀严重区域的法兰杆等，在无法更换和移除原有水泥杆的前提下，应对水泥杆杆身进行抗弯加固，加固措施按优先次序建议选用防风拉线（四方拉线优于人字拉）、采用撑杆、围墩等措施对水泥杆进行防风加固。

（3）窄基塔加固。对于部分无法满足抗弯强度的窄基塔，在无法更换或移除原有窄基塔的前提下，应对窄基塔塔身进行抗弯加固，可通过仿真软件分析、设计计算校核等方式得到塔身薄弱点，通过增设塔材或补强塔材进行防风加固改造。

4. 基础加固

针对台风易发生区域内的线路，应核查杆塔灾损情况，如倒杆、斜杆等灾损反映出杆塔抗倾覆能力不足，进而说明杆塔基础设计或施工存在问题。建议对照地区差异化设计内容判断基础是否存在未按标准设计、未按图施工、设计施工未达到实际防灾需求等情况，参考不同土质对应的基础型式，针对水泥杆、窄基塔、钢管杆等不同杆塔分类进行基础加固改造、加装围墩，采用新型套筒基础等措施，当台阶式基础和其他基础型式都可选用时，应优先选用台阶式提升基础坚固水平。

5. 案例分析

(1) 案例概述。2017 年 9 月 11 日 17 时，10kV 某某线 114 号杆 XB0003 开关跳闸，局部风力将近 10 级。随后，调控中心通知某供电所对 10kV 某某线 114 号杆后进行故障巡线，18 时 05 分，发现 10kV 某某线坑口支线 68～69 号杆段有毛竹靠到导线上，某供电所运维人员现场对走廊毛竹进行清理，并检查导线无损伤，具备送电条件，18 时 05 分向调度申请送电，18 时 18 分线路恢复供电。该线路全长 43.35km，其中裸导线 35.63km，主干线全长 12.214km，线路既有穿越村庄，也有穿越林区，每年夏秋时节的大风天气，该线路频繁跳闸。

(2) 存在问题。

1) 线路路径选择不合理。该线路所处区域位于山谷位置，走向如图 7-19 所示，两侧地形较为开阔，一侧为入海口，属于局部微地形。每年受低层切变南压的影响时，气流由开阔地带流入山谷时，由于空气质量不能大量堆积，于是加速流过峡谷，风速增大，形成局部大风天气。

2) 飘浮异物影响配电网安全运行。该线路 12～19 号杆穿越了村庄外围的垃圾处理厂，周围存在较多的彩钢瓦、塑料大棚等临时性建筑物，设备主人未按要求进行加固。在大风作用下，由彩钢瓦、广告布、气球、飘带、锡箔纸、塑料薄膜、风筝及其他轻型包装材料缠绕至配电线路上，如图 7-20 所示，短接空气间隙后造成跳闸。

图 7-19　该线路走廊路径　　　　　　图 7-20　异物短路影响

3) 树线矛盾造成临时性跳闸。该线路 81～149 号杆穿越竹林，如图 7-21 所示，竹木具有生长迅速快、在风力作用下易摆动的特点，对该线路的安全运行埋下隐患。同时也暴露了某供电所运行维护工作开展不到位，未按要求开展线路巡视工作，没有及时发现毛竹对线路距离不足的缺陷，树障清理不及时。强风造成树线矛盾跳闸，是该线路频繁停电的最主要原因。

(a) 远景   (b) 近景

图 7-21 树线矛盾影响

（3）治理措施。

1）加强线路走廊巡视。在大风天气来临前加强线路防异物短路巡视工作，并针对不同异物类型分别采取以下措施：

a. 针对防锡箔纸、塑料薄膜等易发生漂浮物短路的区段，夏、秋两季为巡视重点时段，通道巡视每周不少于 2 次，外聘巡线员每日巡视不少于 1 次，及时发现并制止通道的危险行为，对于直接威胁安全运行的危险物品要立即清理。

b. 针对防风筝挂线方面，一般 3～5 月、9～10 月为巡视重点时段，重点区段通道巡视每周不少于 2 次，外聘巡线员每日巡视不少于 2 次，及时发现并制止通道周边放风筝行为。

c. 针对通道附近的彩钢瓦等临时性建筑物、垃圾场、废品回收场所的隐患巡视，重点区段通道巡视每周不少于 1 次，外聘巡线员每周巡视不少于 3 次。每月向隐患责任单位或个人发安全隐患通知书，要求进行拆除或加固，对未按要求进行处理的单位和个人，应及时报送安监部门协调处理。

2）加强树竹清砍。

a. 以馈线为单位，对架空线路开展运行环境排查，排查内容应包括杆塔附近树种情况、与导线目前大致距离、周边环境等；每基杆塔要建立台账，对存在的树线隐患点进行拍照、记录，建立清单，将需要砍伐清单及时反馈给砍伐责任主体单位。

b. 根据配网运维管理办法，对 10kV 架空线路清理宽度裸导线按照边线加 5m，绝缘导线按照边线加 3m 要求进行清理，线路周边竹子较多的区域，应适

当扩大清理宽度，为线路在大风天气时的正常稳定运行奠定了坚实基础，通道清理前后状况分别如图 7-22 和图 7-23 所示。

(a) 远景　　　　　　　　　　　　　　　(b) 近景

图 7-22　通道清理前状况

(a) 远景　　　　　　　　　　　　　　　(b) 近景

图 7-23　通道清理后状况

3）进行局部绝缘化处理。

a. 针对绝缘线路线夹、避雷器接头、导线等裸露点可采用自固化硅橡胶绝缘防水包材，进行包缠（裹）加强绝缘及防水、防腐性能，避免异物短路，自固化硅橡胶绝缘防水包材如图 7-24 所示。

(a) 线路裸露点　　　　　(b) 现场绝缘材料包扎　　　　　(c) 现场安装效果

图 7-24　自固化硅橡胶绝缘防水包材

b. 采用新技术，应用机器人进行线路绝缘塑封，减少人力、省时、提升绝缘工艺水平，机器人进行线路绝缘塑封如图 7-25 所示。

(a) 线路绝缘塑封机器人　　　　(b) 现场机器人现场塑封　　　　(c) 塑封过程

图 7-25　机器人进行线路绝缘塑封

4）治理效果。经过整治，2017 年该线路因强风导致的线路跳闸次数同比 2014～2016 年 3 年平均值降低了 65%，成效显著。

7.4.2.2　配电站房防治措施

1. 改造管理

按照全寿命周期费用最小的原则，区分配电网设施的重要程度，结合配电装置所处的地形地貌和历史灾损、当地用地高程等情况，依照"避开灾害、防御灾害、限制灾损"的次序，采取防灾差异化设计措施，加强防灾设计方案的技术经济比较，提高配网防灾的安全可靠性和经济适用性。

对于易涝地下站房，通常采取搬迁改造的方式，该方式需要协同政府部门，按照"分工合作、及时协调"的方式展开。其运作模式通常是土建建设由政府出资，电气建设由供电企业出资，由地区房管局代表政府统一协调相关部门，及时处理搬迁过程中遇到的问题和困难。

供电企业应提早无缝衔接介入，指定专人第一时间介入土建验收、整改，推进方案设计、现场勘查、施工组织等关键环节，确保土建完工电气即进场施工，实现无缝衔接。

2. 站址优化

对于易涝地下站房，应因地制宜制定搬迁改造方案，通常采用以下原则：①具备整体搬迁要求的站所：搬迁至地势较高的位置；②部分搬迁站所：搬迁高压部分＋应急供电接口；③无法搬迁站所：防涝改造。

对于采取搬迁或新建方式的配电站房，其站房选址应参照以下几点：

（1）设防标准。防涝用地高程选取应符合下列规定：①在城市防洪堤内时，防涝用地高程取城市内涝防治水位；②在城市防洪堤外时，防涝用地高程取当地内涝防治水位和当地历史最高洪水位的大者。

（2）生命线用户和重要电力用户站房位置。省市机关、防灾救灾、电力调度、交通指挥、电信枢纽、广播、电视、气象、金融、计算机信息、医疗等生命线用户和重要电力用户其配电站房应设置在地面一层及一层以上，且必须高于防涝用地高程。

（3）公共网络干线节点设备。开关站、配电室、环网箱（室）等10kV公共网络干线节点设备应设置在地面一层及一层以上便于线路进出的地方，必须高于防涝用地高程。

（4）重要负荷用电设施。电梯、供水设施、地下室常设抽水设备、应急照明、消控中心等重要负荷的配电设施，应设置在地面一层或一层以上且位于移动发电机组容易接入的位置，并设置应急用电集中接口，以保证受灾时通过发电快速恢复供电。

（5）其他配电站房（配电站房和备用发电机房）。室外地面±0.00m标高低于当地防涝用地高程或当地历史最高洪水位的配电站房和备用发电机房，应设置在地面一层及以上，其室内地面高程应高于当地防涝用地高程。

（6）其他情况。配电站房宜设置在地面一层及以上，当建设条件受限，无法建设在地面一层及以上的，建筑物有地下二层或有地下多层时，且满足下列要求，配电站房和备用发电机房可设置在地下一层：

1）10kV配电设备所在平面应高于防涝用地高程及地下一层的正常标高。

2）地下二层的层高不低于2.2m，且建筑面积不应小于地下一层。

3）地下室的出入口、通风口的底标高应高于室外地面±0.00m 标高及防涝用地高程。

4）电缆进出口应按终期进出线规模预留，其进出线预埋管应符合《地下工程防水技术规范》（GB 50108—2008）的要求。

5）编制配电站房和备用发电机房的正常运行的防洪涝、通风及灾害停电应急措施。

3. 土建部分防涝改造

易涝配电站房的土建部分的防涝改造可参照以下几点：

（1）地下室出入口、通风口、排水管道、电缆管沟、室内电梯井、楼梯间等易进水位置，应增设防止涝水倒灌的设施。

（2）地下室出入口应设置闭合挡水槛或防水闸；地下室配电站房的门应设置挡水门槛。

（3）地下室出入口截水沟不应与地下室排水系统连通，应设置独立排水系统。

（4）配电站房的电缆沟、电缆夹层和电缆室应采取防水、排水措施。

（5）配电站应设置集水坑，宜配置一用一备的潜水泵。

（6）住宅小区重要负荷（电梯、供水设施、地下室常设抽水设备、应急照明、消控中心等电梯、供水设施、地下室常设抽水设备、应急照明、消控中心等）的供电设施应设置在地面一层或一层以上且移动发电机组容易接入的位置。

4. 电气部分防涝改造

易涝地区，不宜采用箱式变压器，宜采用电缆进出的柱上变压器；受条件限制，当采用箱式变压器时，应选用美式油浸式箱式变压器，且基础应高于防涝用地高程，同时应加强低压室和高压电缆终端附件的防水性能。

存在内涝风险的开关站设备选型：优先选用气体绝缘金属封闭式开关柜，其整体防护等级不应低于 IP3X，气箱防护等级不应低于 IP67，电动操作机构及二次回路封闭装置的防护等级不应低于 IP55。受条件限制，采用金属铠装移开式开关柜时，其柜门关闭时防护等级不应低于 IP41，柜门打开时防护等级不应低于 IP2X。

存在内涝风险的环网室设备选型：优先选用共箱型气体绝缘柜，其整体防护等级不应低于 IP3X，气箱防护等级不应低于 IP67，电动操作机构及二次回路封闭装置的防护等级不应低于 IP55。

存在内涝风险的环网箱设备选型：优先选用全绝缘全密封共箱型气体绝缘柜，其柜门关闭时防护等级不应低于 IP43，柜门打开时防护等级不应低于 IP2X，气箱防护等级不应低于 IP67，电动操作机构及二次回路封闭装置的防护等级不应低于 IP55，不应在环网箱箱体下侧设通风窗。

存在内涝风险的配电室设备选型：优先选用气体绝缘柜，其整体防护等级不低于IP3X，气箱防护等级不应低于IP67，电动操作机构及二次回路封闭装置的防护等级不应低于IP55。

5. 案例分析

（1）案例概述。某年6月，某地区发生超过300mm的特大暴雨，局部平均降雨量达到390mm，在某某路等几条路段低洼地带积水严重，造成了附近站房、配电设备大范围受损。强降雨造成配电网受损或停运线路近百条，站房几十座，受淹停运配变、环网柜等设备百余台。

（2）存在问题。

1）低洼区应急准备不充分。某小区站房属于地势低洼区域，本次台风引起的暴雨致使小区地面积水达到了40cm，配电站门位于地面上，但站房地基比室外水平地面低150cm（类似负一层），该站房门口有做防水水泥挡板50cm（站外水淹至40cm），电缆沟封堵不到位及室内抽水设施不完善，积水从站房外电缆沟进水，致使室内被淹110cm，如图7-26所示。

(a) 站房所处区域

(b) 前往站房区域楼梯

(c) 站房入口

(d) 站房内部

图 7-26 受涝地下站房

2）环网柜、箱式变压器等设备受淹故障严重。该县 10kV 某某线上的环网柜、箱式变压器建设时未考虑防涝的设防水位，同时也没有对基础进行抬高，导致洪涝时被水浸泡，由于其复合绝缘小、母线位置低、跨度长，进水后发生内部电弧故障，导致设备损毁。此外，调查发现该县故障环网柜多是空气绝缘，防水等级为 IP33 的 XGN 型环网柜（适合于户内使用，不宜用于户外），箱式变压器选择的是带通风孔的预装式欧式箱式变压器（洪水可能通过通风孔浸入），说明涝区配电设备选型不当，如图 7-27 所示。

（3）治理措施。

1）全面实施站房防洪防涝设施改造。对于没有进水但进站房道路被淹的情况，适当加高进站道路标高，并在站房入口布置活动式挡水设施；对于站内开关室、电缆层被淹的情况，加配大功率的抽水、排涝设备，配置挡水设备，确保洪涝来临时可以使用。

2）合理选择环网柜或箱式变压器类型。选择密闭型双金属夹板结构，并对配电设备防水薄弱部位（电缆终端接头、TV、FTU 等），选用全绝缘全密封电缆附件，防水性能好的 TV 和 FTU，并抬高安装位置，如图 7-28 所示。

(a) 箱式变压器受损

图 7-27　配电设备防水措施不到位（一）

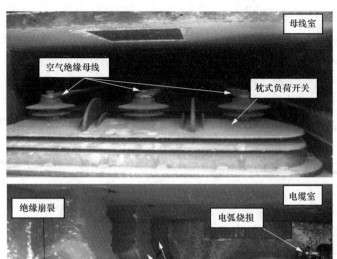

（b）环网柜受损内部

图 7-27　配电设备防水措施不到位（二）

（a）采用双金属夹板

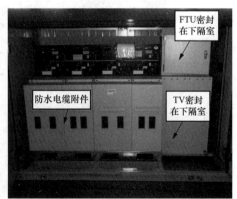

（b）采用防水性能好的附件

图 7-28　选择防水型配网设备

　　（4）治理效果。通过全面开展隐患排查与差异化改造，累计发现各类隐患
89 处，治理 65 处，共修缮站房防渗漏、防洪、防渍等设施 50 多项，抬高配电
设备基础 300 余处，完成电缆沟渗漏情况及其排水设施修理 10 余处，修理各类

杆塔排、截水沟共计 12km，护坡 200 余方。通过防汛应急演习，有效检验了各部门对突发暴雨洪涝灾害的应急处置能力以及跨部门的协同配合能力。这些措施全面提升了县公司应对汛期恶劣天气下的处置能力和实战能力，至今为止该地区未发生大范围的洪水灾害。

8 电网台风灾害应急抢修与决策

　　台风灾害下电网供电应急抢修技术主要探索当台风导致的电力网络设备故障停运从而造成用户供电中断时，紧急进行修复和恢复供电所采取的技术手段。目前，在宏观层面，应急抢修与决策主要集中应急体系建设和应急指挥中心构建，以实现应急资源的最优调配。在实际台风灾害抢修现场，仍主要依靠人海战术，抢修人员机械化装备配置不足、施工技术原始落后，导致抢修抢建水平不高。

　　本章结合长期抗风减灾的工程实践，论述了应急复电策略、应急装备、应急能力评估与应急决策，并介绍了典型台风下的灾害应急案例。

8.1 电网台风灾害应急复电策略

　　应急复电技术核心是搭建旁路作业系统，国内外通常采用此技术进行电气设备的不停电检修。但在台风实际抢修现场工作中，如何快速制定差异化的应急复电策略，满足不同供电方式的重要用户的应急供电需要，显得尤为重要。以下介绍 12 种应急复电策略。

　　1. 旁路系统接入、退出 10kV 架空线路

　　该方法主要通过敷设柔性电缆，并接入 10kV 架空线路，从而在待检修区域的架空线路两侧快速搭建起一套临时供电系统，实现对架空线路不间断供电的同时开展计划检修工作。该方法适用于不停电迁移杆线、不停电更换防风铁塔等检修场景。策略原理如图 8-1 所示。

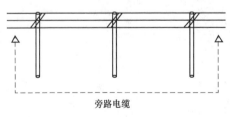

图 8-1　旁路系统接入、退出 10kV
架空线路示意图

　　2. 带负荷更换架空线路配电设备

　　该方法主要通过在待更换设备两端安装绝缘引流线，实现负荷转供，从而在对用户不间断供电的条件下，更换

架空线路配电设备。该方法适用于带
负荷更换柱上开关、带负荷更换隔离
开关、带负荷更换引流线或承力线夹
等检修场景。策略原理如图 8-2 所示。

3. 旁路系统接入、退出 10kV 环
网柜

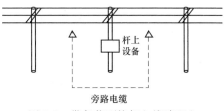

图 8-2 带负荷更换架空线路配电
设备示意图

该方法主要通过敷设柔性电缆，
并接入 10kV 环网柜，从而在待检修区域的电缆线路两侧快速搭建起一套临时供
电系统，实现对电缆网不间断供电的同时开展计划检修工作。图 8-3 方法适用于
无备用间隔的两环网柜间电缆线路检修。图 8-4 方法适用于不停电检修故障电
缆、短时停电检修故障电缆等检修场景。策略原理如图 8-3、图 8-4 所示。

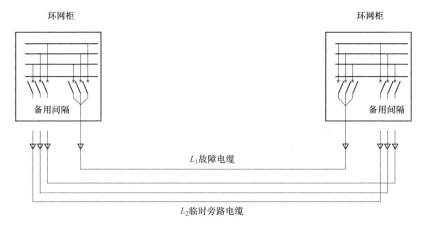

图 8-3 旁路系统接入、退出 10kV 环网柜（有备用间隔）示意图

图 8-4 旁路系统接入、退出 10kV 环网柜（无备用间隔）示意图

4. 移动环网柜车替代作业

该方法主要通过将待检修环网柜电缆快速接入移动环网柜车，利用移动环网柜临时替代待检修环网柜进行供电，从而实现在不间断供电的情况下，检修环网柜。该方法适用于短时停电检修故障环网柜的检修场景。策略原理如图 8-5 所示。

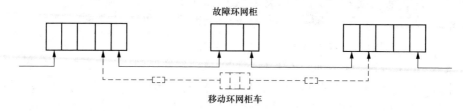

图 8-5 移动环网柜车替代作业示意图

5. 移动箱变车替代作业

该方法主要利用柔性电缆、移动箱变车组合装备，从就近的架空线路或环网柜取电，给低压用户供电，从而实现在不间断供电的情况下，检修杆上变或站内变。该方法适用于短时停电更换、检修杆上变压器（站内变压器）等检修场景。策略原理如图 8-6 所示。

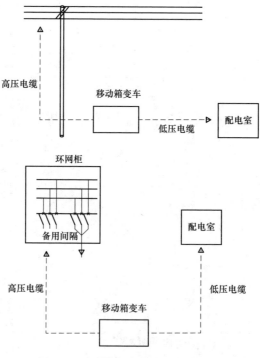

图 8-6 移动箱变车替代作业示意图

6. 旁路系统从架空线路取电向环网柜供电

该方法主要通过敷设柔性电缆，一端接入 10kV 架空线路，另一端接入 10kV 环网柜，实现从架空线路取电向环网柜供电。该方法适用于以下检修场景：当计划检修造成作业点外的环网柜停电，通过搭建临时供电系统，实现对用户不间断供电。策略原理如图 8-7 所示。

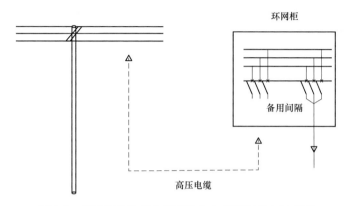

图 8-7　旁路系统从架空线路取电向环网柜供电示意图

7. 旁路系统从环网柜取电向架空线路供电

该方法主要通过敷设柔性电缆，一端接入 10kV 环网柜，另一端接入 10kV 架空线路，实现从环网柜取电向架空线路供电。该方法适用于以下检修场景：当计划检修造成作业点外的架空线路停电，通过搭建临时供电系统，实现对用户不间断供电。策略原理如图 8-8 所示。

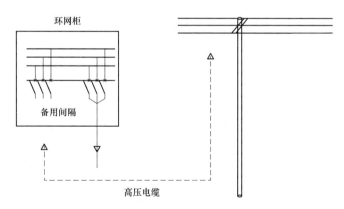

图 8-8　旁路系统从环网柜取电向架空线路供电示意图

8. 中压发电车接入、退出用户供电网络

该方法主要利用中压发电车、柔性电缆组合装备，构建局域中压供电网络，

实现给中压用户临时供电。该方法适用于用户中压进线线路出现故障，利用中压发电车给用户临时供电的检修场景。策略原理如图 8-9 所示。

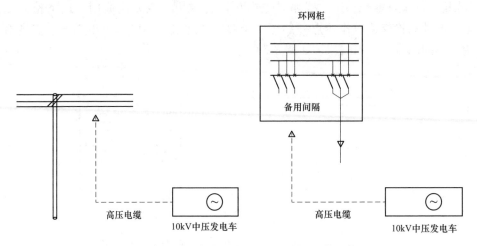

图 8-9   中压发电车接入、退出用户供电网络示意图

9. 中压发电车与移动箱变车配合向用户低压侧供电

该方法主要利用中压发电车、移动箱变车、柔性电缆组合装备，构建局域低压供电网络，实现给低压用户临时供电。该方法适用于利用中压发电车、移动箱变车给低压用户临时供电的检修场景。策略原理图 8-10 所示。

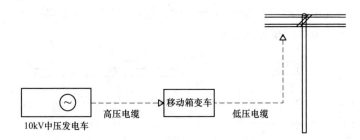

图 8-10   中压发电车与移动箱变车配合向用户低压侧供电示意图

10. 低压发电车接入、退出用户供电网络

该方法主要利用低压发电车、UPS 电源车，构建局域低压供电网络，实现给低压用户临时供电。该方法适用于利用低压发电车给用户临时供电的检修场景。策略原理如图 8-11 所示。

图 8-11   低压发电车接入、退出用户
供电网络示意图

11. 低压柔性电缆临时接入

当发生低压电缆整体故障后，使用

适当规格的低压软电缆、临时低压分接箱接入进行临时供电，缓解因故障点查找困难及土建破路带来的抢修时间长的问题。该方法主要适用于站房至分接箱、分接箱至集装表箱之间电缆故障时临时供电。策略原理如图 8-12 所示。

12. 低压设备替代装置临时接入

采用提前预制好的临时表箱、抽屉式柜、短接排（线）等，在对应设备故障时直接替代使用，减少备品查找及修复时间。该主要适用于集装表箱、抽屉式柜、三相空气开关故障时临时装置接入恢复送电。策略原理如图 8-13 所示。

图 8-12　低压柔性电缆临时接入示意图

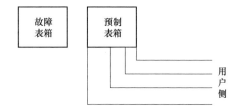

图 8-13　低压设备替代装置临时接入示意图

8.2　电网台风灾害应急装备

结合应急复电基本策略，应急复电装备一般分为 3 类。第 1 类是应急复电特种装备，主要包括低压软电缆、中低压快速插拔头（含 T 型头、中间快速接头等）、移动箱变车、中低压发电车、高低压放缆车、10kV 柔性电缆、旁路作业车等。第 2 类是应急复电快速接入系统装备。第 3 类新型配电杆塔基础，主要包括复合材料套筒式基础、带翼板的复合材料套筒式基础、窄基塔装配式基础。

8.2.1　应急复电特种装备

应急变电特种装备基本使用要求有：

（1）供电所（运维班）应配置 2～5kW 小型发电机，供低压用户应急供电使用。

（2）大型装备集约使用。对发电车、移动箱变车、旁路作业车及配套的旁路开关、高低压柔性电缆等应急供电装备，应在抢修班组、配网不停电作业班组、运维班和保供电班组间统筹使用。各单位应明确各装备的维保责任班组及使用调派流程，确保及时调派、随时可用。

（3）根据作业需求"成套"管理，如发电车配套低压柔性电缆、低压配电箱、电缆保护槽等，旁路作业车配套旁路负荷开关、柔性电缆、电缆保护槽等，"成套"装备日常成套存储、维护及保养。

基本装备如表 8-1 所示。

表 8-1　　　　　　　　　　　　基 本 装 备

设备名称	用途	规格型号
低压软电缆 （不含快速插拔头）	低压旁路供电	$50mm^2$，$4\times100m$/盘，每套 2 盘（按每套单相敷设 200m 计算）
低压软电缆 （含快速插拔头）	低压旁路供电	$50mm^2$，$1\times50m$/盘，每套 16 盘（按每套单相敷设 200m 计算）
低压软电缆 （不含快速插拔头）	低压旁路供电	$120mm^2$，$4\times100m$/盘，每套 3 盘（按每套单相敷设 300m 计算）
低压软电缆 （含快速插拔头）	低压旁路供电	$120mm^2$，$1\times50m$/盘，每套 24 盘（按每套单相敷设 300m 计算）
低压放缆车	用于自动收放、运输旁路作业用 0.4kV 低压柔性电缆，同时存放电缆中间接头等电缆附件及相关辅助设备	整车重量：≤8000kg 国内主流高性能底盘，气刹制动 排放标准：国Ⅴ
低压发电车	适用为 0.4kV 低压系统提供应急电源，可以自主发电，并将电能输送至电力用户	排放标准：国Ⅴ； 底盘选用国内主流高性能产品，满足承重要求； 制动形式：气刹/鼓式发电机组额定功率：400kW 整车尺寸（长×宽×高）：≤9360mm×2550mm×3860mm 整车重量：≤14500kg 噪声：≤72dB
高压旁路作业车 （含旁路作业放缆车 1 部、负荷开关车 1 部）	高压旁路供电；配合移动箱变车应急供电	旁路作业放缆车含：$50mm^2$ 电缆 $1\times50m$/盘，每套 24 盘（按每套单相敷设 400m 计算）；快速插拔头、中间接头；负荷开关 1 套。负荷开关车含负荷开关 1 套
移动箱变车	作为 10kV 及以下配网设备故障时应急供电用，高压取电、低压应急供电	主要由承载底盘车、隔热保温车厢、降压变压器、高低压开关柜、高低压柔性电缆附件设备及相关辅助设备等组成。车厢外侧两边分别安装高、低压柔性电缆的接入装置。 排放标准：国Ⅴ； 允许最大总重量：10000kg； 变压器参数：干式变压器，额定容量：630kVA，额定电压：10/0.4kV，额定频率：50Hz； 开关柜参数：开关室主要安装一组三单元 10kV 环网柜和低压出线柜，并预留足够的操作、检修空间。10kV 环网柜采用 ABB Safe 型 SF_6 绝缘紧凑型开关柜，结构为三单元（两进一出）。低压出线柜采用 ABB 高分段能力灭弧熔断器的出线柜单元，内置辅助触点和失压开关，配置电动操作机构。 高低压电缆附件参数：配备 10/0.4kV 柔性电缆和快速接头终端，10kV 柔性电缆：$3\times50mm^2$（50m/盘）；0.4kV 柔性电缆：$8\times150mm^2$（50m/盘），0.4kV 柔性电缆两端配置快速插拔终端，配置 8 个中间接头，可以实现任意两盘之间对接扩展；0.4kV 转接电缆：$4\times150mm^2$（8m/根） 监控系统：配置电气监控操作系统、整车运行环境监控系统、智能灭火监控系统

续表

设备名称	用途	规格型号
10kV 柔性电缆（含快速插拔头）	高压旁路供电；配合移动箱变车应急供电	50mm²，1×50m/盘，每套18盘（按每套单相敷设300m计算），中间接头21个
10kV 中压发电车	适用为 10kV 配电系统提供应急电源，可以自主发电，并将电能输送至电力线路	排放标准：国Ⅴ； 底盘选用国内主流高性能产品，满足承重要求； 制动形式：气刹/鼓式； 发电机组：进口 10kV、1000kW；额定功率：1000kW； 电压：10.5kV； 整车尺寸（长×宽×高）：≤12000mm×2545mm×3990mm； 整车重量：≤32000kg； 噪声：≤85dB

近年来，国内主要采用低压发电车用于灾害现场的应急复电，其主要是针对单一重要用户或生命线工程用户提供应急供电电源。而 10kV 中压发电车，其具有结构紧凑、功能齐全，现场连接方便快捷、供电周期性长，供电负荷大等优点，通常能为分支线路或多个台区提供应急供电电源，近年来在防台抢险中发挥了很大作用。

10kV 中压发电车由中压柴油发电机组、机组控制屏及配电柜、TV 柜及开关柜、输出接线柜、电缆及电缆卷盘、液压支撑系统、整车（含底盘和静音车厢），如图 8-14 所示。

相较于低压发电车，10kV 中压发电车具有一系列优点：

（1）配置高压发电机组、具备可直接输出高电压，无须升压的能力；

（2）具备远距离输送能力，供电范围可达 5～15km；

（3）功率更大，单机拥有 1MW 能力，可实现多机并网，可满足大分支及多台配变的应急供电；

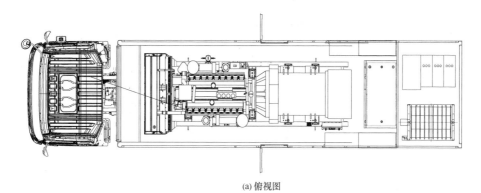

(a)俯视图

图 8-14　10kV 中压发电车内部结构（一）

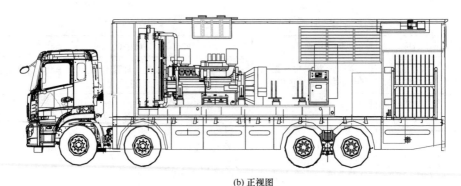

(b) 正视图

图 8-14　10kV 中压发电车内部结构（二）

（4）可满足快速接入，配置环网柜、旁路开关、柔性电缆及快速插拔头，满足快速复电需求。

●→ 8.2.2　应急复电快速接入系统装备

目前，国内的移动式应急供电系统主要选用的都是"铜鼻子"连接方案，"铜鼻子"方式虽然应用简单，但更适合固定连接。应急复电作业的连接设备需要多次使用，长时间使用后易被氧化，导致接触面粗糙，引起发热。同时，由于应急复电对安全性、时效性的特殊要求，若采用"铜鼻子"连接，不仅费时、易发热，而且难匹配、不绝缘、不防水、可靠性差。

国外发达国家大多采用标准化插拔式的快速电源耦合器来进行应急供电，其采用的应急快速电源耦合器是一种可将电源端与受电端快速连接的自动紧固装置，分为电源端（公耦合器）和受电端（母耦合器）两部分，如图 8-15 所示。该装置结构紧凑，内设精密锁件，当电源端插入受电端，并顺时针旋转后，内部锁紧部件自动将两端锁紧，可保证接触良好，防止主导流过热。

图 8-15　标准化插拔式的快速电源耦合器实物图

应用上述快速电源耦合器，可将现有的应急电源车（如移动发电车、移动箱变车）等进行针对性改造，提升现场作业效率和方便性。

8.2.3 新型配电杆塔基础

8.2.3.1 复合材料套筒式基础

复合材料轻型基础为组装式基础，包括复合材料外筒、复合材料内筒、复合材料卡垫、复合材料轴，均采用复合材料结构。复合材料轻型套筒安装好后，将电杆立入复合材料内筒，然后在复合材料内筒与电杆夹缝中填满石粉，电杆即刻可架线、通电，最后在复合材料外筒与复合材料内筒的缝中灌入混凝土。当电杆受到外部荷载的作用时，复合材料套筒基础可抵抗电杆侧向倾覆力矩及竖向荷载。

其中，复合材料外筒、复合材料内筒、复合材料卡垫三者是通过螺杆固定连接。复合材料卡垫有螺杆槽，当复合材料轻型基础灌入混凝土后，不用拆除螺杆就可将复合材料卡垫取出回收，可循环使用。复合材料卡垫具有弹性特征，通过螺杆松紧调节，使得复合材料卡垫与复合材料外筒、复合材料内筒接触面紧密贴合。复合材料轴对穿过复合材料外筒与复合材料内筒，并用销钉固定卡紧。其作用是防止电杆架线产生竖向荷载使电杆下沉。电杆立入复合材料内筒，在复合材料内筒与电杆夹缝中填满石粉。当电杆受到强风断倒后，可将损坏的电杆拔出，再立新电杆，节省新立电杆制作基础的成本及时间。

复合材料套筒式基础如图 8-16 所示。

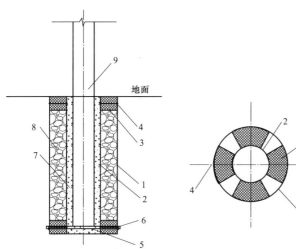

(a) 复合材料轻型基础示意图 (b) 复合材料卡垫安装示意图 (c) 现场应用图

图 8-16 复合材料套筒式基础

1—复合材料外筒；2—复合材料内筒；3—复合材料卡垫；4—螺杆；5—复合材料轴；
6—销钉；7—石粉；8—混凝土；9—电杆

　　该新型基础主要解决了目前配网杆塔基础施工采用的现场浇筑的"湿作业"方式（即采用混凝土现场配方、搅拌、浇筑和养护）存在的 3 方面问题：①施工周期长、工期难以把控；②受施工队伍的施工工艺水平影响大、施工质量参差不齐；③对作业现场环境破坏较大，不符合施工现场"环境友好型"的要求。

　　套筒基础与传统基础的性能对比见表 8-2。

表 8-2　　　　　　　　　套筒基础与传统基础的性能对比

常用基础类型	套筒基础	常规混凝土基础
单体重量	最大单体重 80kg，可满足人力快速组装	现场浇筑，作业工序复杂
基础荷载	同等尺寸下，基础弯矩一样	
立杆施工周期	2h（基础具有一定的整体性，可降低对混凝土强度的要求，本次拟定 40%）	现场浇筑，施工周期约 7d，无法满足快抢快建
架线施工周期	2h（基础具有一定的整体性，可降低对混凝土强度的要求，本次拟定 70%）	14d（基础混凝土强度接近达到 100%）
作业方式	人力或机械	
适用范围	适用于各风速区的沙地、农田果园地、普通土	
施工特点	主体组装，施工周期 2h，可满足快抢快建	现场浇筑，施工周期约 14d，无法满足快抢快建
造价分析	造价 3300 元，其中基础本体费用 2500 元，砂浆费用 300 元，人工费 500 元（2 人× 0.5 工时×500 元/人·工时）	造价 3400 元，其中基础混凝土造价本体费用 900 元，人工费 2500 元（2 人×2.5 工时×500 元/人·工时）
综合特点	使用范围广、可满足人力作业、满足快抢快建	使用范围广、可满足人力作业、无法满足快抢快建
对比分析	套筒基础与常规混凝土基础相比，其造价相当，使用范围广，可满足快抢快建	

8.2.3.2　带翼板的复合材料套筒式基础

　　带翼板的复合材料套筒式基础为组装式基础，包括复合材料外筒、复合材料内筒、复合材料卡垫、复合材料轴、复合材料支架、复合材料翼板，均采用复合材料结构。带翼板复合材料轻型套筒安装好后，将杆塔立入复合材料内筒，然后在复合材料内筒与杆塔夹缝中填满石粉，杆塔即刻可架线、通电，最后在复合材料外筒与复合材料内筒的缝中灌入混凝土。

　　其中，复合材料外筒、复合材料内筒、复合材料卡垫三者是通过螺杆固定连接。复合材料卡垫有螺杆槽，当复合材料轻型基础灌入混凝土后，不用拆除螺杆就可将上层的复合材料卡垫取出回收，可循环使用。复合材料卡垫具有弹性特征，通过螺杆松紧调节，使得复合材料卡垫与复合材料外筒、复合材料内筒接触面紧密贴合。复合材料轴对穿过复合材料外筒与复合材料内筒，并用销钉固定卡紧，其作用是防止杆塔架线产生竖向荷载使杆塔下沉。复合材料翼板是由多片复合材料板组合成圆环型结构，并用螺丝与复合材料支架锁紧。复合材料支架的结构由复合材料翼板的大小及片数确定。复合材料外筒与复合材料内筒的缝中灌入混凝土时，当混凝土即将灌满时，应将上层的复合材料卡垫取出，再继续灌满混凝土。混凝土充分包裹套筒间的复合材料支架，使其与基础连接成一个整体。杆塔立入复合材料内筒，在复合材料内筒与杆塔夹缝中填满石粉。当杆塔受到强风断倒后，可将损坏的杆塔拔出，再立新杆塔，节省新立杆塔制作基础的成本及时间。

带翼板的套筒式复合材料基础如图 8-17 所示。

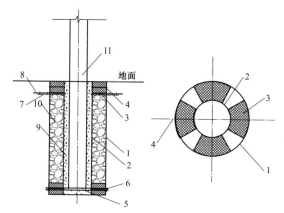

(a) 带翼板的套筒式复合材料基础示意图　(b) 材料卡垫安装示意图　　(c) 施工前　　(d) 施工过程中　(e) 施工完成后

图 8-17　带翼板的套筒式复合材料基础

1—复合材料外筒；2—复合材料内筒；3—复合材料卡垫；4—螺杆；5—复合材料轴；
6—销钉；7—复合材料支架；8—复合材料翼板；9—石粉；10—混凝土；11—杆塔

带翼板的复合材料套筒式基础与传统基础的性能对比见表 8-3。

表 8-3　　　　　带翼板的复合材料套筒式基础与传统基础的性能对比

常用基础类型	套筒基础	常规混凝土基础
单体重量	最大单体重 80kg，可满足人力快速组装	现场浇筑，作业工序复杂
基础荷载	同等尺寸下，基础弯矩一样	
立杆施工周期	3h（基础具有一定的整体性，可降低对混凝土强度的要求，本次拟定 40%）	现场浇筑，施工周期约 7d，无法满足快抢快建
架线施工周期	3h（基础具有一定的整体性，可降低对混凝土强度的要求，本次拟定 70%）	14d（基础混凝土强度接近达到 100%）
作业方式	人力或机械	
适用范围	适用于各风速区的沙地、农田果园地、普通土	

常用基础类型	套筒基础	常规混凝土基础
施工特点	主体组装，施工周期 3h，可满足快抢快建	现场浇筑，施工周期约 14d，无法满足快抢快建
造价分析	造价 3500 元，其中基础本体费用 2700 元，砂浆费用 300 元，人工费 500 元（2人×0.5 工时×500 元/人·工时）	造价 3600 元，其中基础混凝土造价本体费用 1100 元，人工费 2500 元（2人×2.5 工时×500 元/人·工时）
综合特点	使用范围广、可满足人力作业、满足快抢快建	使用范围广、可满足人力作业、无法满足快抢快建
对比分析	套筒基础与常规混凝土基础相比，其造价相当，使用范围广，可满足快抢快建	

8.2.3.3 窄基塔装配式基础

装配式基础主要由钢结构支架和槽钢底板两个部分组成。上部钢结构支架采用和窄基塔一致的角钢构件，下部底板采用槽钢拼接，槽钢与槽钢之间的拼接主要采用螺栓连接。基础施工时，先整体拼接后支立模板，然后用混凝土包封，混凝土需根据具体情况添加速凝剂，以快速提高混凝土的早期强度。底部用作板条的槽钢采用了两种规格（槽钢 22、槽钢 28），槽钢 28 用于与钢结构支架的连接。另外用作横梁的槽钢采用通过螺栓连接将底部槽钢拼接成一个整体。

钢结构支架与窄基塔的连接及钢结构支架与底板的连接均采用踏脚板连接。装配式基础可工厂化预制，施工质量可控。同时可有效减少混凝土养护时间，节省了输电线路施工中大型铁塔组装前等待混凝土养护的时间，减少施工工期，有利于抢修抢建的快速施工，减少停电对生产生活的影响。

窄基塔装配式基础与常规混凝土基础对比见表 8-4。

表 8-4　　　　　　　窄基塔装配式基础与常规混凝土基础对比

常用基础类型	装配式基础	常规混凝土基础
单体重量	最大单体重 109kg，可满足人力快速组装	现场浇筑，作业工序复杂
立塔施工周期	6.5h（基础具有一定的整体性，可降低对混凝土强度的要求，本次拟定 40%）	7d（满足地脚螺栓的紧固性，基础混凝土强度接近达到 70%）
架线施工周期	9h（基础具有一定的整体性，可降低对混凝土强度的要求，本次拟定 70%）	14d（基础混凝土强度接近达到 100%）
作业方式	人力或机械	
适用范围	适用于各风速区的沙地、农田果园地、普通土和坚土	
施工特点	主体组装，施工周期约 10h，可满足快抢快建	现场浇筑，施工周期约 14d，无法满足快抢快建
造价分析	造价 11500 元，其中基础本体费用 7500 元，混凝土费用 3000 元，人工费 1000 元（4人×0.5 工时×500 元/人·工时）	造价 11000 元，其中基础混凝土造价本体费用 6000 元，人工费 5000 元（4人×2.5 工时×500 元/人·工时）

续表

常用基础类型	装配式基础	常规混凝土基础
综合特点	使用范围广、可满足人力作业、满足快抢快建	使用范围广、可满足人力作业、无法满足快抢快建
对比分析	装配式基础与常规混凝土基础相比，其造价相当，使用范围广，可满足快抢快建	

8.3　电网灾后应急能力评估方法

本节讨论了考虑灾后多元综合因素的配电网灾后应急能力评估方法，主要考虑了以下几点：①应急发电车的配置。应急发电车配置给关键负荷节点以满足其供电需要，然而应急发电车的功率有限，只能满足有限的供电需求。使得模型的求解过程分为两个阶段，先将应急发电车配置给最需要的关键负荷点，然后对剩下的抢修点进行现场抢修。②资源种类的多样和资源数量的可变。该模型考虑了可再生资源与不可再生资源的约束、因时间紧迫而从其他地区调运资源的情况。③多种抢修模式可供选择。

➧ 8.3.1　评估模型与方法

（1）大规模停电下的配电网应急抢修设备时空分布特征分析。

1）应急发电车的配置。应急发电车，由于其方便灵活，具有较强机动性、方便操作、快捷环保等特点，能够使其能够在故障发生时，尤其是在一些关键负荷失电的情况下，只需将应急发电车开到抢修现场就可为关键负荷临时供电，减少经济损失，是十分有效的应急抢修方式。但由于应急发电车的能源有限，只是一种临时的应急手段，不能长时间持续供电，在条件容许的时候，应对该故障点进行及时抢修。

应急发电车实际上就是装有整套发电设备的专用车辆，可装配电瓶组、柴油发电机组、燃气发电机组等。它的主要类型包括：

a. 燃气轮机发电车。小型燃气轮机发电车使用柴油、天然气等作燃料，产生高温、高压气体，推进发电机发电。这种技术的特征是发电容量相对其他类型发电车较大，一般在 30～5000kW。

b. 磁悬浮飞轮储能发电车。飞轮储能系统（FESS）结合了当今最新的磁悬浮技术、高速电机技术、电力电子技术和新材料技术，使得飞轮储存的能量有了质的飞跃，再加上真空技术的应用，使得各种损耗也非常小，其发电功率可达 200～500kW。

c. 柴油发电车。柴油发电车一般是由柴油机和发电机组组成，内置 8～10h 工作油箱，其功率一般可达 320～560kW。

虽然应急发电车能够快速恢复供电，降低经济损失，但由于数量有限，在发生多个故障时，关键负荷失电点可能多于应急发电车数量。为了尽可能降低经济损失，首先应为最需要供电的故障点恢复供电，同时要注意应急发电车的容量，需要不小于该关键负荷点的负荷容量，否则，无法为该关键负荷点供电。

大规模停电通常会造成多个故障的发生，有时因电力系统基础设施遭到破坏，还需要进行一些抢建任务，不仅使得电力恢复更加困难，也使得配网抢修时间更长。因此，应急发电车作为关键负荷的电力保障措施，必不可少。

2）现有应急资源及多种抢修模型。通常情况下，抢修资源是固定的，但对于大规模停电下的配网抢修任务调度来说，为了尽快完成抢修，从周边应急资源储备仓库中调集资源，以补充不足的资源。因此，在大规模停电下的配网抢修模型中总资源是变化的。

由于多执行模式使资源和任务的安排在配网抢修资源调度过程中更加灵活，允许活动选择合适的执行模式来满足不同时间紧迫程度的需要，使得调度方案更符合配网抢修的实际进度需求。发生大规模停电时，因关键负荷故障节点迫切需要恢复供电，虽然开始抢修时资源较紧缺，但在抢修活动开始后，各种资源会从其他地方调运来补充，这也需要改变抢修模式来充分利用资源，尽快完成抢修任务。

（2）配网抢修资源时空分布的要素分析。考虑到配网抢修资源对抢修任务的依赖，应对资源分布进行要素分析，主要对可能影响资源分布的各种要素进行分析，在此之前，需明确配网抢修任务的含义。抢修任务是指从故障抢修系统接收报修信息并判定其需要抢修队赶赴现场抢修，从接收抢修任务信息开始，到抢修队完成抢修作业恢复供电时结束，中间包括抢修资源的分布、现场作业和资源恢复的过程。由于每一个故障都可以看作配电网中的一个节点，并受配电网的技术及网络限制，使得配网抢修任务与项目调度任务有很多不同。因此，可以从其自身性质、限制条件、工作流程等方面对抢修任务进行要素分析。

1）逻辑关系。抢修任务的逻辑关系主要由电流的单向性决定，母线系统中通常把电源视为初始节点，功率随着电流方向向前移动，每一个故障点作为抢修任务视为节点。如果多个节点在一条支路上，首端节点（任务）的抢修任务优先完成，否则，后端节点抢修完成也无法恢复供电，多个节点之间并不需要时间间隔，则定义各任务的逻辑关系仅是完成～开始（FS）的关系，且 FS 的时间间距为 0。

设：

$$x_{jt} = \begin{cases} 1, & \text{任务 } j \text{ 在第 } t \text{ 时间完成} \\ 0, & \text{其他} \end{cases} \tag{8-1}$$

则逻辑约束条件可以表示为：

$$\sum_{t=1}^{T} t \cdot x_{jt} \leqslant \sum_{t=1}^{T} (t - t_j) \cdot x_{jt} \quad \forall j, i \in P_j \tag{8-2}$$

其中，任务 j 为任务 $i(i \in P_j)$ 的紧前任务，P_j 表示任务 j 的紧前任务集。

2）资源需求。配电网抢修所需要的资源则主要包括人力、物资、工具、资金及电网备用资源等。由于配电网抢修的效率受到应急资源配置、应急决策能力、应急响应能力等影响。而应急资源储备配置情况处于决定性地位，应急储备的资源越多，配网恢复效率越高，但通常资源储备有限，否则会造成抢修成本过高或大量资源闲置，只能通过合理分配来优化方案，最大限度减少损失。

电力应急资源的基本属性有资源种类和资源数量两种。资源种类的多少取决于对电力故障风险影响因素的认识，资源数量的大小取决于对电力故障风险影响程度的估计。本书将资源分为可再生和不可再生两种资源。

可再生资源约束可以表示为：

$$\sum_{t=1}^{T} r_{jk}^{\rho} \sum_{\tau=1}^{t+t_j-1} t_{j\tau} \leqslant R_k^{\rho}, \forall k, t \tag{8-3}$$

可再生资源约束可以表示为：

$$\sum_{j=1}^{J} \sum_{t=1}^{T} r_{jk}^{v} \cdot x_{jt} \leqslant R_k^{\rho}, \forall n \tag{8-4}$$

式中 R_n^{ρ} 和 R_n^{v}——可更新资源 k 在单位时间内的资源可获取量和不可更新资源 n 在整个周期内的资源可获取总量；

r_{jk}^{ρ} 和 r_{jn}^{v}——任务 j 对可更新资源 k 在单位时间内的需求量和不可更新资源 n 在任务过程中的消耗总量。

3）点间距离。配网中的各抢修任务均为独立且具体的活动，需要将资源运送到各个抢修点，因此需要考虑路程的影响。为方便建模，本书将抢修地点分布图抽象为以 (x_i, y_i) 表示抢修点 i 位置的二维坐标图，并用原点 $(0, 0)$ 表示应急资源调度中心位置。抢修点 i 与抢修点 j 之间的距离为：

$$d_{ij} = \sqrt{(x_i - x_j)^2 + (y_i - y_j)^2} \tag{8-5}$$

抢修点 i 与应急资源调度中心（原点）的距离为：

$$D_i = \sqrt{x_i^2 + y_i^2} \tag{8-6}$$

4）任务工期。抢修任务包括抢修资源准备阶段、抢修作业现场进行阶段与抢修资源恢复阶段3个阶段。因此，抢修任务的工作时间，亦称抢修任务工期，也由3个阶段构成，即抢修准备时间、现场抢修时间和抢修车辆返程时间。因每次抢修任务在实施时其所需资源必然满足需求，且均储存在应急资源调度中心，无须从其他地方调运资源，故抢修所需资源准备时间较短，可以忽略不计，

因此抢修准备时间即是抢修车辆从原点或就近某一抢修点到达抢修点的时间，可表示如下：

$$t_{j1} = \frac{d_{ji}ord_j}{\nu} \tag{8-7}$$

式中 ν——抢修车辆的速度。

但是对于不同的抢修突发状况，现场抢修任务时间的计算方式不同。对于日常生活中的抢修任务，通常现场抢修时间则是该类抢修任务的标准化工作时间，是一个定值；对于面对大规模突发事件所产生的抢修任务由于其时间紧迫性和对社会的深远影响，通常会以增加资源（如加派抢修人员等）的方式来减少现场抢修时间，以尽早恢复供电，这就需要制定多种执行模式以供选择。

抢修资源恢复之间，即抢修车辆返回时间的计算需要根据实际情况来判定，若其直接进行下一个抢修任务，则不需要进行资源恢复，故 $t_{j3}=0$，若不直接进行下一个抢修任务，则需要返回原点，进行资源恢复，故 $t_{j3}=t_{j1}$。

若以 t_{j2} 表示任务 j 的现场抢修时间，那么抢修任务 j 的工期为：

$$t_j = t_{j1} + t_{j2} + t_{j3} \tag{8-8}$$

5）执行模式。供电企业可采取不同的资源配置方式对抢修点进行抢修，增加资源的消耗以换取时间，来保证抢修任务尽快完成，减少经济损失。在常规配网抢修模型中，按照标准的资源配置方式进行抢修，即单模式的任务调度模型。在大规模停电下的配网抢修模型中，设抢修任务 j（$j=1, 2, \cdots, J$）有 M_j 种执行模式，且按模式 m（$m=1, 2, \cdots, M_j$）执行时的工期为 t_{jm}，考虑到配网抢修任务的特殊性和工作流程将任务工期分为 3 个部分，分别是抢修任务准备时间 t_{jm1}、抢修现场进行时间 t_{jm2} 和车辆返程时间 t_{jm3}，抢修任务 j（$j=1, 2, \cdots, J$）占用第 k（$k=1, 2, \cdots, K$）种可再生资源单位时间的消耗量和第 n（$n=1, 2, \cdots, N$）种不可再生资源消耗量分别为 r^ρ_{jmk} 和 r^ν_{jmn}。

（3）大规模停电下的配网应急能力评估模型构建。应急能力评估是一个以任务抢修顺序和任务抢修开始时间为控制变量的多约束、多目标的优化问题。由于抢修任务数目较多，且受多重因素影响，而抢修队伍及各种应急资源有限，故需对抢修任务的应急抢修顺序做出合理安排，以提高配电网抢修效率，保障供电可靠性。因此配电网抢修资源调度问题的优化目标可以分为以下几个方面：

1）可通过将完成既定抢修任务的抢修小组就近安排的方法，减少抢修小组到达抢修点的时间，以提高所有抢修任务的抢修效率。

2）优先对负荷减供严重且部分负荷点的负荷等级较高的故障点进行抢修，以减少因停电造成的各种损失和影响。

3）要求任务抢修顺序形成的调度方案最优，以最快的速度完成全部对全部电力故障的抢修作业，最大程度上节约抢修时间。

综上所述，该模型以设备故障造成的社会经济损失和所有抢修任务完成所用时间作为模型的两个优化目标。

大规模停电下的配网抢修任务调度是以应急发电车优先配置，抢修队随后进行抢修作业的方式来保证关键负荷的快速恢复供电。整个抢修工作快速高效地完成，以社会经济损失和应急时间最短为目标，该模型需要两阶段优化。

1）应急发电车时空分布配置阶段优化。由于应急发电车的可供电时间由其携带的燃料或储备的能量决定，所以在这里本书假设每台发电车所携带的燃料足够，也就是可以为关键负荷点持续供电，直到抢修小组完成该抢修点的抢修作业。应急发电车配置优化阶段是以应急发电车为负荷节点临时供电而减少的损失为目标，故其优化模型如下：

$$F_1(X) = \max \sum_{a \in A} T_a L_a \tag{8-9}$$

s. t.

$$\sum_{k=1}^{K} R^v(j,k) \leqslant 1, \quad j = 1, 2, \cdots, J \tag{8-10}$$

$$\sum_{l=1}^{L} L_{al} \leqslant 500\text{kW}, \quad a \in A \tag{8-11}$$

式中　a——配置应急发电车的负荷节点；

　A——可配置发电车的地点集合；

　T_a——到达负荷点 a 的时间；

　L_a——负荷点 a 的加权失电负荷功率。

式（8-9）为目标函数，式（8-10）和式（8-11）为约束条件，分别表示每个抢修点最多只能接一台应急发电车，每台应急发电车的最大功率为 500kW。

2）兼顾灾后多元综合因素的配电网灾后应急能力评估方法。在该阶段的优化过程中需要考虑节点电压、潮流等限制，由于专业性太强，且过程较为复杂，假设在该过程中节点电压、潮流均满足限制条件，而本书所采用的串行进度生成机制必然满足辐射状结构约束条件，所以该模型主要考虑逻辑结构约束、可再生与不可再生资源的约束等条件。

兼顾灾后多元因素的配电网灾后应急能力评估方法主要考虑到灾后物资调配总量、时间和空间综合成本，其社会经济损失优化阶段主要以所有抢修任务完成后，由于失电造成的经济损失的大小来衡量。

设 $x_{jmt} = \begin{cases} 1, & \text{活动 } j \text{ 以第 } m \text{ 种模式在第 } t \text{ 时间完成} \\ 0, & \text{其他} \end{cases}$，其优化模型如下：

$$F_2(X) = \min f_2(x) = \min \sum_{j=1}^{J} ft_j \sum_{l=1}^{3} w_l L_{jl} - \sum_{l=1}^{3} (st_J - T_a) L_{al} \tag{8-12}$$

$$F_3(X) = \min st_J \tag{8-13}$$

$$\sum_{t=1}^{T} \sum_{m=1}^{M_j} x_{jmt} = 1, \forall j \tag{8-14}$$

$$\sum_{t=1}^{T} \sum_{m=1}^{M_j} t \cdot x_{jmt} \leqslant \sum_{t=1}^{T} \sum_{m=1}^{M_j} (t - t_{jm}) \cdot x_{jmt}, \forall j, i \in P_j \tag{8-15}$$

$$\sum_{j=1}^{J} \sum_{m=1}^{M_j} r_{jmk}^{\rho} \sum_{\tau=1}^{t+t_j-1} x_{jm\tau} \leqslant R_k^{\rho}, \forall k, t \tag{8-16}$$

$$\sum_{j=1}^{J} \sum_{m=1}^{M_j} \sum_{t=1}^{T} r_{jmin}^{v} \cdot x_{jmt} \leqslant R_n^{\rho}, \forall n \tag{8-17}$$

$$x_{jmt} \in \{0,1\}, \forall j, m, t \tag{8-18}$$

式中 $f_2(x)$ ——不同等级负荷系统期望缺供电量（EENS）加权和；

$\quad\quad X$ ——生成的抢修任务调度方案；

$\quad\quad f_{tj}$ ——抢修任务 j 从接到事故报告至抢修任务完成的时间，h；

$\quad\quad J$ ——抢修任务总数；

$\quad\quad l$ ——负荷等级，通常分为三级，一级负荷为最重要负荷；

$\quad\quad w_i$ ——负荷等级为 l 权重系数；

$\quad\quad L_{jl}$ ——抢修点 j 造成等级为 l 的失电负荷功率值，kW。

模型中，式（8-12）为第一阶段后，所有节点未恢复供电计算得到的社会经济损失，视为目标函数，式（8-13）为以最后一个虚工作的开始时间作为所有抢修任务完成时间的目标函数。剩下的各个式子都是约束条件，式（8-14）规定抢修任务在其任务工期内只能以某一种执行模式完成；式（8-15）表示抢修任务间的逻辑关系；式（8-16）为可更新资源约束，即某种可更新资源在单位时间内消耗量不应超过其限量；式（8-17）不可更新资源约束，即为某种不可更新资源在项目周期内消耗总量不超过其限量；式（8-18）为活动模式一旦确定就不可更改，资源不可抢占。

3）多模型配电抢修物资调配串行生成机制。根据大规模停电下的配网抢修模型特点，发现该模型除了需满足项目活动的逻辑关系限制、可再生资源的约束、不可再生资源的约束以及节点间距离约束外，还需考虑抢修任务的多种执行模式。调度策略如下：因考虑不可再生资源的使用，为避免调度过程中产生不可行方案，首先，随机生成满足不可再生资源约束的可行模式序列 $MS = \{m_1, m_2, \cdots, m_j\}$，即对每一活动 j 采用随机抽样方式选取一个模式 m_j，并判断所有活动在各模式下所需不可再生资源的累积值 $SUMR_n^v$ 是否满足其资源

限量 R_n^v 约束；其次，以可行模式序列 $MS=\{m_1, m_2, \cdots, m_j\}$ 为基础，确定抢修任务 j 对应的工期 t_{jm_j} 和资源需求 $r_{jm_jk}^{\rho}$；再次，将新得到的工期及资源需求等信息作为原始数据，按照配网抢修串行生成机制生成调度方案。具体调度过程中，将每一活动 j 的安排视为一个调度阶段 $g \in \{1, 2, \cdots, J\}$，已选集合 SS_g 和候选集合 DS_g 分别表示第 $g \in \{1, 2, \cdots, J\}$ 个阶段形成的满足资源需求和任务关系已安排的活动集合和所有紧前活动已安排在 SS_g 中待安排的活动集合，j^* 是从候选集合 DS_g 中随机选择的活动，st_{j^*} 是活动 j^* 在满足逻辑关系约束和可再生资源约束时最早的开始时间，$RT_k(t)$ 是基于工期安排更新的可再生的资源剩余量。

8.3.2 评估实例与分析

采用以负荷节点、故障节点形成的 33 母线系统为例，该算例由 IEEE 33 标准母线系统改编而来，电源为根节点 0，负荷间的馈线段作为边，对配网进行简化和编号，如图 8-18 所示。其中，编号 1～10 为故障节点，其本身具有负荷，且完全失电，编号 11～32 为负荷节点，若其处于故障节点之后，则完全失电。

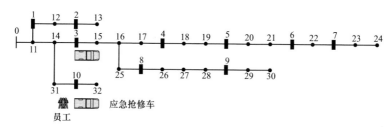

图 8-18　母线系统简化图

（1）配网系统数据。根据 IEEE33 节点系统的数据，各节点负荷及负荷等级明细如表 8-5 和表 8-6 所示。

表 8-5　　　　　　　　　　节 点 负 荷 明 细 表

节点序号	节点负荷（kW）	节点序号	节点负荷（kW）	节点序号	节点负荷（kW）	节点序号	节点负荷（kW）
1	90	9	150	17	200	25	60
2	90	10	420	18	60	26	60
3	120	11	100	19	60	27	120
4	200	12	90	20	60	28	200
5	45	13	90	21	60	29	210
6	120	14	90	22	60	30	60
7	60	15	60	23	60	31	90
8	60	16	60	24	90	32	420

表8-6 负荷等级明细表

负荷等级	负荷编号
一级负荷	2，3，9，10，11，17，29，30，31
二级负荷	1，5，6，8，13，14，15，16，19，20，21，22，23，24，25，26，27，28
三级负荷	4，7，12，18，32

（2）配网抢修系统模型表示。由于配电网抢修任务调度与项目调度的很多共性，根据项目调度原理将母线系统图进一步简化为只表示出抢修任务的单代号网络图，如图8-19所示。其他任务相关信息，如各个节点的位置坐标、现有资源等分别如表8-7和表8-8所示。

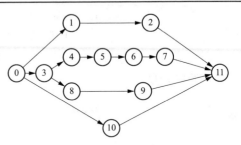

图8-19 配网抢修单代号网络图

表8-7 各故障节点坐标

节点序号	故障节点坐标（x，y）	节点序号	故障节点坐标（x，y）
1	(14，16)	6	(6，−15)
2	(−12，−20)	7	(−19，0)
3	(−15，9)	8	(13，−19)
4	(−7，−8)	9	(7，12)
5	(−1，5)	10	(15，20)

表8-8 抢修资源种类及现有数量

资源种类	抢修队	绝缘斗臂车	吊车	电缆测试设备
数量	3	1	1	2

各个抢修任务的预计恢复时间和资源需求如表8-9所示，其中，前4项为可再生资源，第5项为不可再生资源，供电公司所拥有的应急发电车为2辆，而且可再生资源在抢修资源过程中会得到补充，即在前5h资源限量不变仍为3、1、1、2，之后新增部分资源，使得可再生资源限量翻倍，变为6、2、2、4，在整个抢修过程中的不可再生资源总限量为40不变。

表8-9 各抢修任务的预计恢复时间和资源需求

任务序号	模式一		模式二		模式三	
	预计恢复时间（h）	资源需求	预计恢复时间（h）	资源需求	预计恢复时间（h）	资源需求
1	2	3，2，0，0，8	3	2，1，0，0，6	4.65	1，1，0，0，0

任务序号	模式一		模式二		模式三	
	预计恢复时间（h）	资源需求	预计恢复时间（h）	资源需求	预计恢复时间（h）	资源需求
2	1	3, 0, 2, 0, 8	1.4	2, 0, 1, 0, 8	2.1	1, 0, 1, 0, 5
3	1.8	3, 0, 0, 2, 7	3	2, 0, 0, 1, 5	5	1, 0, 0, 1, 0
4	0.8	3, 0, 0, 2, 4	1.5	2, 0, 0, 1, 2	2.3	1, 0, 0, 1, 1
5	1.5	3, 2, 0, 2, 1	2.5	2, 1, 0, 1, 0	4.5	1, 1, 0, 1, 1
6	1.2	3, 1, 2, 0, 9	2.5	2, 1, 1, 0, 8	4.3	1, 1, 1, 0, 3
7	0.7	3, 0, 0, 2, 1	1.3	2, 0, 0, 1, 1	2	1, 0, 0, 1, 0
8	1.4	3, 1, 0, 2, 5	2.5	2, 1, 0, 1, 3	4.5	1, 1, 0, 1, 1
9	0.7	3, 0, 2, 0, 8	1.2	2, 0, 1, 0, 3	2.1	1, 0, 1, 0, 1
10	0.8	3, 0, 0, 2, 10	1.3	2, 0, 0, 1, 9	2.3	1, 0, 0, 1, 7

对于各节点负荷，可以假设失电负荷权重 $W_1=100$，$W_2=10$，$W_3=1$，则根据公式计算可得各个故障节点的失电负荷功率值，如表 8-10 所示。

表 8-10　　　　各抢修点的失电负荷功率值

故障节点序号	失电负荷功率值（kW）	故障节点序号	失电负荷功率值（kW）
1	990	6	1800
2	9900	7	1560
3	33200	8	4400
4	860	9	42000
5	1650	10	42420

（3）大规模停电下配网应急资源分配方案评估。第一阶段为应急发电车配置优化阶段，将各个故障点造成的一级负荷功率值计算出来，可以发现只有故障点 2、3、9、10 会造成一级负荷失电，功率值分别为 90、320、420、420kW，根据目标函数计算得到的值分别为 12500、66930、39125、51100kW。比较可知，抢修点 3 和 10 需要优先配置应急发电车。然而，由于应急发电车功率一定，最大为 500kW，故需要考虑抢修点 3 和 10 的总负荷，包括一级、二级和三级负荷。计算得到抢修点 3 的总负荷为 500kW，在应急发电车功率容许范围之内，可全部恢复供电，而抢修点 10 的总负荷为 840kW，超过应急发电车的容许范围，故只恢复一级负荷 420kW 的负荷，剩下的部分仍需要抢修队人工对其抢修以恢复供电。由此可以得到各抢修点加权失电负荷功率值的更新值，如表 8-11 所示。在该阶段过程中，任务 3 和 10 的失电时间就是由应急资源储存点（原点）到达各抢修点所耗费的时间，计算可得到造成的损失分别为 9854kW 和 17500kW，合计 27354kW。

表 8-11 各抢修点的加权失电负荷功率值

故障节点序号	失电负荷功率值（kW）	故障节点序号	失电负荷功率值（kW）
1	990	6	1800
2	9900	7	1560
3	0	8	4400
4	860	9	42000
5	1650	10	420

该方案下各抢修点随机产生的模式序列如表 8-12 所示，所需不可再生资源总数为 49，超出现有不可再生资源数量为 40，故随机产生的模式序列不合理。

表 8-12 方案 1 各抢修点随机产生的模式序列

序号	1	2	3	4	5	6	7	8	9	10
模式	2	3	1	2	3	2	2	1	1	3

方案所需不可再生资源总数为 49，超出现有不可再生资源数量 40，故随机产生的模式序列不合理。

（4）抢修方案优化计算。社会经济损失优化，以社会经济损失最小为第一目标，计算结果如表 8-13。观察发现任务 3 较为特殊，它的工期为 0，没有开始和完成时间，这是因为在第一阶段应急发电车配置优化过程中已经为任务 3 抢修点配置了应急发电车并计算了因车辆到达时间的延误所造成的经济损失，故在第 2 阶段不需要考虑抢修任务 3，而抢修任务 10 虽然也在第一阶段配置了应急发电车，但是由于其总负荷高达 840kW，而应急发电车功率为 500kW，不足以提高所有负荷，所以只为抢修任务 10 中的一级负荷 420kW 供电，而剩下的三级负荷 420kW，仍需要在抢修任务 10 完成后恢复供电，因此，在第 2 阶段中抢修任务 10 仍需要进行，如表 8-13 所示。

表 8-13 各抢修点的加权失电负荷功率值

序号	模式	t_{j1}	t_{j2}	t_{j3}	t_j	ft_j
1	3	0.58	4.65	0.35	6	8
2	2	0.62	1.4	0.39	2	10
3	2	0.29	0	0.29	0	0
4	2	0.18	1.5	0	2	5
5	2	0.08	2.5	0.08	3	8
6	2	0.27	2.5	0.27	3	11
7	3	0.32	2	0.32	3	14
8	1	0.38	1.4	0	2	2
9	2	0.23	1.2	0	1	3

序号	模式	t_{j1}	t_{j2}	t_{j3}	t_j	ft_j
10	2	0.59	1.3	0.42	2	7
F	303800kW					

调度方案为 0-3-8-1-9-2-4-10-5-6-7-11，具体的资源占用情况如图 8-20 所示。

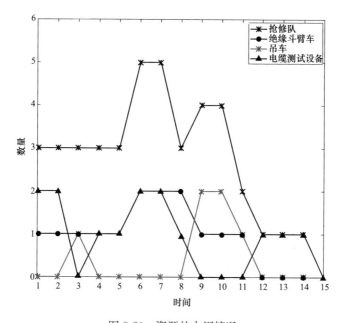

图 8-20　资源的占用情况

可以看出，图中 4 种可再生资源在前 5h 内均不大于其资源限量 3、1、1、2，在之后时间段内均不大于其资源限量 6、2、2、4，可知所得结果满足模型中关于资源限量可变的设置。然而，分别观察各个资源的变化趋势，抢修队的占用量在 4 个时间段达到了 4 或 4 以上，绝缘斗臂车的占用量在 3 个时间段达到了 2，吊车的占用量在两个时间段达到了 2，其他时间段或其他资源均没有用到新增加的设备。分析可知，就整体而言，资源利用情况不是很理想，主要在于所占用资源的侧重点，该算例结果侧重于抢修队，容易形成因资源闲置而造成的浪费，也就是说算例中的可再生资源限量的补充种类或数量有些供过于求，可予以适当减少。

8.4　电网台风灾害应急决策技术与系统

应急决策主要通过应急体系与应急指挥中心建设，实现应急资源的最优调

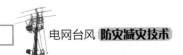

配，以最快的速度完成灾后抢修复电。国网福建省电力有限公司通过深化多专业信息融合应用，充分发挥 ECS 系统应急管理和指挥中枢作用，有效提升应急指挥水平，在抗灾抢险保电工作中得以推广落地、发挥作用。下面以 ECS 系统为例，介绍电网台风灾害应急决策技术。

8.4.1　总体思路

坚持应急指挥平战结合、专业应用，以省市县三级应急指挥中枢平台为定位，融会贯通设备、营销、调度、物资、气象等各专业系统大数据，实现科学监测灾害气象，线上实时获取停复电、调派抢险队伍、提报灾情灾损、管控抢险任务、推送物资需求、网络办票许可等，构建日常应急管理和抗灾抢险复电全过程的应急指挥平台，进一步实现灾害应急全流程、全业务、全场景的线上调度指挥，全面提升抗灾抢修指挥效率，推动抗灾抢险保电应急工作经验流程化、数字化、现代化。总体思路如图 8-21 所示。

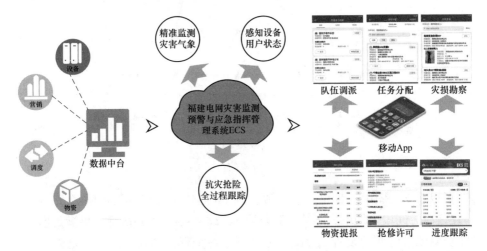

图 8-21　电网气象灾害应急决策总体思路

8.4.2　主要功能

8.4.2.1　监测预警功能

1. 气象监测预警模块

气象监测预警模块基于福建省气象台提供的自动气象站、乡镇精细化预报数据、台风报文等数据，实现全省风情、雨情和水情的精细化监测、预报。以 3km×3km 网格为单位，展示过去和未来 1～24h 全省的风雨分布图、大风、暴雨、山火、雷电预警图。

2. 电网气象监测预警模块

将电网灾害气象预警科技项目成果应用到该模块，耦合气象信息和电网设备数据，结合电网台风灾害预测预警和风险评估模型，初步实现了对可能的受灾害影响的输电线路、杆塔、变电站和配网设备的预判，生成电网气象灾害预警清单。

模块的应用解决了此前灾前防御工作针对性不够的问题，其历史数据库也是后续做好抗灾差异化规划建设的重要依据。对于电网各级指挥人员而言，可以提前掌握可能受灾区域，为安排应急力量提前置位提供了支撑；对于各级管理人员而言，在布置灾前防御工作时能够精准到具体设备，针对性明显提升；对于设备运维人员而言，有了明确的重点特巡设备清单，可以做精特巡特护工作，提升工作的有效性。

8.4.2.2 电网停复电监测功能

电网停电监测模块融合智能配网调度管控平台 SMD 系统、调控云平台 IMD 系统、营销系统等专业系统数据，实现自动获取电网设备状态和用户停电信息，在日常工作中监测当前故障停电情况，在灾害期间可统计汇总电网受灾停电数据，按地区分层分级生成停、复电统计报表，充分发挥了数据价值。电网停电监测模块如图 8-22 所示。

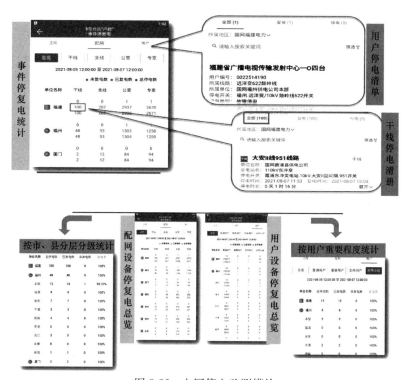

图 8-22　电网停电监测模块

（1）主网停复电监测。主要接入调控云平台 IMD 数据，汇总统计 35kV 及以上线路、母线、主变、厂站 4 类设备的停电情况，可筛选查看不同电压等级的主网停电清单。

（2）配网停复电监测。主要接入智能配网调度管控平台 SMD 系统和营销系统数据，汇总统计各市县公司配网干线、支线、公变、专变，以及影响的大中型小区、重要用户、生命线用户、普通用户的停电与复电情况。每条停电线路都可以查看其设备信息，还可查看因线路停电影响供电的配变、用户信息；对于每一台停电的配变，都可以查询其供电线路。

电网停复电监测模块是 ECS 系统重要的基础性模块，该模块改变了以往层层逐级上报故障信息的做法，实现各层级故障停电情况实时共享，而且用手机就可以便捷地掌握电网停电及灾损情况。对于省公司指挥人员而言，可以全面掌握全省停电信息，直观地评估各地区的受灾程度，为跨地区调派应急力量提供了决策依据；对市县公司指挥人员而言，还可以精确抓住重点，将影响用户数量多的、为重要用户和生命线用户供电的线路作为优先抢修的目标；对于基层管理人员而言，取消停电报表填报，大大减轻工作负担，"一半人忙于抢修，一半人忙于报表"的现象不再出现，可以全力做好抢修组织工作；对于运维抢修人员而言，停电范围一目了然，灾损勘察更有针对性。

8.4.2.3 应急指挥管理功能

指挥管理模块中，按各单位现有管辖范围，设立常设指挥部，负责辖区内设备抗灾抢修指挥；根据需要，还可以在重灾区设立现场指挥部，对于现场指挥部，可以按供电所为颗粒度灵活指定管辖区域，调派指挥人员建立指挥网络，辖区内的支援队伍归现场指挥部统一指挥。

指挥管理模块是总结历年抗大灾应急抢修经验，以网格化指挥原则设计的抢修指挥线上流程，所有指挥部以设备责任片区为单元划分，为避免抢修任务和力量出现交错，同一个指挥部辖区内所有抢修任务及应急队伍，均自动统一关联到该指挥部，使指挥力量更加集中在严重受灾区域。

电网气象灾害应急指挥管理建设思路如图 8-23 所示。

8.4.2.4 任务管理功能

任务管理模块涵盖了从抢修任务生成、分配、执行的全过程。抢修任务的来源是故障停电线路。每当监测到一条线路停电，系统便自动同步生成一个抢修任务，并根据设备管辖范围，以待办形式推送给指挥部人员及设备主人，指挥部或设备主人收到待办的抢修任务后，将任务分配给相应责任片区的抢修队伍，队长通过 App 远程接单，后续该线路所有抢修有关流程都可以在本条任务中办理和跟踪，掌握灾损勘查、物资配送、开票许可以及抢修进度等任务节点。

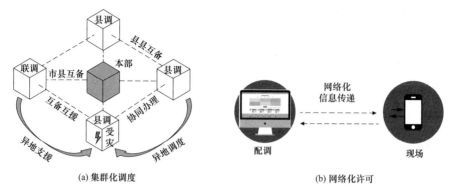

(a) 集群化调度　　　　　　　　　　　　(b) 网络化许可

图 8-23　电网气象灾害应急指挥管理建设思路

　　任务管理模块以停电的每一条线路分别生成一条抢修任务为基本思路，每一个抢修点、每一支抢修队伍都通过手机实现抢修各环节互联互动，每个环节都以待办形式提醒，有效避免窝单现象。对各级指挥人员而言，既可以通过查看任务进度统计能够直观地掌握总体抢修情况，也可以直接查看具体的任务详情，需要点对点了解情况还可以通过 App 直接拨打抢修队长电话；对抢修人员而言，抢修所有流程都在同一条任务上完成，既减少了工作量，也提升了易用性；对专业管理人员而言，同一条线路的受损抢修情况都在一条任务中汇总，既可以实现单一设备的详细分析，也可以针对各专业环节在抢修中的快速反应、工作时长等指标进行统计研判，为量化的总结、分析、评估提供有力的依据。

　　电网气象灾害应急任务管理模块如图 8-24 所示。

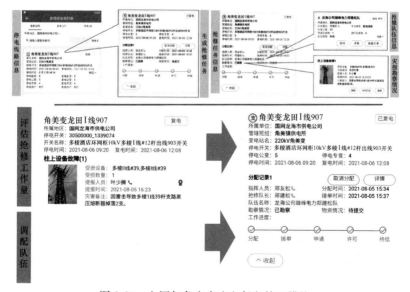

图 8-24　电网气象灾害应急任务管理模块

8.4.2.5 灾损勘察功能

灾损勘察的目的是迅速、全面了解受灾情况，科学评估抢修工作量，为抢修队伍、物资和装备调配提供参考，提高抢修效率。具体在第4章中有详细论述。

勘察人员用App录入受损设备、数量、原因、定位、照片等信息，由系统自动汇总，指挥人员即可同步查看倒断杆、配变损坏、站房受淹等各种类型灾损的统计情况，以及每处灾损点的具体勘察信息。从而全面了解受灾情况，科学地评估抢修工作量，合理调配队伍、物资和装备，显著提升了效率。台风灾损勘察模块如图8-25所示。

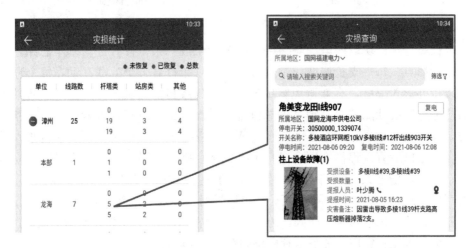

图8-25　台风灾损勘察模块

对各级指挥人员而言，既可以通过汇总的灾损统计数据了解全地区的受灾情况，也可以随时查看一条线路乃至一个灾损点的具体情况，保障抢修组织指挥更有针对性。

8.4.2.6 队伍管理功能

应急队伍管理模块针对公司应急队伍进行全专业、全口径、全时域管理，分为日常管理、集结待命、支援调派等功能，如图8-26所示。在日常管理中，每支应急队伍都要在系统中建立台账，明确专业属性、人员数量，车辆装备配备情况等；灾前防御阶段，应急指挥人员下令各应急队伍进入集结待命状态，各应急队伍按指令集结人员，系统自动汇总所有进入集结待命状态的应急队伍，作为随时可以投入抗灾抢修的应急力量；在执行应急队伍支援调派操作时，上级单位可以将需要跨地区调派的队伍和人员需求分解下发给各基层单位，基层单位做好匹配操作，各应急队伍即可接到跨地区支援的任务通知，在支援单位领队的带领下，接受受援单位的统一指挥。

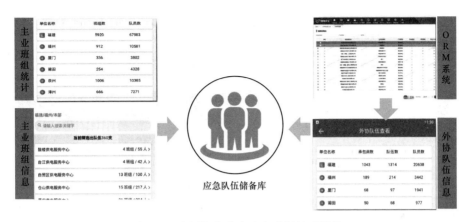

图 8-26 电网气象灾害应急队伍管理模块

应急队伍管理模块实现了应急队伍精益化管理，建立了分专业的应急队伍储备库，在平时做好战时力量的管理，做到每支队伍有账可查。解决了以往应急队伍台账只有数据，没有具体信息的问题，避免了部分队伍、人员信息在多单位同时录入，造成应急队伍数量虚高的情况。对于省公司指挥人员而言，能够实时全面掌握各单位可用应急队伍，在队伍支援调派时能够合理调派各单位应急队伍，相比原来工作模式，省公司和基层单位来回确认协调支援队伍数量的工作量明显减少；对于市县公司指挥人员而言，对辖区内每一支队伍（包括支援队伍）的实力和当前承担的任务一目了然，有利于合理评估各应急队伍承载力，进一步合理分配应急力量；对于执行跨地区支援的领队而言，在支援调派操作后，已自动形成了对参与支援队伍的指挥网络，方便对自己管辖每一支支援队伍下达指令和跟踪任务执行情况。

8.4.2.7 抢修物资功能

根据灾损勘察情况，可按标准物料逐个、或典设物料成套等不同方式选取所需物资，形成抢修物资需求清单，并附上抢修队伍收货的定位和联系方式。物资需求清单经审核后由 ECS 系统自动推送至物资智慧供应服务平台，物资管理人员按物资需求清单，将物资配送到临时存储点或抢修现场，同时将物流信息发送给抢修队长。抢修队伍通过 App 辅助办理物资领用相关手续。

物资管理人员按物资需求清单和定位信息，将物资点对点配送到抢修现场。抢修队伍可以通过 App 跟踪物流信息，并辅助办理物资领用相关手续，物资调拨、领用流程明显简化。对物资管理人员而言，每一处的需求都有明确的设备类型数量和配送地点，在物资匹配和配送时的效率和准确性得到了明显的提升；对抢修人员而言，上报的每一个信息和每一个需求，各专业都能在第一时间收

到，对各专业的办理情况也能通过 App 查看，避免了在现场找不到对接人解决不了问题而造成的窝工现象。

电网气象灾害抢修物资管理模块如图 8-27 所示。

图 8-27　电网气象灾害抢修物资管理模块

8.5　电网台风灾害应急案例

以 2023 年第 5 号台风"杜苏芮"为例，从灾前、灾中、灾后的系统处置流程，介绍福建电网开展电网台风灾害应急抢修与复电工作。

8.5.1　台风"杜苏芮"登陆情况及特点

强台风"杜苏芮"于 2023 年 7 月 28 日 9 时 55 分在福建省泉州市沿海登陆，影响波及福建省海陆全境，持续近 12h，给福建全境造成了极为严重的危害：①正面袭击福建。台风行进途中，先后绕过菲律宾北端、我国台湾南端后，未经过削弱，直接正面登陆福建晋江。②风力破坏性强。台风登陆时最大风速高达 50m/s，且云系结构完整、紧实、庞大，所经区域风力超强，泉州、厦门等多地区紧急实行"三休一停"。③引发暴雨内涝。福建多地出现大暴雨天气，其中 28 日有 30 个县区的日雨量超过 250mm（特大暴雨级）、最大达 704mm（突破全省历史纪录），最大小时雨量高达 151mm，福州、莆田等城区出现严重内涝，造成电网设备损坏。

8.5.2　防抗台风"杜苏芮"应急过程

8.5.2.1　灾前防御阶段

1. 灾前预警

2023 年 7 月 26 日 10 时，中央气象台发布 2023 年首个台风红色预警。"杜苏芮"（超强台风级）的中心 7 月 26 日上午 8 时位于我国台湾省鹅銮鼻偏南方大约 350km 的巴士海峡南部海面上（18.8°N，121.3°E），中心附近最大风力有 17 级（58m/s），中心最低气压 925hPa，七级风圈半径 300～450km，十级风圈半径 120～180km，十二级风圈半径 90～120km。预计，"杜苏芮"将以每小时 10～15km 的速度向西北方向移动，强度变化不大，将于 7 月 26 日夜间到 7 月 27 日早晨移入南海东北部，然后逐渐向福建福清到广东惠来一带沿海靠近，并将于 7 月 28 日早晨到上午在上述沿海地区登陆，最大可能在福建晋江到闽粤交界沿海登陆（强台风级，42～48m/s，14～15 级）。

监测预警组人员立即通过 ECS 系统的台风监测模块，跟踪台风"杜苏芮"的实时路径与未来的路径动态；通过台风监测模块，跟踪全省风雨监测和预测情况，并重点关注过去已经遭受和未来可能受到台风"杜苏芮"风雨影响最严重的地区；通过电网台风灾害预测预警模块，对未来 24h 内可能受到台风"杜苏芮"影响的输电线路、输电杆塔、变电站和配网进行网格化预警，生成预警清单，并将预警结果提供给各部门，为应急抢修队伍和物资的提前调配提供参考。

2. 防御措施

在线路走廊树竹应急砍伐方面，对于树竹危及电力设施运行的，或引发线路故障停运甚至断线的，协同林业、城市园林等部门配合予以应急砍伐、修剪，后续电力公司依法向树权人进行补偿。在电力设施周边的易飘浮物拆除方面，对于电力设施周边的易漂浮物，可能引发电力设备跳闸甚至设备受损停电的，协同发改、工信等部门协调予以拆除或加固。在受淹站房优先排水方面，对于低洼易涝区域的住宅小区站房，协同街道社区及物业单位开展站房防汛隐患排查，提前配备沙袋、防水挡板，检查排水设施，做好防汛准备工作，低洼易涝站房灾前防汛检查如图 8-28 所示；对于电力站房进水受淹制约电力抢修的，协同防汛办等部门，优先予以抽水排涝，调配应急装备，为尽快开展电力站房抢修恢复提供条件。

结合此次"杜苏芮"台风特点、可能登陆地点以及灾害网格化预警结果，提前强化预置运维力量，主要包括输电专业运维班组按按片区进驻落实线路专业联动故障排查；变电专业检修专业人员进驻变电站，强化与运维人员同值守并协助紧急事故处理，防水挡板、沙袋、排水方舱等提

图 8-28　低洼易涝站房
灾前防汛检查

前进驻防汛重点变电站；配电专业对低洼易涝站房提前配置防水挡板、沙袋、抽水泵、皮划艇等。此次台风是 2023 年首个红色预警台风，可能对福建电网造成极大损失，因此需提前预置抢修力量，主要包括提前调派其他区域抢修队伍预置到前线可能受灾地区；组建无人机队伍，协调国网通用航空有限公司安排有人直升机机组和无人机队伍预置到可能的重灾区，以便灾后第一时间开展灾损勘察；提前调派发电车，集结到可能的重灾区，针对重要用户和生命线用户，将部分发电车下派到保电点待命，个别重要用户提前接入发电车；提前调派照明装备、常用抢修物资预置到各地区；对所有抢修队伍、各级现场指挥者开展应急抢修业务和应急系统使用培训，重点开展使用 ECS 系统进行任务派发、灾损上报等培训。

8.5.2.2　灾中应急阶段

2023 年 7 月 28 日 9 时 55 分左右，第 5 号台风"杜苏芮"登陆福建泉州沿海，登陆时中心附近最大风力 15 级（50m/s，强台风级），成为 2023 年登陆我国的最强台风。

在台风登陆前后，监测人员利用 ECS 系统快速统计灾损信息，包括 35kV 及以上线路、母线、主变压器、厂站 4 类设备的停电情况、停复电配网干线、支线、配变数量，影响用户数、重要用户数、生命线用户数，以及线路和用户复电比例等，准确定位停电区域设备灾损情况，踏勘人员抓紧了解故障点的大致方位，为精确踏勘创造条件。确定"先主干后分支、高低压同步"的总体抢修方案，优化抢修过程和抢修流程。利用视频监控、卫星电话等技术手段，连线现场指挥督促值守人员强化防进水内涝措施。

8.5.2.3　灾后抢修阶段

设备主人联合抢修队采用无人机和人工巡视结合，快速摸清灾情，现场同步录入 ECS 系统，准确统计故障线路、台区等灾损情况。此次防抗"杜苏芮"台风，国网福建省电力有限公司无人机应急抢险小分队，在省内首次采用"子母机"形式开展两架长航时大中型无人机巡视，如图 8-29 所示，"母机"飞至高空承担中继任务，"子机"开展巡检任务，建立"空—空—地"中继链路模式，通过优化选频、自动跳频、重传控制等技术，双机合作下可将巡检距离从 15km 提升至 50km 以上，通过人工智能图像识别发现通道及变电站周边漂浮物、大棚隐患 300 余处；统筹全省资源，调派飞手 7 名，携带多旋翼无人机 7 架，开展配电线路灾前特巡，巡检里程 32km，发现树障等通道隐患缺陷 31 处。完成系留无人机等特种无人机调试为灾后抢修照明做准备。开发无人机灾情直播功能，指挥中心可实时查看前线飞手巡检影像查看灾损状况。

图 8-29 "子母机"无人机台风灾后巡检

省市县公司指挥体系充分运用 ECS 系统，精准实时掌握受灾区域勘察进度、抢修进度和复电情况，第一时间掌握灾损设备清单，快速匹配队伍、任务、物资、后勤等要素。现场抢修队伍利用 ECS 移动 App，快速接受抢修任务，快速办理工作票、物资领用等手续，并实时在线反馈抢修流程不畅、物资不足、现场施工受阻等问题，指挥部及时快速协调并联动地方政府第一时间解决。

按照"先主干后分支、先重点用户和敏感民生用户，高低压同步"策略，采取分支线及单台配变配调权下放和停电安全措施最大化许可，实现快速抢修复电。根据受灾情况，进一步优化调配市县两级及供电所运维、配调、物资、抢修队伍等力量。加强与主流新闻媒体、网络媒体沟通，及时发布信息、回应社会关切，确保不发生影响企业形象的事件；发布现场抢修舆情预防相关措施，确保不发生现场舆情、不干扰现场抢修进度，直至完全恢复供电。

8.5.3 成效分析

面对此次台风"杜苏芮"带来强台风、大暴雨的极端灾害考验，国网福建省电力有限公司集全公司力量，充分发挥防抗台风的丰富经验和先进技术，全面做好防御应对措施，快速完成抢修复电任务，实现防汛抗台"少停电、快复电"，取得防抗台风、暴雨的全面胜利，仅用三天三夜就全面完成"杜苏芮"的抢修复电，创造了防汛抗台"光明速度"。

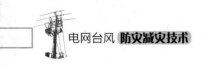

参 考 文 献

[1] 陈彬. 配电网灾害与防治 [M]. 北京：中国电力出版社，2020.

[2] 陈彬，舒胜文，黄海鲲，等. 沿海区域输配电线路抵御强台风预警技术研究进展 [J]. 高压电器，2018，54（07）：64-72.

[3] 陈彬，于继来，周霞，等. 基于网格化的极端灾后配电网电力-通信协调恢复策略 [J]. 电网技术，2021，45（5）：2009-2017.

[4] 陈彬，于继来. 考虑通信影响的配网恢复力评估及提升措施研究 [J]. 电网技术，2019，43（7）：2314-2320.

[5] 陈彬，于继来. 强台风环境下配电网断杆概率的网格化评估 [J]. 电气应用，2018，37（16）：42-47.

[6] 陈彬，于继来. 强台风环境下配电线路故障概率评估方法 [J]. 中国电力，2019，52（05）：89-95.

[7] 陈彬，姚裕，易觉，等. 基于回流多风扇主动控制引导风洞的风场模拟试验 [J]. 南京航空航天大学学报，2019，51（3）：374-381.

[8] 陈彬，陈敏维，庞清乐. 基于粗糙集理论的配电网故障风险评估 [J]. 电气应用，2015，34（5）：136-140.

[9] 郑凌铭，舒胜文，陈彬，等. 强台风环境下基于格点化和支持向量机的 10kV 杆塔受损量预测方法 [J]. 高电压技术，2020，46（1）：42-51.

[10] 王泽斌，王松岩，陈莹，等. 强台风环境下考虑微地形因素的输电通道结构安全概率评估方法 [J]. 电力自动化设备，2020，40（1）：184-191.

[11] 汤奕，徐香香，陈彬，等. 降雨滑坡灾害对输电杆塔故障的时空强在线预警 [J]. 中国电力，2020，53（1）：56-65.

[12] 陈联寿，瑞义宏，宋丽莉，许映龙. 台风预报及其灾害 [M]. 北京：中国气象出版社，2012.

[13] 丁一汇，任国玉，石广玉，等. 气候变化国家评估报告（I）：中国气候变化的历史和未来趋势 [J]. 气候变化研究进展，2006，2（1）：1-5.

[14] 周宁，熊小伏. 电力气象技术及应用 [M]. 北京：中国电力出版社，2015.

[15] 王抒祥. 电网运营典型自然灾害特征分析 [M]. 北京：中国电力出版社，2015.

[16] 王然，连芳，余瀚，等. 基于孕灾环境的全球台风灾害链分类与区域特征分析 [J]. 地理研究，2016，35（5）：836-850.

[17] 鹿世瑾，王岩. 福建气候（第 2 版）[M]. 北京：气象出版社，2012.

[18] 王静爱，周洪建，袁艺，史培军. 区域灾害系统与台风灾害链风险防范模式—以广东为例 [M]. 北京：中国环境科学出版社，2013.

[19] 武岳. 风工程与结构抗风设计 [M]. 哈尔滨：哈尔滨工业大学出版社，2014.

[20]　Franklin T. Lombardo, Alexander S. Zickar. Characteristics of measured extreme thunderstorm near-surface wind gusts in the United States [J]. Journal of Wind Engineering & Industrial Aerodynamics, 2019, 193: 103961.

[21]　李英民, 赖明, 赵青, 等. 脉动风特性及其仿真研究 [J]. 工程力学, 1993, 10 (4): 117-124.

[22]　庞加斌. 沿海和山区强风特性的观测分析与风洞模拟研究 [D]. 同济大学, 2006.

[23]　Zheng G, Li P. Resuspension of settled atmospheric particulate matter on plant leaves determined by wind and leaf surface characteristics [J]. Environmental Science and Pollution Research, 2019, 26 (19): 19606-19614.

[24]　王澈泉, 李正农, 胡佳星, 等. 城市地貌高空台风特性及湍流积分尺度的研究 [J]. 空气动力学学报, 2017, 35 (6): 801-806, 822.

[25]　白桦, 张亮亮, 刘健新. 紊流风特性参数对方形结构表面脉动风荷载影响研究 [J]. 应用基础与工程科学学报, 2019, 27 (1): 104-115.

[26]　熊莉芳, 林源, 李世武. k-ε 湍流模型及其在 FLUENT 软件中的应用 [J]. 工业加热, 2007, 36 (4): 13-15.

[27]　肖仪清, 李利孝, 宋丽莉, 等. 基于近海海面观测的台风黑格比风特性研究 [J]. 空气动力学学报, 2012, 30 (3): 380-387+399.

[28]　宋丽莉, 毛慧琴, 汤海燕, 等. 广东沿海近地层大风特性的观测分析 [J]. 热带气象学报, 2004, 20 (6): 731-736.

[29]　薛霖. 不同海岸地形下台风边界层风场精细模拟及其风工程参数特性 [D]. 中国气象科学研究院, 2015.

[30]　薛霖. 我国沿海台风大风及其风工程参数特性研究 [D]. 中国气象科学研究院, 2018.

[31]　Li Y, Yu C, Chen X, et al. An efficient Cholesky decomposition and applications for the simulation of large-scale random wind velocity fields [J]. Advances in Structural Engineering, 2019, 22 (6): 1255-1265.

[32]　A. Xu, R. H. Zhao, J. R. Wu. Improved combination method of background component and resonant component of wind loads on high-rise buildings [J]. The Structural Design of Tall and Special Buildings, 2018, 27 (13): e1487.

[33]　汪大海, 吴海洋, 梁枢果. 输电线风荷载规范方法的理论解析和计算比较研究 [J]. 中国电机工程学报, 2014, 34 (36): 6613-6621.

[34]　项海帆. 结构风工程研究的现状和展望 [J]. 振动工程学报, 1997, 10 (3): 258-263.

[35]　祝贺, 程艳秋. 输电塔线抗风性能评估及加固技术 [M]. 北京: 科学出版社, 2019.

[36]　张庆华. 新型窄基输电塔抗风优化设计研究 [M]. 北京: 中国水利水电出版社, 2016.

[37]　肖飞. 台风 "威马逊" 对广西沿海地区输电线路影响分析 [J]. 红水河, 2015, 34 (2): 79-81.

[38] 张健鑫. 沿海地区 10kV 配网架空线路抗风加固设计改造及应用 [J]. 山东工业技术, 2014 (19)：188-189.

[39] 徐海宁, 向文祥, 刘登远, 等. 500kV 输电线路导线风偏闪络的研究 [J]. 湖北电力, 2006, 30 (6)：46-48.

[40] 肖东坡. 500kV 输电线路防风偏技术分析及治理 [J]. 大众用电, 2009 (09)：27-28.

[41] 徐向军, 曹少军, 张廷荣, 等. 兰州地区 110kV 线路风偏闪络分析 [J]. 电气应用, 2013, 32 (20)：62-64.

[42] 吴靖宇. 输电线路杆塔结构风荷载分析 [J]. 中国新技术新产品, 2013 (15)：29-30.

[43] 刘学仁, 王胜利, 孔晨华, 等. 风荷载对输电线路舞动的影响及防偏问题 [J]. 农村电气化, 2017 (12)：59.

[44] 肖琦, 王永杰, 肖茂祥, 刘剑波. 横隔面在高压输电塔抗风设计中的作用分析 [J]. 东北电力大学学报, 2011, 31 (Z1)：32-36.

[45] 练伟兵. 浅谈配电线路抗风改造措施 [J]. 电力安全技术, 2015, 17 (4)：49-51.

[46] 王晶晶, 张志强. 台风对输电线路影响及防风措施研究现状综述 [J]. 现代工业经济和信息化, 2015, 5 (20)：67-68.

[47] 宋晓喆, 汪震, 甘德强, 等. 台风天气条件下的电网暂态稳定风险评估 [J]. 电力系统保护与控制, 2012, 40 (24)：1-8.

[48] 金明一. 台风灾害评估模型研究及应用 [D]. 吉林大学, 2009.

[49] Irvine H M. The linear theory of free vibrations of a suspended cable [J]. Proceedings of the Royal Society a, 1974, 341 (1626)：299-315.

[50] Ozono S, Maeda J. In-plane dynamic interaction between a Tower and conductors at lower frequencies [J]. Engineering Structures, 1992, 14 (4)：210-216.

[51] Yasui H, Marukawa H, Momomura Y, et al. Analytical study on wind-induced vibration of power transmission towers [J]. Journal of Wind Engineering & Industrial Aerodynamics, 1999, 83 (1/3)：431-441.

[52] Albermani F, Kitipornchai S, Chan R W K. Failure analysis of transmission towers [J]. Engineering Failure Analysis, 2009, 16 (6)：1922-1928.

[53] Shehata A Y, El Damatty A A, Savory E. Finite element modeling of transmission line under downburst wind loading [J]. Finite Elements in Analysis & Design, 2005, 42 (1)：71-89.

[54] 梁波, 徐建良. 架空输电铁塔动力风响应的数值模拟 [J]. 同济大学学报 (自然科学版), 2002, 30 (5)：583-587.

[55] 马星. 输电塔线耦合体系风振响应研究 [C]. 第十届全国结构风工程学术会议论文集, 桂林, 2001.

[56] 贺博, 修娅萍, 赵恒, 等. 强台风下高压输电线路塔—线耦联体系的力学行为仿真分析一：静力响应分析 [J]. 高压电器, 2016, 52 (4)：36-41.

[57] 贺博, 修娅萍, 赵恒, 等. 强台风下高压输电线路塔—线耦联体系的力学行为仿真分析二：动力响应分析 [J]. 高压电器, 2016, 52 (4)：42-47.

［58］ 贺博，修娅萍，赵恒，等. 强台风下高压输电线路塔—线耦联体系的力学行为仿真分析三：动静力响应对比［J］. 高压电器，2016，52（4）：48-53.

［59］ 张宏杰，杨靖波，杨风利，等. 台风风场参数对输电杆塔力学特性的影响［J］. 中国电力，2016，48（2）：41-47.

［60］ Momomura Y，Marukawa H，Okamura T，et al. Full-scale measurements of wind-induced vibration of a transmission line system in a mountainous area［J］. Journal of Wind Engineering & Industrial Aerodynamics，1997，72（1）：241-252.

［61］ Okamura T，Ohkuma T，Hongo E，et al. Wind response analysis of a transmission Tower in a mountainous area［J］. Journal of Wind Engineering & Industrial Aerodynamics，2003，91（1）：53-63.

［62］ 何敏娟，杨必峰. 江阴 500kV 拉线式输电塔脉动实测［J］. 结构工程师，2003（4）：74-79.

［63］ Loredo-Souza A M，Davenport A G. A novel approach for wind tunnel modelling of transmission lines［J］. Journal of Wind Engineering & Industrial Aerodynamics，2001，89（11）：1017-1029.

［64］ 楼文娟，孙炳楠，叶尹. 高耸塔架横风向动力风效应［J］. 土木工程学报，1999，32（6）：67-71.

［65］ 程志军，付国宏，楼文娟，等. 高耸格构式塔架风荷载试验研究［J］. 实验力学，2000，15（1）：51-55.

［66］ 韩银全，梁枢果，邹良浩，等. 输电塔线体系完全气弹模型设计［C］. 第十三届全国结构风工程学术会议论文集，大连，2007.

［67］ 邹良浩，梁枢果，邹垚，等. 格构式塔架风载体型系数的风洞试验研究［J］. 特种结构，2008，25（5）：41-43＋68.

［68］ 张庆华，顾明，黄鹏. 典型输电塔塔头风力特性试验研究［J］. 振动工程学报，2008，21（5）：452-457.

［69］ 邓洪洲，张建明，帅群，等. 输电钢管塔体型系数风洞试验研究［J］. 电网技术，2010（9）：190-194.

［70］ 王璋奇，陈海波，周邢银. 垭口型微地形对输电线路风载荷影响的分析［J］. 华北电力大学学报，2008，35（4）：23-26.

［71］ 高雁，杨靖波. 微地形区域输电线路杆塔电线风荷载计算方法［J］. 电网技术，2012，36（8）：111-115.

［72］ 赵渊，魏亚楠，范飞，等. 计及微振磨损与风雨荷载的输电线可靠性建模［J］. 电力系统保护与控制，2015，43（2）：19-25.

［73］ N Kikuchi，Y Matsuzaki，T Yukino，et al. Aerodynamic drag of new-design electric power wire in a heavyrainfall and wind［J］. Journal of Wind Engineering and Industrial Aerodynamics，2003，91（1/2）：41-51.

［74］ Eguchi Y，Kikuchi N，Kawabata K，et al. Drag reduction mechanism and aerodynamic characteristics of a newly developed overhead electric wire［J］. Journal of Wind Engi-

neering & Industrial Aerodynamics，2002，90（4）：293-304.

[75] 李宏男，任月明，白海峰. 输电塔体系风雨激励的动力分析模型［J］. 中国电机工程学报，2007，27（30）：43-48.

[76] 任月明. 风雨激励下输电塔线体系的动力响应分析［D］. 大连理工大学，2007.

[77] 杨清，魏亚楠，赵渊，等. 强风雨荷载冲击下的输电线路可靠性建模方法［J］. 电力自动化设备，2015，35（2）：133-137.

[78] 付兴，李宏男. 良态风及台风不同风谱对结构风雨振反应对比分析［J］. 振动与冲击，2015，34（11）：7-10+22.

[79] 吴海彬，赵志向，廖福旺，等. 电杆仿风载荷弯矩自动加载系统的研究［J］. 中国工程机械学报，2015，13（1）：63-68.

[80] 凌四海. 10kV架空电力线路的可靠性计算［J］. 电力建设，2001，22（3）：19-20.

[81] 罗俊平. 浅谈配网防风加强措施［J］. 南方电网技术，2013，7（3）：63-66.

[82] 钟晖，金伟君，龚坚刚. 沿海易受台风袭击地区架空配电线路防台措施［C］. 全国电力系统配电技术协作网第二届年会论文集，福州，2009.

[83] 彭向阳，黄志伟，戴志伟. 配电线路台风受损原因及风灾防御措施分析［J］. 南方电网技术，2010，4（1）：99-102.

[84] 高海翔，陈颖，黄少伟，等. 配电网韧性及其相关研究进展［J］. 电力系统自动化，2015，39（23）：1-8.

[85] 国家电网设备〔2020〕65号，国家电网有限公司关于印发加强电网防台抗台工作二十五项措施的通知.